新工科建设·人工智能与智能科学系列教材

# Python 智能优化算法

## 从原理到代码实现与应用

范　旭　陈克伟　魏曙光　主编

电子工业出版社

**Publishing House of Electronics Industry**

北京·BEIJING

## 内 容 简 介

本书以理论结合应用为指导思想，以智能优化算法为对象，以 Python 为开发语言，主要讲解智能优化算法的基本原理、代码实现、应用案例和性能测试。本书轻理论，重实践，目的是使读者能够迅速地入门并掌握智能优化算法及其 Python 代码实现的相关技巧，并在后续的学术研究和工程实践中加以应用。

本书分为 12 章，第 1 章～第 10 章分别介绍 10 种智能优化算法（黏菌算法、人工蜂群算法、蝗虫优化算法、蝴蝶优化算法、飞蛾扑火优化算法、海鸥优化算法、麻雀搜索算法、鲸鱼优化算法、黄金正弦算法、教与学优化算法）的基本原理、Python 代码实现、应用案例；第 11 章、第 12 章介绍智能优化算法的基准测试集和性能测试。

本书取材新颖、案例丰富、通俗易懂，可作为广大高校本科生、研究生的学习用书，也可作为广大科研人员、学者、工程技术人员的参考用书。

**图书在版编目（CIP）数据**

Python 智能优化算法：从原理到代码实现与应用 / 范旭，陈克伟，魏曙光主编. — 北京：电子工业出版社，2022.9

ISBN 978-7-121-44147-9

Ⅰ. ①P⋯ Ⅱ. ①范⋯ ②陈⋯ ③魏⋯ Ⅲ. ①软件工具－程序设计 Ⅳ. ①TP311.561

中国版本图书馆 CIP 数据核字（2022）第 151005 号

责任编辑：孟　宇

印　　刷：三河市良远印务有限公司
装　　订：三河市良远印务有限公司
出版发行：电子工业出版社
　　　　　北京市海淀区万寿路 173 信箱　　邮编：100036
开　　本：787×1092　1/16　印张：17.5　字数：448 千字
版　　次：2022 年 9 月第 1 版
印　　次：2023 年 8 月第 3 次印刷
定　　价：59.80 元

凡所购买电子工业出版社图书有缺损问题，请向购买书店调换。若书店售缺，请与本社发行部联系，联系及邮购电话：(010)88254888，88258888。

质量投诉请发邮件至 zlts@phei.com.cn，盗版侵权举报请发邮件至 dbqq@phei.com.cn。

本书咨询联系方式：mengyu@phei.com.cn。

# 前　　言

智能优化算法作为人工智能最为热门的研究内容之一，已经在学术界、工业界得到了广泛的应用和实践。Python 作为一门高级编程语言，具有语法简单、易懂易用、学习成本低、易快速入门等诸多优点，受到了广大程序员、科研人员和工程技术人员等相关从业人员的青睐。为此，本书以 Python 作为开发语言，重点讲解智能优化算法的基本原理、代码实现、应用案例和性能测试，以期读者能够迅速地入门并掌握智能优化算法及其 Python 代码实现的相关技巧，并在后续的学术研究和工程实践中加以应用。

本书分为两个部分，第一部分：智能优化算法及其 Python 实现，具体包括 10 种智能优化算法（黏菌算法、人工蜂群算法、蝗虫优化算法、蝴蝶优化算法、飞蛾扑火优化算法、海鸥优化算法、麻雀搜索算法、鲸鱼优化算法、黄金正弦算法、教与学优化算法）的基本原理讲述、Python 实现、应用案例；第二部分：智能优化算法性能测试，具体包括智能优化算法基准测试集简介和智能优化算法性能测试方法。

本书具有如下特点：

（1）本书以 Python 作为开发语言，简单易用，降低了编程门槛，让零基础的读者可以快速理解和掌握代码编写的意图和逻辑。

（2）本书应用案例丰富，并聚焦相同案例的不同算法的 Python 实现与分析。读者在学习和理解不同专业案例时往往需要花费很多的精力和时间，为此，本书使用相同案例，便于读者更加聚焦对不同智能优化算法本身的理解、比较、掌握。

（3）本书介绍智能优化算法的性能测试方法，帮助读者分析不同算法的优缺点，从理性的视角选择更加合适的智能优化算法来解决相应的科研或工程问题。

为方便读者学习和参考，注册并登录华信教育资源网（https://www.hxedu.com.cn）可以免费下载本书实例源代码。读者在学习本书的过程中，如果遇到疑难问题，可以发邮件到邮箱 ioa2021@163.com，编者会及时解答。

在本书编写过程中，除了引用智能优化算法的原始文献，还参考了国内外相关研究的文献及有价值的博士、硕士学位论文等，感谢被本书直接或间接引用文献资料的同行学者们！

本书的出版始终得到电子工业出版社的大力支持，在此表示由衷的感谢！

由于编者水平有限，书中错误和疏漏之处在所难免，诚恳地期望各位专家和读者批评指正。

编　者
2022 年 3 月

# 目　　录

# 第 1 章　黏菌算法及其 Python 实现

## 1.1　黏菌算法的基本原理

黏菌算法（Slime Mould Algorithm，SMA）是由李世民等人于 2020 年提出的一种新型元启发算法，主要模拟了自然界中黏菌觅食过程中的行为和形态变化。与其他智能优化算法相比，黏菌算法具有原理简单、调节参数少、寻优能力强、便于实现等优点。

黏菌是一种生活在潮湿寒冷环境中的真核生物（见图 1.1），其摄取的营养主要来源于外界有机物。当黏菌接近食物源时，生物振荡器将通过静脉产生一个传播波，以增加细胞质流量。食物浓度越高，生物振荡器产生的传播波也就越强，细胞质流动越快。黏菌算法就是通过模拟黏菌的这种捕食行为来实现智能寻优功能的。

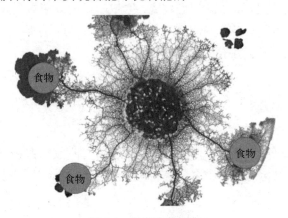

图 1.1　黏菌生物形态

### 1.1.1　接近食物阶段

在接近食物阶段中，黏菌通过空气中的气味接近食物，用以下公式表示其逼近行为

$$X(t+1)=\begin{cases}X_b(t)+\mathrm{vb}\big(W\times X_A(t)-X_B(t)\big) &,r<p\\ \mathrm{vc}\times X(t) &,r\geq p\end{cases} \tag{1.1}$$

其中，$X(t+1)$ 和 $X(t)$ 分别为第 $t+1$ 次和第 $t$ 次迭代时黏菌的位置，$X_b(t)$ 表示第 $t$ 次迭代时食物浓度最高的位置（最佳位置），$X_A(t)$ 和 $X_B(t)$ 表示第 $t$ 次迭代时随机选择的两个黏菌个体；vb 的范围为 $[-a,a]$，$a=\operatorname{arctanh}(1-(t/T))$，$t$ 是当前迭代次数，$T$ 是最大迭代次数；vc 的范围是从 1 线性递减到 0；$r$ 是介于 0 和 1 之间的随机数；$p=\tanh(|S(i)-\mathrm{DF}|)$，其中 $i=1,2,\cdots N$，$S(i)$ 表示第 $i$ 个黏菌个体的适应度值，DF 表示所有迭代中的最优适应度值，$N$ 表示黏菌的种群规模；$W$ 表示黏菌的重量，其公式为

$$W(\text{SortIndex}(i)) = \begin{cases} 1 + r \times \log\left(\dfrac{\text{bF} - S(i)}{\text{bF} - \text{wF}} + 1\right) & ,\text{conditon} \\ 1 - r \times \log\left(\dfrac{\text{bF} - S(i)}{\text{bF} - \text{wF}} + 1\right) & ,\text{others} \end{cases} \tag{1.2}$$

$$\text{SortIndex} = \text{sort}(S) \tag{1.3}$$

其中，condition 表示适应度值排在群体前一半的个体，bF 和 wF 分别表示当前迭代中最优适应度值和最差适应度值，SortIndex 表示排序的适应度值序列。

接近食物阶段根据最佳位置 $X_b$ 的变化及 vb，vc 和 $W$ 的微调来更新个体位置。$r$ 的作用是在任意角度形成搜索向量，即在任意方向搜索解空间，从而提高找到最优解的可能性，更好地模拟黏菌接近食物时的圆形与扇形结构运动。

### 1.1.2　包围食物阶段

包围食物阶段模拟了黏菌静脉组织的收缩模式。静脉接触的食物浓度越高，生物振荡器产生的传播波越强，细胞质流动越快。式（1.2）模拟了黏菌重量和食物浓度（适应度值）之间的正负反馈过程，log()用于减缓数值的变化率，稳定收缩频率的变化。condition 模拟黏菌根据食物浓度调整位置的过程，食物浓度越高，区域附近的黏菌重量越大；若食物浓度较低，则黏菌会转向搜索其他区域，该区域黏菌重量会变小，黏菌适应度值评估图如图 1.2 所示。基于上述原理，本阶段更新黏菌位置的数学公式为

$$X(t+1) = \begin{cases} \text{rand} \times (\text{ub} - \text{lb}) + \text{lb} & ,r < z \\ X_b(t) + \text{vb}\left(W \times X_A(t) - X_B(t)\right), r < p \\ \text{vc} \times X(t) & ,r \geq p \end{cases} \tag{1.4}$$

其中，rand 和 $r$ 表示在 0 到 1 内生成的随机值，ub 和 lb 分别表示搜索空间的上界和下界，$z$ 是随机分布的黏菌个体占黏菌总体的比例，用于算法在全局搜索阶段与局部搜索阶段进行切换。

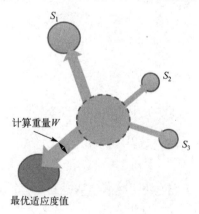

图 1.2　黏菌适应度值评估图

### 1.1.3　抓取食物阶段

在抓取食物阶段，黏菌利用生物振荡器产生的传播波改变静脉中的细胞质流动速度，通

过 vb,vc 和 $W$ 模拟黏菌静脉宽度的变化与生物振荡器振荡频率的变化，使黏菌在食物浓度低时更慢地接近食物，而找到优质食物时更快地接近食物。这一阶段其实就是参数 vb,vc,$W$ 参数的更新。其中，vb 的范围为 $[-a, a]$，$a = \text{arctanh}(1-(t/T))$，$t$ 是当前迭代次数，$T$ 是最大迭代次数；vc 的范围是从 1 线性递减到 0；$W$ 的更新如式（1.2）所示。

## 1.1.4 黏菌算法流程

黏菌算法的流程图如图 1.3 所示，具体步骤如下：

步骤 1：设定参数，初始化种群，并计算适应度值。

步骤 2：计算重量 $W$ 和参数 $a$。

步骤 3：生成随机数 $r$，判断随机数 $r$ 与参数 $z$ 的大小，若 $r<z$，则按式（1.4）的第一个公式更新个体位置；否则更新参数 $p$, vb, vc，判断 $r$ 与参数 $p$ 的大小，若 $r<p$，则按式（1.4）的第二个公式更新个体位置，否则按式（1.4）的第三个公式更新个体位置。

步骤 4：计算适应度值，更新全局最优解。

步骤 5：判断是否满足结束条件，若满足，则输出全局最优解和适应度值；否则重复步骤 2～5。

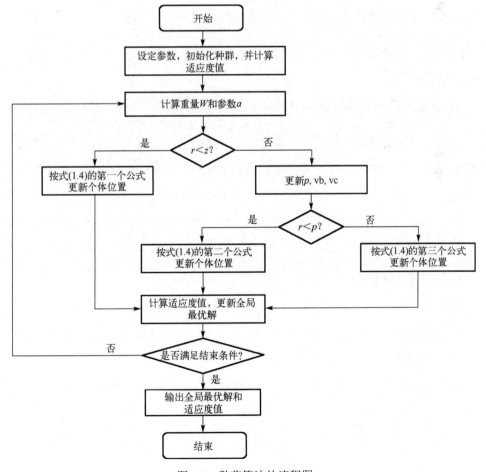

图 1.3 黏菌算法的流程图

# 1.2 黏菌算法的 Python 实现

## 1.2.1 种群初始化

### 1.2.1.1 Python 相关函数

对于随机数的生成，采用 Python 的 numpy 的随机数生成函数 random()，random()会生成区间[0,1]内的随机数。

```
import numpy as np
RandValue=np.random.random()
print("生成随机数:",RandValue)
```

运行结果如下：

```
生成随机数: 0.6706965612335988
```

若要一次性生成多个随机数，则可以使用 random([row,col])，其中 row 和 col 分别表示行和列，如 random([3,4])表示生成 3 行 4 列的范围在区间[0,1]内的随机数。

```
import numpy as np
RandValue=np.random.random([3,4])
print("生成随机数:",RandValue)
```

运行结果如下：

```
生成随机数: [[0.49948056 0.99931964 0.26194131 0.53330869]
 [0.8779833  0.58504491 0.89523532 0.0122117 ]
 [0.34581846 0.94183727 0.25173827 0.09452273]]
```

若要生成指定范围的随机数，则可以利用如下表达式表示

$$r = \text{lb} + (\text{ub} - \text{lb}) \times \text{random}()$$

其中，ub 表示范围的上边界，lb 表示范围的下边界。如在区间[0,4]内生成 5 个随机数：

```
import numpy as np
RandValue=np.random.random([1,5])*(4-0)+0
print("生成随机数:",RandValue)
```

运行结果：

```
生成随机数: [[0.62003352 0.71927614 2.88029675 2.7225476  1.54699288]]
```

### 1.2.1.2 编写初始化函数

定义初始化函数的名称为 initialization，并利用 1.2.1.1 节中的随机数生成方式，生成初始种群。

```
def initialization(pop,ub,lb,dim):
    '''初始化函数'''
    '''
    pop:种群数量
```

```
        dim:每个个体的维度
        ub:每个维度的变量上边界，维度为[dim]
        lb:每个维度的变量下边界，维度为[dim]
        X:输出的种群，维度为[pop,dim]
        '''
        X=np.zeros([pop,dim])          #声明空间
        for i in range(pop):
            for j in range(dim):
                X[i,j]=(ub[j]-lb[j])*np.random.random()+lb[j]
                                       #生成区间[lb,ub]内的随机数

        return X
```

举例：设定种群数量为 10，每个个体维度均为 5，每个维度的边界均为[-5,5]，利用初始化函数生成初始种群。

```
pop=10
dim=5
ub=np.array([5,5,5,5,5])
lb=np.array([-5,-5,-5,-5,-5])
X=initialization(pop,ub,lb,dim)
print("X:",X)
```

运行结果为：

```
X: [[-0.4915815  -2.34406551 -1.56073567 -3.46721189 -4.30082501]
 [-4.18703662  2.78163513  3.74530427 -1.29273887  4.09972082]
 [ 1.75164321  0.02477537 -3.84041488 -1.34225428 -2.84113499]
 [-3.43783612 -0.173427   -3.16947613 -0.37629277  0.39138373]
 [ 3.38367471 -0.26986522  0.22854243  0.38944921  3.42659968]
 [-0.40001564  4.85727224  3.85740918  1.5099954   3.011702  ]
 [ 0.23657864  4.17504532  0.81225086  2.26101304 -1.03205635]
 [-4.39344271  3.58550577 -4.07026764 -1.51683523 -0.58132366]
 [-1.04744907 -2.33641838  3.15354606  2.94660873 -2.8091005 ]
 [-2.1533344  -4.98878164 -3.93019245  4.59515649 -1.03983607]]
```

## 1.2.2 适应度函数

适应度函数是优化问题的目标函数，需根据不同应用设计相应的适应度函数。我们可以将自己设计的适应度函数单独写成一个函数，方便优化算法调用。一般将适应度函数命名为 fun()，这里我们定义一个适应度函数如下：

```
def fun(x):
    '''适应度函数'''
    '''
    x 为输入的一个个体，维度为[1,dim]
    fitness 为输出的适应度值
    '''
    fitness=np.sum(x**2)
    return fitness
```

这里的适应度值就是 x 所有值的平方和，如 x=[1,2]，那么经过适应度函数计算后得到的值为 5。

```
x=np.array([1,2])
fitness=fun(x)
print("fitness:",fitness)
```

## 1.2.3 边界检查和约束函数

边界检查的作用是防止变量超过规定的范围，一般当变量大于上边界时，直接将其置为上边界；当变量小于下边界时，直接将其置为下边界；其他情况变量值保持不变。逻辑如下：

$$val = \begin{cases} ub & ,val > ub \\ lb & ,val < lb \\ val & ,其他 \end{cases}$$

定义边界检查函数为 BorderCheck。

```
def BorderCheck(X,ub,lb,pop,dim):
    '''边界检查函数'''
    '''
    dim:每个个体的维度大小
    X:输入数据，维度为[pop,dim]
    ub:个体的上边界，维度为[dim]
    lb:个体的下边界，维度为[dim]
    pop:种群数量
    '''
    for i in range(pop):
        for j in range(dim):
            if X[i,j]>ub[j]:
                X[i,j]=ub[j]
            if X[i,j]<lb[j]:
                X[i,j]=lb[j]
    return X
```

举例：x=[1,-2,3,-4;1,-2,3,-4]，定义的上边界为[1,1,1,1]，下边界为[-1,-1,-1,-1]；于是经过边界检查和约束后，x 应该为[1,-1,1-1;1,-1,1,-1]。

```
x=np.array([(1,-2,3,-4),
            (1,-2,3,-4)])
ub=np.array([1,1,1,1])
lb=np.array([-1,-1,-1,-1])
dim=4
pop=2
X=BorderCheck(x,ub,lb,pop,dim)
print("X:",X)
```

运行结果：

```
X: [[ 1 -1  1 -1]
 [ 1 -1  1 -1]]
```

## 1.2.4　黏菌算法代码

根据 1.1 节黏菌算法的基本原理编写黏菌算法的整个代码，定义黏菌算法的函数名称为 SMA，并将上述的所有子函数均保存到 SMA.py 中。

```python
import numpy as np
import copy as copy
def initialization(pop,ub,lb,dim):
    ''' 黏菌种群初始化函数'''
    '''
    pop:种群数量
    dim:每个个体的维度
    ub:每个维度的变量上边界，维度为[dim,1]
    lb:每个维度的变量下边界，维度为[dim,1]
    X:输出的种群，维度为[pop,dim]
    '''
    X=np.zeros([pop,dim])              #声明空间
    for i in range(pop):
        for j in range(dim):
            X[i,j]=(ub[j]-lb[j])*np.random.random()+lb[j]
                                #生成区间[lb,ub]内的随机数

    return X


def BorderCheck(X,ub,lb,pop,dim):
    '''边界检查函数'''
    '''
    dim:每个个体的维度大小
    X:输入数据，维度为[pop,dim]
    ub:个体的上边界，维度为[dim,1]
    lb:个体的下边界，维度为[dim,1]
    pop:种群数量
    '''
    for i in range(pop):
        for j in range(dim):
            if X[i,j]>ub[j]:
                X[i,j]=ub[j]
            elif X[i,j]<lb[j]:
                X[i,j]=lb[j]
    return X


def CaculateFitness(X,fun):
    '''计算种群的所有个体的适应度值'''
    pop=X.shape[0]
    fitness=np.zeros([pop,1])
    for i in range(pop):
        fitness[i]=fun(X[i,:])
```

```python
        return fitness


def SortFitness(Fit):
    '''对适应度值进行排序'''
    '''
    输入为适应度值
    输出为排序后的适应度值和索引
    '''
    fitness=np.sort(Fit,axis=0)
    index=np.argsort(Fit,axis=0)
    return fitness,index

def SortPosition(X,index):
    '''根据适应度值的大小对个体位置进行排序'''
    Xnew=np.zeros(X.shape)
    for i in range(X.shape[0]):
        Xnew[i,:]=X[index[i],:]
return Xnew

def SMA(pop,dim,lb,ub,maxIter,fun):
    '''黏菌算法'''
    '''
    输入:
    pop:种群数量
    dim:每个个体的维度
    ub:个体的上边界，维度为[1,dim]
    lb:个体的下边界，维度为[1,dim]
    fun:适应度函数
    maxIter:最大迭代次数
    输出:
    GbestScore:最优解对应的适应度值
    GbestPositon:最优解
    Curve:迭代曲线
    '''
    z=0.03 #位置更新参数
    X=initialization(pop,ub,lb,dim)              #初始化种群
    fitness=CaculateFitness(X,fun)               #计算适应度值
    fitness,sortIndex=SortFitness(fitness)       #对适应度值进行排序
    X=SortPosition(X,sortIndex)                  #种群排序
    GbestScore=copy.copy(fitness[0])
    GbestPositon=copy.copy(X[0,:])
    Curve=np.zeros([maxIter,1])
    W=np.zeros([pop,dim])                        #权重 W 矩阵
    for t in range(maxIter):
        worstFitness=fitness[-1]
        bestFitness=fitness[0]
```

```
        S=bestFitness-worstFitness+ 10E-8
            #当前最优适应度值与最差适应度值的差值,10E-8 为极小值,是为了避免分母为 0
        for i in range(pop):
            if i<pop/2:                    #计算适应度值排名前一半的个体的 W
                W[i,:]=1+np.random.random([1,dim])*np.log10((bestFitness-
fitness[i])/(S)+1)
            else:                          #计算适应度值排名后一半的个体的 W
                W[i,:]=1-np.random.random([1,dim])*np.log10((bestFitness-
fitness[i])/(S)+1)
        #惯性因子 a,b
        tt=-(t/maxIter)+1
        if tt!=-1 and tt!=1:
            a=np.math.atanh(tt)
        else:
            a=1
        b=1-t/maxIter
        #位置更新
        for i in range(pop):
            if np.random.random()<z:
                X[i,:]=(ub.T-lb.T)*np.random.random([1,dim])+lb.T
                                                    #式(1.4)的第一个公式
            else:
                p=np.tanh(abs(fitness[i]-GbestScore))
                vb=2*a*np.random.random([1,dim])-a
                vc=2*b*np.random.random([1,dim])-b
                for j in range(dim):
                    r=np.random.random()
                    A=np.random.randint(pop)
                    B=np.random.randint(pop)
                    if r<p:
                        X[i,j]=GbestPositon[j]+vb[0,j]*(W[i,j]*X[A,j]
-X[B,j])
                                                    #式(1.4)的第二个公式
                    else:
                        X[i,j]=vc[0,j]*X[i,j]       #式(1.4)的第三个公式

        X=BorderCheck(X,ub,lb,pop,dim)              #边界检测
        fitness=CaculateFitness(X,fun)              #计算适应度值
        fitness,sortIndex=SortFitness(fitness)      #对适应度值进行排序
        X=SortPosition(X,sortIndex)                 #对个体位置进行排序
        if(fitness[0]<=GbestScore):                 #更新全局最优适应度值
            GbestScore=copy.copy(fitness[0])
            GbestPositon=copy.copy(X[0,:])
        Curve[t]=GbestScore

    return GbestScore,GbestPositon,Curve
```

至此,基本黏菌算法的代码编写完成,所有子函数均封装在 SMA.py 中,通过函数 SMA 对子函数进行调用。下一节将讲解如何使用上述黏菌算法来解决优化问题。

# 1.3 黏菌算法的应用案例

## 1.3.1 求解函数极值

问题描述：求解一组 $x_1, x_2$，使得下面函数的值最小。

$$f(x_1, x_2) = x_1^2 + x_2^2$$

其中，$x_1$ 与 $x_2$ 的取值范围均为[−10,10]。

首先，可以利用 Python 绘图的方式来查看搜索空间的大小，其次绘制该函数搜索曲面如图 1.4 所示。

```python
import numpy as np
from matplotlib import pyplot as plt
from mpl_toolkits.mplot3d import Axes3D
fig=plt.figure(1)                    #定义 figure
ax=Axes3D(fig)                       #将 figure 变为 3D
x1=np.arange(-10,10,0.2)             #定义 x1，范围为[-10,10]，间隔为0.2
x2=np.arange(-10,10,0.2)             #定义 x2，范围为[-10,10]，间隔为0.2
X1,X2=np.meshgrid(x1,x2)             #生成网格
F=X1**2+X2**2                        #计算平方和
#绘制 3D 曲面
ax.plot_surface(X1,X2F,rstride=1,cstride=1,cmap=plt.get_cmap('rain
bow'))
#rstride:行之间的跨度，cstride:列之间的跨度
#cmap 参数可以控制三维曲面的颜色组合
plt.show()
```

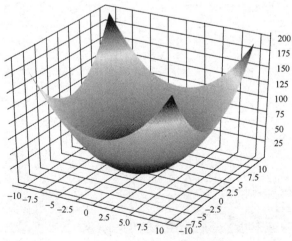

图 1.4 $f(x_1, x_2)$的搜索曲面

利用黏菌算法对该问题进行求解，设置黏菌种群数量 pop 为 50，最大迭代次数 maxIter 为 100，由于要求解 $x_1$ 与 $x_2$，因此设置黏菌个体的维度 dim 为 2，黏菌个体的上边界 ub=[10,10]，黏菌个体的下边界 lb=[−10,−10]。根据问题设计适应度函数 fun 如下：

```python
'''适应度函数'''
```

```
def fun(X):
    O=X[0]**2+X[1]**2
    return O
```

求解该问题的主函数 main 如下：

```
'''黏菌算法求解 x1^2+x2^2 的最小值'''
import numpy as np
from matplotlib import pyplot as plt
import SMA

'''适应度函数'''
def fun(X):
    O=X[0]**2+X[1]**2
    return O
'''主函数'''
#设置参数
pop=50                    #种群数量
maxIter=100               #最大迭代次数
dim=2                     #维度
lb=-10*np.ones(dim)       #下边界
ub=10*np.ones(dim)        #上边界
#适应度函数选择
fobj=fun
GbestScore,GbestPositon,Curve=SMA.SMA(pop,dim,lb,ub,maxIter,fobj)
print('最优适应度值: ',GbestScore)
print('最优解[x1,x2]: ',GbestPositon)

#绘制适应度函数曲线
plt.figure(1)
plt.plot(Curve,'r-',linewidth=2)
plt.xlabel('Iteration',fontsize='medium')
plt.ylabel("Fitness",fontsize='medium')
plt.grid()
plt.title('SMA',fontsize='large')
plt.show()
```

适应度函数曲线如图 1.5 所示。

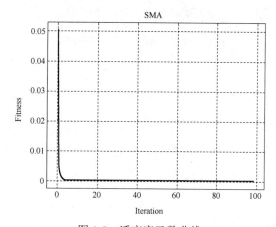

图 1.5　适应度函数曲线

运行结果如下：

```
最优适应度值： [1.58527319e-168]
最优解[x1,x2]： [ 1.65077118e-86 -1.25896810e-84]
```

从黏菌算法寻优的结果来看，最优解 [1.65077118e-86,-1.25896810e-84]非常接近理论最优值[0,0]，表明黏菌算法具有寻优能力强的特点。

### 1.3.2 基于黏菌算法的压力容器设计

#### 1.3.2.1 问题描述

设计压力容器的目标是使压力容器制作（配对、成型和焊接）成本最低，压力容器示意图如图 1.6 所示，压力容器的两端都由封盖封住，头部一端的封盖为半球状。$L$ 是不考虑头部的圆柱体部分的截面长度，$R$ 是圆柱体的内壁半径，$T_s$ 和 $T_h$ 分别表示圆柱体的壁厚和头部的壁厚，$L, R, T_s$ 和 $T_h$ 即为压力容器设计问题的 4 个优化变量。该问题的目标函数表示如下：

$$x = [x_1, x_2, x_3, x_4] = [T_s, T_h, R, L]$$

$$\min f(x) = 0.6224x_1x_3x_4 + 1.7781x_2x_3^2 + 3.1661x_1^2x_4 + 19.84x_1^2x_3$$

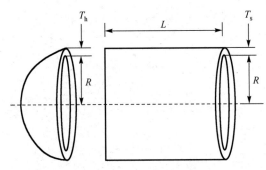

图 1.6　压力容器示意图

目标函数的约束条件表示如下：

$$g_1(x) = -x_1 + 0.0193x_3 \le 0$$

$$g_2(x) = -x_2 + 0.00954x_3 \le 0$$

$$g_3(x) = -\pi x_3^2 - 4\pi x_3^3 / 3 + 129600 \le 0$$

$$g_4(x) = x_4 - 240 \le 0$$

$$0 \le x_1 \le 100, \quad 0 \le x_2 \le 100, \quad 10 \le x_3 \le 100, \quad 10 \le x_4 \le 100$$

#### 1.3.2.2 适应度函数设计

在该设计中，我们求解的问题是带约束的问题，其中一个约束条件为

$$0 \le x_1 \le 100, \quad 0 \le x_2 \le 100, \quad 10 \le x_3 \le 100, \quad 10 \le x_4 \le 100$$

可以通过黏菌算法对寻优的边界进行设置，即设置黏菌个体的上边界 ub=[100,100,100,100]，黏菌个体的下边界 lb=[0,0,10,10]。

其中，需要在适应度函数中对 $g_1(x),g_2(x),g_3(x),g_4(x)$ 进行约束，若 $x_1,x_2,x_3,x_4$ 不满足约束条件，则将该适应度值设置为一个很大的惩罚数，即 $10^{32}$。定义适应度函数 fun 如下：

```python
'''适应度函数'''
def fun(X):
        x1=X[0] #Ts
        x2=X[1] #Th
        x3=X[2] #R
        x4=X[3] #L

        #约束条件判断
        g1=-x1+0.0193*x3
        g2=-x2+0.00954*x3
        g3=-np.math.pi*x3**2-4*np.math.pi*x3**3/3+1296000
        g4=x4-240
        if g1<=0 and g2<=0 and g3<=0 and g4<=0:
            #若满足约束条件，则计算适应度值
            fitness=0.6224*x1*x3*x4+1.7781*x2*x3**2+3.1661*x1**2*x4+19.84
*x1**2*x3
        else:
            #若不满足约束条件，则将适应度值设置为一个很大的惩罚数
            fitness=10E32

        return fitness
```

### 1.3.2.3　主函数设计

通过上述分析，可以设置黏菌算法的参数如下：

黏菌种群数量 pop 为 50，最大迭代次数 maxIter 为 500，黏菌的维度 dim 为 4（即 $x_1$, $x_2$, $x_3$, $x_4$），黏菌个体的上边界 ub=[100,100,100,100]，黏菌个体的下边界 lb=[0,0,10,10]。利用黏菌算法求解压力容器设计问题的主函数 main 如下：

```python
'''利用黏菌算法求解压力容器设计问题'''
import numpy as np
from matplotlib import pyplot as plt
import SMA
'''适应度函数'''
def fun(X):
        x1=X[0] #Ts
        x2=X[1] #Th
        x3=X[2] #R
        x4=X[3] #L

        #约束条件判断
        g1=-x1+0.0193*x3
        g2=-x2+0.00954*x3
        g3=-np.math.pi*x3**2-4*np.math.pi*x3**3/3+1296000
        g4=x4-240
```

```
            if g1<=0 and g2<=0 and g3<=0 and g4<=0:
                #若满足约束条件，则计算适应度值
                fitness=0.6224*x1*x3*x4+1.7781*x2*x3**2+3.1661*x1**2*x4+
19.84*x1**2*x3
            else:
                #若不满足约束条件，则将适应度值设置为一个很大的惩罚数
                fitness=10E32

            return fitness

    '''主函数'''
    #设置参数
    pop=50                              #种群数量
    maxIter=500                         #最大迭代次数
    dim=4                               #维度
    lb=np.array([0,0,10,10])            #下边界
    ub=np.array([100,100,100,100])      #上边界
    #适应度函数的选择
    fobj=fun
    GbestScore,GbestPositon,Curve=SMA.SMA(pop,dim,lb,ub,maxIter,fobj)
    print('最优适应度值：',GbestScore)
    print('最优解[Ts,Th,R,L]：',GbestPositon)
    #绘制适应度函数曲线
    plt.figure(1)
    plt.plot(Curve,'r-',linewidth=2)
    plt.xlabel('Iteration',fontsize='medium')
    plt.ylabel("Fitness",fontsize='medium')
    plt.grid()
    plt.title('SMA',fontsize='large')
    plt.show()
```

适应度函数曲线如图 1.7 所示。

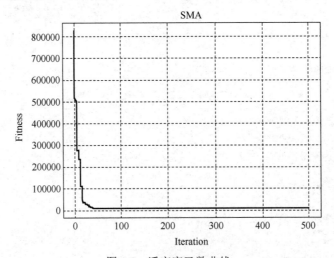

图 1.7　适应度函数曲线

运行结果：

```
最优适应度值: [8051.47637194]
最优解[Ts,Th,R,L]: [ 1.30060343  0.6428795  67.38711866 10. ]
```

从收敛曲线来看，适应度值不断减小，表明黏菌算法不断地对参数进行优化。最终输出了一组满足约束条件的压力容器参数，对压力容器的设计具有指导意义。

### 1.3.3 基于黏菌算法的三杆桁架设计

#### 1.3.3.1 问题描述

在三杆桁架设计问题中，变量 $x_1$, $x_2$ 和 $x_3$ 分别为三个杆的横截面积，又由对称性可知 $x_1 = x_3$。这样，三杆桁架设计的目的可以描述为：通过调整横截面积 $(x_1, x_2)$ 使三杆桁架的体积最小。该三杆桁架在每个桁架构件上均受到应力 $\sigma$ 的约束，如图 1.8 所示。该优化设计具有一个非线性适应度函数、三个非线性不等式约束和两个连续决策变量，即

$$\min f(x) = (2\sqrt{2}x_1 + x_2)l$$

约束条件为

$$g_1(x) = \frac{\sqrt{2}x_1 + x_2}{\sqrt{2}x_1^2 + 2x_1x_2}P - \sigma \leq 0$$

$$g_2(x) = \frac{x_2}{(\sqrt{2}x_1^2 + 2x_1x_2)}P - \sigma \leq 0$$

$$g_3(x) = \frac{1}{(\sqrt{2}x_2 + x_1)}P - \sigma \leq 0$$

$$0.001 \leq x_1 \leq 1, \quad 0.001 \leq x_2 \leq 1$$

$$l = 100\text{cm}, \quad P = 2\text{kN}/\text{cm}^2, \quad \sigma = 2\text{kN}/\text{cm}^2$$

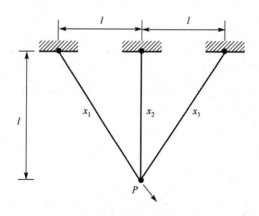

图 1.8　三杆桁架设计示意图

#### 1.3.3.2 适应度函数设计

在该设计中，我们求解的问题是带约束的问题，其中一个约束条件为

$$0.001 \leq x_1 \leq 1, \quad 0.001 \leq x_2 \leq 1$$

可以通过黏菌算法对寻优的边界进行设置，即设置黏菌个体的上边界 ub=[1,1]，黏菌个体的下边界 lb=[0.001,0.001]。其中，需要在适应度函数中对 $g_1(x),g_2(x),g_3(x)$ 进行约束，若 $x_1,x_2$ 不满足约束条件，则将该适应度值设置为一个很大的惩罚数，即 $10^{32}$。定义适应度函数 fun 如下：

```
'''适应度函数'''
def fun(X):
    x1=X[0]
    x2=X[1]
    l=100
    P=2
    sigma=2
    #约束条件判断
    g1=(np.sqrt(2)*x1+x2)*P/(np.sqrt(2)*x1**2+2*x1*x2)-sigma
    g2=x2*P/(np.sqrt(2)*x1**2+2*x1*x2)-sigma
    g3=P/(np.sqrt(2)*x2+x1)-sigma
    if g1<=0 and g2<=0 and g3<=0:
        #若满足约束条件，则计算适应度值
        fitness=(2*np.sqrt(2)*x1+x2)*l
    else:
        #若不满足约束条件，则将适应度值设置为一个很大的惩罚数
        fitness=10E32
    return fitness
```

### 1.3.3.3 主函数设计

通过上述分析，可以设置黏菌算法参数如下：

黏菌种群数量 pop 为 30，最大迭代次数 maxIter 为 100，黏菌的维度 dim 为 2（即 $x_1,x_2$），黏菌个体的上边界 ub=[1,1]，黏菌个体的下边界 lb=[0.001,0.001]。利用黏菌算法求解三杆桁架设计问题的主函数 main 如下：

```
'''基于黏菌算法的三杆桁架设计'''
import numpy as np
from matplotlib import pyplot as plt
import SMA
'''适应度函数'''
def fun(X):
    x1=X[0]
    x2=X[1]
    l=100
    P=2
    sigma=2
    #约束条件判断
    g1=(np.sqrt(2)*x1+x2)*P/(np.sqrt(2)*x1**2+2*x1*x2)-sigma
    g2=x2*P/(np.sqrt(2)*x1**2+2*x1*x2)-sigma
    g3=P/(np.sqrt(2)*x2+x1)-sigma
    if g1<=0 and g2<=0 and g3<=0:
        #若满足约束条件，则计算适应度值
        fitness=(2*np.sqrt(2)*x1+x2)*l
```

```
        else:
            #若不满足约束条件，则将适应度值设置为一个很大的惩罚数
            fitness=10E32
        return fitness
'''主函数 '''
#设置参数
pop=30 #种群数量
maxIter=100 #最大迭代次数
dim=2 #维度
lb=np.array([0.001,0.001]) #下边界
ub=np.array([1,1])#上边界
#适应度函数的选择
fobj=fun
GbestScore,GbestPositon,Curve=SMA.SMA(pop,dim,lb,ub,maxIter,fobj)
print('最优适应度值: ',GbestScore)
print('最优解[x1,x2]: ',GbestPositon)

#绘制适应度函数曲线
plt.figure(1)
plt.plot(Curve,'r-',linewidth=2)
plt.xlabel('Iteration',fontsize='medium')
plt.ylabel("Fitness",fontsize='medium')
plt.grid()
plt.title('SMA',fontsize='large')
plt.show()
```

适应度函数曲线如图 1.9 所示。

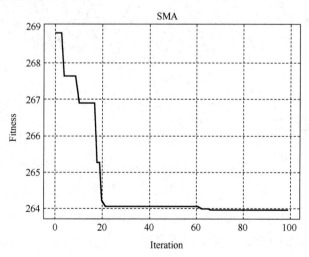

图 1.9　适应度函数曲线

运行结果如下：

```
最优适应度值: [263.95694333]
最优解[x1,x2]: [0.7974606  0.38401024]
```

从收敛曲线来看，适应度值不断减小，表明黏菌算法不断地对参数进行优化。最终输出了一组满足约束条件的参数，对三杆桁架的设计具有指导意义。

### 1.3.4 基于黏菌算法的拉压弹簧设计

#### 1.3.4.1 问题描述

如图 1.10 所示，设计拉压弹簧的目的是在满足最小挠度、振动频率和剪应力这三者的约束下，使拉压弹簧的重量最小。该问题由 3 个连续的决策变量组成，即弹簧线圈直径（$d$ 或 $x_1$）、弹簧簧圈直径（$D$ 或 $x_2$）和绕线圈数（$P$ 或 $x_3$）。数学模型表示为

$$\min f(x) = (x_3 + 2)x_2 x_1^2$$

约束条件为

$$g_1(x) = 1 - \frac{x_2^3 x_3}{71785 x_1^4} \leq 0$$

$$g_2(x) = \frac{4x_2^2 - x_1 x_2}{12566(x_2 x_1^3 - x_1^4)} + \frac{1}{5108 x_1^2} - 1 \leq 0$$

$$g_3(x) = 1 - \frac{140.45 x_1}{x_2^2 x_3} \leq 0$$

$$g_4(x) = \frac{x_1 + x_2}{1.5} - 1 \leq 0$$

$$0.05 \leq x_1 \leq 2, \quad 0.25 \leq x_2 \leq 1.3, \quad 2 \leq x_3 \leq 15$$

图 1.10 拉压弹簧设计示意图

#### 1.3.4.2 适应度函数设计

在该设计中，我们求解的问题是带约束的问题，其中一个约束条件为

$$0.05 \leq x_1 \leq 2, \quad 0.25 \leq x_2 \leq 1.3, \quad 2 \leq x_3 \leq 15$$

可以通过黏菌算法对寻优的边界进行设置，即设置黏菌个体的上边界 ub=[2,1.3,15]，黏菌个体的下边界 lb=[0.05,0.25,2]。其中，需要在适应度函数中对 $g_1(x), g_2(x), g_3(x), g_4(x)$ 进行约束，若 $x_1, x_2, x_3$ 不满足约束条件，则将该适应度值设置为一个很大的惩罚数，即 $10^{32}$。定义适应度函数 fun 如下：

```
'''适应度函数'''
def fun(X):
    x1=X[0]
```

```
        x2=X[1]
        x3=X[2]
        #约束条件判断
        g1=1-(x2**3*x3)/(71785*x1**4)
        g2=(4*x2**2-x1*x2)/(12566*(x2*x1**3-x1**4))+1/(5108*x1**2)-1
        g3=1-(140.45*x1)/(x2**2*x3)
        g4=(x1+x2)/1.5-1
        if g1<=0 and g2<=0 and g3<=0 and g4<=0:
            #若满足约束条件，则计算适应度值
            fitness=(x3+2)*x2*x1**2
        else:
            #若不满足约束条件，则将适应度值设置为一个很大的惩罚数
            fitness=10E32
    return fitness
```

### 1.3.4.3　主函数设计

通过上述分析，可以设置黏菌算法参数如下：

黏菌种群数量 pop 为 30，最大迭代次数 maxIter 为 100，黏菌个体的维度 dim 为 3（即 $x_1,x_2,x_3$），黏菌个体的上边界 ub=[2,1.3,15]，黏菌个体的下边界 lb=[0.05,0.25,2]。利用黏菌算法求解拉压弹簧设计问题的主函数 main 如下：

```
'''基于黏菌算法的拉压弹簧设计'''
import numpy as np
from matplotlib import pyplot as plt
import SMA

'''适应度函数'''
def fun(X):
        x1=X[0]
        x2=X[1]
        x3=X[2]
        #约束条件判断
        g1=1-(x2**3*x3)/(71785*x1**4)
        g2=(4*x2**2-x1*x2)/(12566*(x2*x1**3-x1**4))+1/(5108*x1**2)-1
        g3=1-(140.45*x1)/(x2**2*x3)
        g4=(x1+x2)/1.5-1
        if g1<=0 and g2<=0 and g3<=0 and g4<=0:
            #若满足约束条件，则计算适应度值
            fitness=(x3+2)*x2*x1**2
        else:
            #若不满足约束条件，则将适应度值设置为一个很大的惩罚数
            fitness=10E32

        return fitness
```

```
'''主函数'''
#设置参数
pop=30 #种群数量
maxIter=100 #最大迭代次数
dim=3 #维度
lb=np.array([0.05,0.25,2]) #下边界
ub=np.array([2,1.3,15])#上边界
#适应度函数的选择
fobj=fun
GbestScore,GbestPositon,Curve=SMA.SMA(pop,dim,lb,ub,maxIter,fobj)
print('最优适应度值：',GbestScore)
print('最优解[x1,x2,x3]：',GbestPositon)


#绘制适应度函数曲线
plt.figure(1)
plt.plot(Curve,'r-',linewidth=2)
plt.xlabel('Iteration',fontsize='medium')
plt.ylabel("Fitness",fontsize='medium')
plt.grid()
plt.title('SMA',fontsize='large')
plt.show()
```

适应度函数曲线如图 1.11 所示。

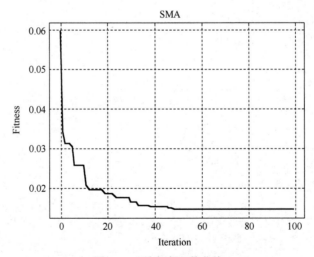

图 1.11　适应度函数曲线

运行结果如下：

```
最优适应度值：[0.0167922]
最优解[x1,x2,x3]：[0.0672797  0.85981163 2.31455755]
```

从收敛曲线来看，适应度函数值不断减小，表明黏菌算法不断地对参数进行优化。最终输出了一组满足约束条件的参数，对拉压弹簧的设计具有指导意义。

# 参 考 文 献

[1]  Li Shi-min,Chen Hui-ling,Wang Ming-jing,et al. Slime mould algorithm:a new method for stochastic optimization[J]. Future Generation Computer Systems,2020,111:300-323.

[2]  任丽莉，王志军，闫冬梅. 结合黏菌觅食行为的改进多元宇宙算法[J]. 吉林大学学报（工学版），2021,51(06):2190-2197.

[3]  郭雨鑫，刘升，张磊，等. 精英反向与二次插值改进的黏菌算法[J]. 计算机应用研究，2021,38(12):3651-3656.

# 第 2 章　人工蜂群算法及其 Python 实现

## 2.1　人工蜂群算法的基本原理

人工蜂群（Artificial Bee Colony，ABC）算法是土耳其学者 Karaboga D 为解决函数优化问题于 2005 年提出的一种新型群集智能优化算法。人工蜂群算法模拟蜜蜂的采蜜机制，通过蜂群的相互协作、转化指导进行搜索。与差分进化算法、粒子群算法、进化算法等一样，人工蜂群算法在本质上是一种统计优化算法，算法操作简单、设置参数少、鲁棒性强，收敛速度更快、收敛精度更高。人工蜂群算法因其性能良好，受到人们广泛关注，已成为解决非线性连续优化问题的有效工具并已被成功应用到多个领域中。

对于蜜蜂这类群居昆虫，单只蜜蜂的行为比较简单，但由这种简单个体所组成的群体却表现出非常复杂且有条不紊的行为，它们适应环境变化的能力较强，并能较快聚集到该环境中的较好食物源处采蜜，获得较高收益。通常在每一个蜂巢中，都有三种类型的蜜蜂：蜂王、雄蜂和工蜂。三种蜜蜂的职责各不相同：蜂王负责产卵；雄蜂与蜂王交配繁殖后代；工蜂负责采蜜、筑巢、清洁、守卫等各项工作。其中，以工蜂的行为最为复杂，一般地，在一个蜂群中，大多数的工蜂都留在蜂巢内值"内勤"，只有少数作为"侦察员"四处寻找食物源，这些"侦察员"专门搜索新的食物源，一旦发现，它们立刻变成采集蜂，飞回蜂巢跳上一支圆圈舞蹈或 8 字形舞蹈。蜜蜂这种传递信息的舞蹈被称为"摇摆舞"，摇摆舞的持续时间暗示食物源与蜂巢之间的距离，而蜜蜂从一侧向另一侧摆动由其腹部构成的环形中轴相对于太阳的方向就是食物源的方向，摇摆舞的剧烈程度反映食物源的质量，身上附着的花粉味道则反映食物源的种类。在这种信息的指引下，整个蜂群趋于飞向质量最好的食物源采蜜。由此可见，蜜蜂群体这种奇妙的觅食方式不仅可以充分利用个体的功能特性，而且也能最快地适应环境（资源）的变化，当已有食物源被耗尽，或者勘探到更优食物源（或环境变化产生）时，"侦察员"可以通过传递信息的方式引导整个蜂群尽快飞向新的食物源。

人工蜂群算法正是模拟工蜂的这种觅食行为提出的，由三个基本部分组成，包括食物源、雇佣蜂和未雇佣蜂，并且定义两种行为，包括招募蜜蜂到食物源和放弃食物源。

食物源（Food Source）：它的质量依赖于距离蜂巢的远近、花粉的数量及采蜜的难易程度等因素，在算法中对应于适应度值。

雇佣蜂（Employed Bee）：也称引领蜂（Onlooker Bee），它们处于特定的食物源范围内，并且携带有关这些食物源的信息，如蜂巢到食物源的距离和方向、食物源的质量等，并有一定的概率和其他蜜蜂共享这些信息，食物源越好所招募的蜜蜂越多。

非雇佣蜂（Unemployed Foragers）：负责寻找待开采的食物源，有侦察蜂（Scouts）和跟随蜂（Onlookers）两种类型。侦察蜂在食物源附近搜索新的潜在食物源，而处在蜂巢中的跟随蜂通过雇佣蜂共享的信息寻找食物源。侦察蜂的平均数量是蜂群总数量的 5%～10%。

为了更好地了解人工蜂群算法中招募蜜蜂到食物源和放弃食物源的行为，以图 2.1 为例进行说明。

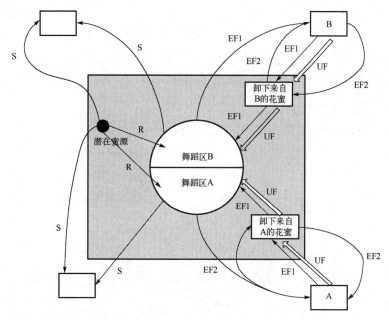

图 2.1　蜜蜂的采蜜行为

假设有两个已发现的食物源 A 和 B。非雇佣蜂一开始没有任何周围食物源的信息，侦察蜂鉴于内部和外部因素搜索周围的潜在食物源（过程 S），若侦察蜂找到潜在食物源，则利用自身能力记录下食物源相关信息，返回蜂巢跳摇摆舞；若招募到蜜蜂采蜜，则潜在食物源变为新的食物源，相应的侦察蜂转化为引领蜂（过程 R）。引领蜂从食物源（A 或 B）处携带花蜜返回蜂巢，并将花蜜卸载到储存花蜜的位置，在卸下花蜜后，蜜蜂有以下三种选择：① 放弃食物源成为未雇佣蜂（过程 UF）；② 在返回到相同的食物源之前，跳摇摆舞招募蜜蜂到该食物源处采蜜（过程 EF1）；③ 继续在该食物源采蜜而不招募任何蜜蜂（过程 EF2）。这里需要说明的是：不是所有的蜜蜂都同时采蜜。

人工蜂群算法模拟实际蜜蜂采蜜机制处理函数优化问题，该算法的基本思想是从某个随机产生的初始群体开始，在适应度值较优的一半个体周围搜索，采用一对一的竞争生存策略择优保留个体，该操作称为引领蜂搜索。然后利用轮盘赌选择方式选择较优个体，并在其周围进行贪婪搜索，产生另一半较优个体，这一过程称为跟随蜂搜索。将引领蜂和跟随蜂产生的个体组成新的种群，以避免种群多样性丧失，并进行侦察蜂的类变异搜索，形成迭代种群。该算法通过不断的迭代计算，保留优质个体，淘汰劣质个体，向全局最优解靠近。

### 2.1.1　种群初始化

设置初始进化代数 $t = 0$，在优化问题的可行解空间内按式（2.1）随机产生满足约束条件的 NP 个个体 $X$ 构成初始种群。

$$X_i^0 = \mathrm{Ub} + \mathrm{rand} \times (\mathrm{ub} - \mathrm{lb}), \ i = 1, 2, \cdots, \mathrm{NP} \tag{2.1}$$

其中，$X_i^0$ 表示第 0 代种群中的第 $i$ 个个体；rand 为区间[0,1]内的随机数。ub 为寻优参数的上边界，lb 为寻优参数的下边界。

### 2.1.2　引领蜂搜索

种群中适应度值较小的一半个体构成引领蜂种群，另一半个体构成跟随蜂种群。对于当前第 $t$ 代引领蜂种群中的一个目标个体 $X_i^t$，随机选择个体 $r_1 \in [1, 2, \cdots NP / 2], (r_1 \neq i)$ 逐维进行交叉搜索，产生新个体 $V$，具体公式为

$$V(j) = X_i^t(j) + (2 \times \text{rand} - 1) \times (X_i^t(j) - X_{r1}^t(j)) \tag{2.2}$$

其中，rand 为区间[0,1]内的随机数。

如图 2.2 所示的是目标函数为二维时的交叉搜索示意图。

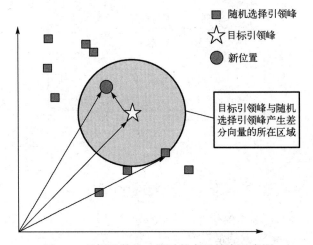

图 2.2　目标函数为二维时的交叉搜索示意图

从图 2.2 可以看出，目标引领蜂个体与随机选择引领蜂个体所形成的差分向量的方向和大小具有不确定性，将此差分向量加至基向量上，相当于在基向量上附加上一个规定范围内的随机扰动，增加种群多样性。

与其他进化算法一样，人工蜂群算法采用达尔文进化论"优胜劣汰"的思想来择优保留个体，以保证算法不断向全局最优解进化。对新生成个体 $V$ 和目标个体 $X_i^t$ 进行适应度评价，再将二者的适应度值进行比较，按式（2.3）选择适应度值较优的个体进入引领蜂种群。

$$X_i^{t+1} = \begin{cases} V & , f(V) < f(X_i^t) \\ X_i^t & , f(X_i^t) \geq f(V) \end{cases} \tag{2.3}$$

其中 $f$ 为适应度函数。

### 2.1.3　跟随蜂搜索

跟随蜂搜索按照式（2.4）以轮盘赌选择的方式在新的引领蜂种群中选择较优目标个体 $X_k^{t+1}(k \in [1, \cdots NP / 2])$，与随机选择的个体按式（2.2）进行搜索，产生新个体 $X_k^{t+1}(k \in [NP / 2 + 1, \cdots, NP])$，并形成跟随蜂种群。

$$P_i = \frac{\text{fit}_i}{\sum_{i=1}^{NP/2} \text{fit}_i} \tag{2.4}$$

人工蜂群算法中跟随蜂种群的搜索方式是其区别于其他进化算法的关键，其本质上是择优选择个体进行贪婪搜索，是算法快速收敛的关键因素，但因其搜索方式本身引入某些随机信息，所以不会过多减少种群多样性。

### 2.1.4　侦察蜂搜索

经过引领蜂种群和跟随蜂种群的搜索以后结合形成与初始种群规模大小相同的新种群，为了避免随着种群进化种群多样性丧失过多，人工蜂群算法模拟侦察蜂搜索潜在食物源的生理行为，提出特有的侦察蜂搜索方式。假设某一个体连续 limit 代不变，相应个体转换成侦察蜂，按式（2.1）搜索产生新个体，并与原个体按式（2.3）进行一对一比较，保留适应度值较优的个体。

人工蜂群算法通过以上引领蜂种群、跟随蜂种群及侦察蜂种群的搜索，使种群进化到下一代并反复循环，直到算法迭代次数 $t$ 达到预定的最大迭代次数 $G$ 时算法结束。

### 2.1.5　人工蜂群算法流程

人工蜂群算法的流程图如图 2.3 所示。

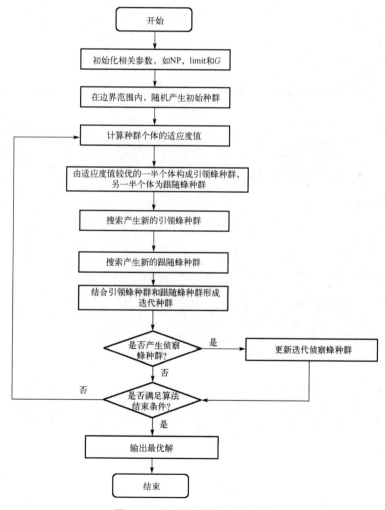

图 2.3　人工蜂群算法的流程图

人工蜂群算法的具体步骤如下：

步骤 1：初始化相关参数，如 NP，limit 和 $G$。

步骤 2：在边界范围内，随机产生初始种群。

步骤 3：计算种群个体的适应度值。

步骤 4：由适应度值较优的一半个体构成引领蜂种群，另一半个体为跟随蜂种群。

步骤 5：引领蜂种群中的个体按式（2.2）搜索产生新个体，择优保留形成新的引领蜂种群。

步骤 6：按照轮盘赌选择方式在步骤 4 中的跟随蜂种群中选择较优个体，搜索产生新个体，形成跟随蜂种群。

步骤 7：结合步骤 5 和步骤 6 中的个体形成迭代种群。

步骤 8：判断是否产生侦察蜂种群，并更新迭代侦察蜂种群。

步骤 9：判断是否满足算法的结束条件，若满足，则输出最优解；否则重复步骤 3~9。

# 2.2　人工蜂群算法的 Python 实现

## 2.2.1　种群初始化

### 2.2.1.1　Python 相关函数

对于随机数的生成，采用 Python 的 numpy 的随机数生成函数 random()，random()会生成区间[0,1]内的随机数。

```
import numpy as np
RandValue=np.random.random()
print("生成随机数:",RandValue)
```

运行结果如下：

```
生成随机数: 0.6706965612335988
```

若要一次性生成多个随机数，则可以使用 random([row,col])，其中 row 和 col 分别表示行和列，如 random([3,4])表示生成 3 行 4 列的范围在区间[0,1]内的随机数。

```
import numpy as np
RandValue=np.random.random([3,4])
print("生成随机数:",RandValue)
```

运行结果如下：

```
生成随机数: [[0.49948056 0.99931964 0.26194131 0.53330869]
 [0.8779833  0.58504491 0.89523532 0.0122117 ]
 [0.34581846 0.94183727 0.25173827 0.09452273]]
```

若要生成指定范围的随机数，则可以利用如下表达式表示。

$$r = \text{lb} + (\text{ub} - \text{lb}) \times \text{random}()$$

其中，ub 表示范围的上边界，lb 表示范围的下边界。如在区间[0,4]内生成 5 个随机数：

```
import numpy as np
RandValue=np.random.random([1,5])*(4-0)+0
print("生成随机数:",RandValue)
```

运行结果如下:

```
生成随机数: [[0.62003352 0.71927614 2.88029675 2.7225476 1.54699288]]
```

### 2.2.1.2　种群初始化函数

定义初始化函数的名称为 initialization。利用 2.2.1.1 节中的随机数生成方式,生成初始种群。

```
def initialization(pop,ub,lb,dim):
    ''' 种群初始化函数'''
    '''
    pop:种群数量
    dim:每个个体的维度
    ub:每个维度的变量上边界,维度为[dim]
    lb:每个维度的变量下边界,维度为[dim]
    X:输出的种群,维度为[pop,dim]
    '''
    X=np.zeros([pop,dim])      #声明空间
    for i in range(pop):
        for j in range(dim):
            X[i,j]=(ub[j]-lb[j])*np.random.random()+lb[j]
                             #生成区间[lb,ub]内的随机数

    return X
```

举例:设定种群数量为 10,每个个体维度均为 5,每个维度的边界均为[-5,5],利用初始化函数生成初始种群。

```
pop=10
dim=5
ub=np.array([5,5,5,5,5])
lb=np.array([-5,-5,-5,-5,-5])
X=initialization(pop,ub,lb,dim)
print("X:",X)
```

运行结果如下:

```
X: [[-0.4915815  -2.34406551 -1.56073567 -3.46721189 -4.30082501]
 [-4.18703662  2.78163513  3.74530427 -1.29273887  4.09972082]
 [ 1.75164321  0.02477537 -3.84041488 -1.34225428 -2.84113499]
 [-3.43783612 -0.173427   -3.16947613 -0.37629277  0.39138373]
 [ 3.38367471 -0.26986522  0.22854243  0.38944921  3.42659968]
 [-0.40001564  4.85727224  3.85740918  1.5099954   3.011702  ]
 [ 0.23657864  4.17504532  0.81225086  2.26101304 -1.03205635]
 [-4.39344271  3.58550577 -4.07026764 -1.51683523 -0.58132366]
 [-1.04744907 -2.33641838  3.15354606  2.94660873 -2.8091005 ]
 [-2.1533344  -4.98878164 -3.93019245  4.59515649 -1.03983607]]
```

### 2.2.2　适应度函数

适应度函数是优化问题的目标函数，根据不同应用设计相应的适应度函数。我们可以将自己设计的适应度函数单独写成一个函数，方便优化算法调用。一般将适应度函数命名为fun()，此处我们定义一个适应度函数如下：

```python
def fun(x):
    '''适应度函数'''
    '''
    x 为输入的一个个体，维度为[1,dim]
    fitness 为输出的适应度值
    '''
    fitness=np.sum(x**2)
    return fitness
```

此处适应度值就是 x 所有值的平方和，如 x=[1,2]，那么经过适应度函数计算后得到的值为 5。

```python
x=np.array([1,2])
fitness=fun(x)
print("fitness:",fitness)
```

### 2.2.3　边界检查和约束函数

边界检查的作用是防止变量超过规定的范围，一般当变量大于上边界时，直接将其置为上边界；当变量小于下边界时，直接将其置为下边界；其他情况变量值保持不变。逻辑如下：

$$val = \begin{cases} ub & ,val > ub \\ lb & ,val < lb \\ val & ,其他 \end{cases}$$

定义边界检查函数为 BorderCheck。

```python
def BorderCheck(X,ub,lb,pop,dim):
    '''边界检查函数'''
    '''
    dim:每个个体的维度大小
    X:输入数据，维度为[pop,dim]
    ub:个体的上边界，维度为[dim]
    lb:个体的下边界，维度为[dim]
    pop:种群数量
    '''
    for i in range(pop):
        for j in range(dim):
            if X[i,j]>ub[j]:
                X[i,j]=ub[j]
            if X[i,j]<lb[j]:
                X[i,j]=lb[j]
    return X
```

例如，x=[1,-2,3,-4;1,-2,3,-4]，定义的上边界为[1,1,1,1]，下边界为[-1,-1,-1,-1]，于是经过边界检查和约束后，x 应该为[1,-1,1,-1;1,-1,1,-1]。

```
x=np.array([(1,-2,3,-4),
            (1,-2,3,-4)])
ub=np.array([1,1,1,1])
lb=np.array([-1,-1,-1,-1])
dim=4
pop=2
X=BorderCheck(x,ub,lb,pop,dim)
print("X:",X)
```

运行结果如下：

```
X: [[ 1 -1  1 -1]
 [ 1 -1  1 -1]]
```

## 2.2.4 轮盘赌策略

在人工蜂群算法中，跟随蜂产生过程中是通过轮盘赌策略对引领蜂进行选择的。轮盘赌策略是指在一群引领蜂中，随机挑选一只引领蜂，但是挑选的概率并不是均匀分布的，而是适应度值越大，被选中的概率越大。

定义轮盘赌策略函数为 RouletteWheelSelection()，具体如下：

```
def RouletteWheelSelection(P):
    '''轮盘赌策略'''
    C=np.cumsum(P)#累加
    r=np.random.random()*C[-1]
#定义选择阈值，将随机概率与输入向量 P 的总和的乘积作为阈值
    out=0
    #若大于或等于阈值，则输出当前索引，并将其作为结果，循环结束
    for i in range(P.shape[0]):
        if r<C[i]:
            out=i
            break
    return out
```

其中，涉及的 Python 函数 cumsum()为累加函数，如 X=[$x_1$, $x_2$, $x_3$]，则经 cumsum(X)运算得到的结果为 X=[$x_1$,($x_1+x_2$),$x_1+x_2+x_3$]。

```
import numpy as np
X=np.array([1,1,3])
out=np.cumsum(X)
print("out=",out)
```

运行结果如下：

```
out=[1 2 5]
```

为了验证轮盘赌策略的有效性，假设 X=[1,5,3]，那么当运行 20 次后，理论上选中 5 的概率比较大，即返回的索引应该是位置 2，测试如下：

```python
import numpy as np
def RouletteWheelSelection(P):
    '''轮盘赌策略'''
    C=np.cumsum(P)#累加
    r=np.random.random()*C[-1]
#定义选择阈值，将随机概率与输入向量P的总和的乘积作为阈值
    out=0
    #若大于或等于阈值，则输出当前索引，并将其作为结果，循环结束
    for i in range(P.shape[0]):
        if r<C[i]:
            out=i
            break
    return out


X=np.array([1,5,3])
index=np.zeros(20)
for i in range(20):
    index[i]=RouletteWheelSelection(X)

#分别统计位置1，2，3被选中的概率
p1=np.sum(index==0)/20
p2=np.sum(index==1)/20
p3=sum(index==2)/20

print("位置1被选中的概率：",p1)
print("位置2被选中的概率：",p2)
print("位置3被选中的概率：",p3)
```

运行结果如下：

```
位置1被选中的概率： 0.15
位置2被选中的概率： 0.45
位置3被选中的概率： 0.4
```

从结果来看，显然位置2被选中的概率更高。

## 2.2.5 人工蜂群算法代码

根据 2.1 节人工蜂群算法的基本原理编写人工蜂群算法的整个代码，定义人工蜂群算法的函数名称为 ABC，并将上述的所有子函数均保存到 ABC.py 中。

```python
import numpy as np
import copy as copy


def initialization(pop,ub,lb,dim):
    ''' 种群初始化函数'''
    '''
    pop:种群数量
    dim:每个个体的维度
    ub:每个维度的变量上边界，维度为[dim,1]
```

```
    lb:每个维度的变量下边界,维度为[dim,1]
    X:输出的种群,维度为[pop,dim]
    '''
    X=np.zeros([pop,dim])        #声明空间
    for i in range(pop):
        for j in range(dim):
            X[i,j]=(ub[j]-lb[j])*np.random.random()+lb[j]
                            #生成区间[lb,ub]内的随机数

    return X

def BorderCheck(X,ub,lb,pop,dim):
    '''边界检查函数'''
    '''
    dim:每个个体的维度大小
    X:输入数据,维度为[pop,dim]
    ub:个体的上边界,维度为[dim,1]
    lb:个体的下边界,维度为[dim,1]
    pop:种群数量
    '''
    for i in range(pop):
        for j in range(dim):
            if X[i,j]>ub[j]:
                X[i,j]=ub[j]
            elif X[i,j]<lb[j]:
                X[i,j]=lb[j]
    return X

def CaculateFitness(X,fun):
    '''计算种群的所有个体的适应度值'''
    pop=X.shape[0]
    fitness=np.zeros([pop,1])
    for i in range(pop):
        fitness[i]=fun(X[i,:])
    return fitness

def SortFitness(Fit):
    '''对适应度值进行排序'''
    '''
    输入为适应度值
    输出为排序后的适应度值和索引
    '''
    fitness=np.sort(Fit,axis=0)
    index=np.argsort(Fit,axis=0)
```

```
        return fitness,index

    def SortPosition(X,index):
        '''根据适应度值对位置进行排序'''
        Xnew=np.zeros(X.shape)
        for i in range(X.shape[0]):
            Xnew[i,:]=X[index[i],:]
        return Xnew


    def RouletteWheelSelection(P):
        '''轮盘赌策略'''
        C=np.cumsum(P) #累加
        r=np.random.random()*C[-1]
        #定义选择阈值，将随机概率与输入向量 P 的总和的乘积作为阈值
        out=0
        #若大于或等于阈值，则输出当前索引，并将其作为结果，循环结束
        for i in range(P.shape[0]):
            if r<C[i]:
                out=i
                break
        return out


    def ABC(pop,dim,lb,ub,maxIter,fun):
        '''人工蜂群算法'''
        '''
        输入:
        pop:种群数量
        dim:每个个体的维度
        ub:个体的上边界，维度为[1,dim]
        lb:个体的下边界，维度为[1,dim]
        fun:适应度函数
        maxIter:最大迭代次数
        输出:
        GbestScore:最优解对应的适应度值
        GbestPositon:最优解
        Curve:迭代曲线
        '''
        L=round(0.6*dim*pop)        #limit 参数
        C=np.zeros([pop,1])         #计数器，用于与 limit 进行比较判定接下来的操作
        nOnlooker=pop               #引领蜂数量

        X=initialization(pop,ub,lb,dim)            #初始化种群
        fitness=CaculateFitness(X,fun)             #计算适应度值
        fitness,sortIndex=SortFitness(fitness)     #对适应度值进行排序
        X=SortPosition(X,sortIndex)                #对种群进行排序
```

```python
GbestScore=copy.copy(fitness[0])                           #记录最优适应度值
GbestPositon=np.zeros([1,dim])
GbestPositon[0,:]=copy.copy(X[0,:])                        #记录最优位置
Curve=np.zeros([maxIter,1])
Xnew=np.zeros([pop,dim])
fitnessNew=copy.copy(fitness)
for t in range(maxIter):
    '''引领蜂搜索'''
    for i in range(pop):
        k=np.random.randint(pop)#随机选择一个个体
        while(k==i):#当 k=i 时，再次随机选择，直到 k 不等于 i 为止
            k=np.random.randint(pop)
        phi=(2*np.random.random([1,dim])-1)
        Xnew[i,:]=X[i,:]+phi*(X[i,:]-X[k,:])    #根据式 (2.2) 更新位置
    Xnew=BorderCheck(Xnew,ub,lb,pop,dim)         #边界检查
    fitnessNew=CaculateFitness(Xnew,fun)         #计算适应度值
    for i in range(pop):
        if fitnessNew[i]<fitness[i]:
                                #若当前位置的适应度值更优，则替换原始位置
            X[i,:]=copy.copy(Xnew[i,:])
            fitness[i]=copy.copy(fitnessNew[i])
        else:
            C[i]=C[i]+1                          #若位置没有更新，则累加器加 1

    #计算适应度值
    F=np.zeros([pop,1])
    MeanCost=np.mean(fitness)
    for i in range(pop):
        F[i]=np.exp(-fitness[i]/MeanCost)
    P=F/sum(F)  #式 (2.4)
    '''侦察蜂搜索'''
    for m in range(nOnlooker):
        i=RouletteWheelSelection(P)              #利用轮盘赌策略选择个体
        k=np.random.randint(pop)                 #随机选择个体
        while(k==i):
            k=np.random.randint(pop)
        phi=(2*np.random.random([1,dim])-1)
        Xnew[i,:]=X[i,:]+phi*(X[i,:]-X[k,:])    #位置更新
    Xnew=BorderCheck(Xnew,ub,lb,pop,dim)         #边界检查
    fitnessNew=CaculateFitness(Xnew,fun)         #计算适应度值
    for i in range(pop):
        if fitnessNew[i]<fitness[i]:
                                #若当前位置的适应度值更优，则替换原始位置
            X[i,:]=copy.copy(Xnew[i,:])
            fitness[i]=copy.copy(fitnessNew[i])
        else:
            C[i]=C[i]+1                          #若位置没有更新，则累加器加 1
```

```
            '''判断 limit 条件，并进行更新'''
            for i in range(pop):
                if C[i]>=L:
                    for j in range(dim):
                        X[i,j]=np.random.random()*(ub[j]-lb[j])+lb[j]
                        C[i]=0

            fitness=CaculateFitness(X,fun)              #计算适应度值
            fitness,sortIndex=SortFitness(fitness)      #对适应度值进行排序
            X=SortPosition(X,sortIndex)                 #对种群进行排序
            if fitness[0]<=GbestScore:                  #更新全局最优值
                GbestScore=copy.copy(fitness[0])
                GbestPositon[0,:]=copy.copy(X[0,:])
            Curve[t]=GbestScore

        return GbestScore,GbestPositon,Curve
```

至此，基本人工蜂群算法的代码编写完成，所有子函数均封装在 ABC.py 中，可通过函数 ABC 对子函数进行调用。下一节将讲解如何使用上述人工蜂群算法来解决优化问题。

# 2.3 人工蜂群算法的应用案例

## 2.3.1 求解函数极值

问题描述：求解一组 $x_1, x_2$，使得下面函数的值最小。

$$f(x_1, x_2) = x_1^2 + x_2^2$$

其中，$x_1$ 与 $x_2$ 的取值范围均为[-10,10]。

首先，可以利用 Python 绘图的方式来查看搜索空间是什么，其次绘制该函数的搜索曲面如图 2.4 所示。

```
import numpy as np
from matplotlib import pyplot as plt
from mpl_toolkits.mplot3d import Axes3D
fig=plt.figure(1)                    #定义 figure
ax=Axes3D(fig)                       #将 figure 变为 3D
x1=np.arange(-10,10,0.2)             #定义 x1，范围为[-10,10]，间隔为 0.2
x2=np.arange(-10,10,0.2)             #定义 x2，范围为[-10,10]，间隔为 0.2
X1,X2=np.meshgrid(x1,x2)            #生成网格
F=X1**2+X2**2                        #计算平方和的值
#绘制 3D 曲面
ax.plot_surface(X1,X2,F,rstride=1,cstride=1,cmap=plt.get_cmap
('rainbow'))
#rstride:行之间的跨度，cstride:列之间的跨度
#参数 cmap 可以控制三维曲面的颜色组合
plt.show()
```

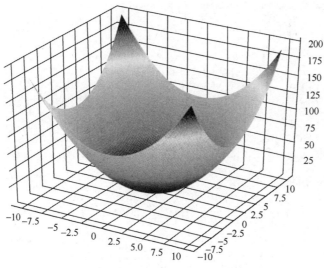

图 2.4　$f(x_1,x_2)$的搜索曲面

利用人工蜂群算法对该问题进行求解，设置人工蜂群种群数量 pop 为 50，最大迭代次数 maxIter 为 100，由于要求解 $x_1$ 与 $x_2$，因此设置蜂群个体的维度 dim 为 2，蜂群个体的上边界 ub=[10,10]，蜂群个体的下边界 lb=[-10,-10]。根据问题设计适应度函数 fun 如下：

```
'''适应度函数'''
def fun(X):
        O=X[0]**2+X[1]**2
        return O
```

求解该问题的主函数 main 如下：

```
import numpy as np
from matplotlib import pyplot as plt
import ABC

'''适应度函数'''
def fun(X):
        O=X[0]**2+X[1]**2
        return O

'''利用人工蜂群算法求解 x1^2+x2^2 的最小值'''
'''主函数 '''
#设置参数
pop=50                      #种群数量
maxIter=100                 #最大迭代次数
dim=2                       #维度
lb=-10*np.ones(dim)         #下边界
ub=10*np.ones(dim)          #上边界
#适应度函数的选择
fobj=fun
GbestScore,GbestPositon,Curve=ABC.ABC(pop,dim,lb,ub,maxIter,fobj)
print('最优适应度值：',GbestScore)
```

```
print('最优解[x1,x2]: ',GbestPositon)

#绘制适应度函数曲线
plt.figure(1)
plt.plot(Curve,'r-',linewidth=2)
plt.xlabel('Iteration',fontsize='medium')
plt.ylabel("Fitness",fontsize='medium')
plt.grid()
plt.title('ABC',fontsize='large')
plt.show()
```

适应度函数曲线如图 2.5 所示。

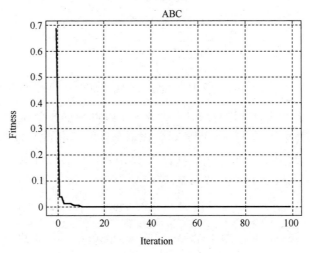

图 2.5　适应度函数曲线

运行结果如下：

```
最优适应度值：[1.59930145e-15]
最优解[x1,x2]: [[2.35733342e-08 3.23047885e-08]]
```

从人工蜂群算法寻优的结果来看，最优解[2.35733342e-08,3.23047885e-08]非常接近理论最优值[0,0]，表明人工蜂群算法具有寻优能力强的特点。

## 2.3.2　基于人工蜂群算法的压力容器设计

### 2.3.2.1　问题描述

设计压力容器的目标是使压力容器制作（配对、成型和焊接）成本最低，压力容器示意图如图 2.6 所示，压力容器的两端都由封盖封住，头部一端的封盖为半球状。$L$ 是不考虑头部的圆柱体部分的截面长度，$R$ 是圆柱体的内壁半径，$T_s$ 和 $T_h$ 分别表示圆柱体的壁厚和头部的壁厚，$L,R,T_s$ 和 $T_h$ 即为压力容器设计问题的 4 个优化变量。该问题的目标函数表示如下：

$$x = [x_1, x_2, x_3, x_4] = [T_s, T_h, R, L]$$

$$\min f(x) = 0.6224x_1x_3x_4 + 1.7781x_2x_3^2 + 3.1661x_1^2x_4 + 19.84x_1^2x_3$$

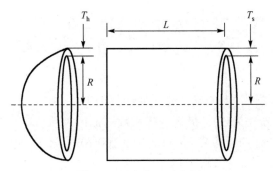

图 2.6 压力容器示意图

目标函数的约束条件为

$$g_1(x) = -x_1 + 0.0193x_3 \leq 0$$

$$g_2(x) = -x_2 + 0.00954x_3 \leq 0$$

$$g_3(x) = -\pi x_3^2 - 4\pi x_3^3 / 3 + 129600 \leq 0$$

$$g_4(x) = x_4 - 240 \leq 0$$

$$0 \leq x_1 \leq 100, \quad 0 \leq x_2 \leq 100, \quad 10 \leq x_3 \leq 100, \quad 10 \leq x_4 \leq 100$$

#### 2.3.2.2 适应度函数设计

在该设计中，我们求解的问题是带约束的问题，其中一个约束条件为

$$0 \leq x_1 \leq 100, \quad 0 \leq x_2 \leq 100, \quad 10 \leq x_3 \leq 100, \quad 10 \leq x_4 \leq 100$$

可以通过人工蜂群算法对寻优的边界进行设置，即设置蜂群个体的上边界 ub=[100,100,100,100]，蜂群个体的下边界 lb=[0,0,10,10]。

其中，需要在适应度函数中对 $g_1(x), g_2(x), g_3(x), g_4(x)$ 进行约束，若 $x_1, x_2, x_3, x_4$ 不满足约束条件，则将该适应度值设置为一个很大的惩罚数，即 $10^{32}$。定义适应度函数 fun 如下：

```python
'''适应度函数'''
def fun(X):
        x1=X[0] #Ts
        x2=X[1] #Th
        x3=X[2] #R
        x4=X[3] #L

        #约束条件判断
        g1=-x1+0.0193*x3
        g2=-x2+0.00954*x3
        g3=-np.math.pi*x3**2-4*np.math.pi*x3**3/3+1296000
        g4=x4-240
        if g1<=0 and g2<=0 and g3<=0 and g4<=0:
            #若满足约束条件，则计算适应度值
            fitness=0.6224*x1*x3*x4+1.7781*x2*x3**2+3.1661*x1**2*x4+
19.84*x1**2*x3
        else:
            #若不满足约束条件，将适应度值设置为一个很大的惩罚数
```

```
        fitness=10E32

    return fitness
```

### 2.3.2.3　主函数设计

通过上述分析，可以设置人工蜂群算法的参数如下：

人工蜂群种群数量 pop 为 50，最大迭代次数 maxIter 为 500，蜂群个体的维度 dim 为 4（即 $x_1, x_2, x_3, x_4$），蜂群个体的上边界 ub=[100,100,100,100]，蜂群个体的下边界 lb=[0,0,10,10]。利用人工蜂群算法求解压力容器设计问题的主函数 main 设计如下：

```python
'''基于人工蜂群优化算法的压力容器设计'''
import numpy as np
from matplotlib import pyplot as plt
import ABC

'''适应度函数'''
def fun(X):
        x1=X[0] #Ts
        x2=X[1] #Th
        x3=X[2] #R
        x4=X[3] #L
        #约束条件判断
        g1=-x1+0.0193*x3
        g2=-x2+0.00954*x3
        g3=-np.math.pi*x3**2-4*np.math.pi*x3**3/3+1296000
        g4=x4-240
        if g1<=0 and g2<=0 and g3<=0 and g4<=0:
            #若满足约束条件，则计算适应度值
            fitness=0.6224*x1*x3*x4+1.7781*x2*x3**2+3.1661*x1**2*x4+
19.84*x1**2*x3
        else:
            #若不满足约束条件，则将适应度值设置为一个很大的惩罚数
            fitness=10E32

        return fitness

'''主函数'''
#设置参数
pop=50                           #种群数量
maxIter=500                      #最大迭代次数
dim=4                            #维度
lb=np.array([0,0,10,10])         #下边界
ub=np.array([100,100,100,100])   #上边界
#适应度函数的选择
fobj=fun
GbestScore,GbestPositon,Curve=ABC.ABC(pop,dim,lb,ub,maxIter,fobj)
print('最优适应度值: ',GbestScore)
print('最优解[Ts,Th,R,L]: ',GbestPositon)
```

```
#绘制适应度函数曲线
plt.figure(1)
plt.plot(Curve,'r-',linewidth=2)
plt.xlabel('Iteration',fontsize='medium')
plt.ylabel("Fitness",fontsize='medium')
plt.grid()
plt.title('ABC',fontsize='large')
plt.show()
```

适应度函数曲线如图 2.7 所示。

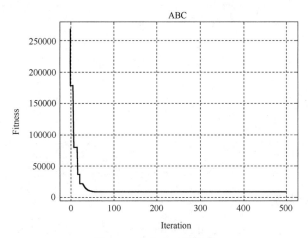

图 2.7　适应度函数曲线

运行结果如下：

```
最优适应度值: [8050.93234766]
最优解[Ts,Th,R,L]: [[ 1.30055122  0.64286349 67.38602327 10.00012431]]
```

从收敛曲线来看，适应度值不断减小，表明人工蜂群算法不断地对参数进行优化。最终输出了一组满足约束条件的压力容器参数，对压力容器的设计具有指导意义。

### 2.3.3　基于人工蜂群算法的三杆桁架设计

#### 2.3.3.1　问题描述

在三杆桁架设计问题中，变量 $x_1$，$x_2$ 和 $x_3$ 分别为三个杆的横截面积，又由对称性可知 $x_1 = x_3$。这样，三杆桁架设计的目的可以描述为：通过调整横截面积 $(x_1, x_2)$ 使三杆桁架的体积最小。该三杆桁架在每个桁架构件上均受到应力 $\sigma$ 的约束，如图 2.8 所示。该优化设计具有一个非线性适应度函数、三个非线性不等式约束和两个连续决策变量，即

$$\min f(x) = (2\sqrt{2}x_1 + x_2)l$$

约束条件为

$$g_1(x) = \frac{\sqrt{2}x_1 + x_2}{\sqrt{2}x_1^2 + 2x_1x_2}P - \sigma \le 0$$

$$g_2(x) = \frac{x_2}{(\sqrt{2}x_1^2 + 2x_1x_2)}P - \sigma \leq 0$$

$$g_3(x) = \frac{1}{(\sqrt{2}x_2 + x_1)}P - \sigma \leq 0$$

$$0.001 \leq x_1 \leq 1, \quad 0.001 \leq x_2 \leq 1$$

$$l = 100\text{cm}, \quad P = 2\text{kN}/\text{cm}^2, \quad \sigma = 2\text{kN}/\text{cm}^2$$

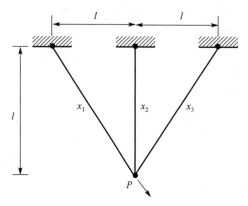

图 2.8　三杆桁架示意图

### 2.3.3.2　适应度函数设计

在该设计中，我们求解的问题是带约束的问题，其中一个约束条件为

$$0.001 \leq x_1 \leq 1, \quad 0.001 \leq x_2 \leq 1$$

可以通过人工蜂群算法对寻优的边界进行设置，即设置蜂群个体的上边界 ub=[1,1]，蜂群个体的下边界 lb=[0.001,0.001]。需要在适应度函数中对 $g_1(x), g_2(x), g_3(x)$ 进行约束，若 $x_1, x_2$ 不满足约束条件，则将该适应度值设置为一个很大的惩罚数，即 $10^{32}$。定义适应度函数 fun 如下：

```
'''适应度函数'''
def fun(X):
    x1=X[0]
    x2=X[1]
    l=100
    P=2
    sigma=2
    #约束条件判断
    g1=(np.sqrt(2)*x1+x2)*P/(np.sqrt(2)*x1**2+2*x1*x2)-sigma
    g2=x2*P/(np.sqrt(2)*x1**2+2*x1*x2)-sigma
    g3=P/(np.sqrt(2)*x2+x1)-sigma
    if g1<=0 and g2<=0 and g3<=0:
        #若满足约束条件，则计算适应度值
        fitness=(2*np.sqrt(2)*x1+x2)*l
    else:
        #若不满足约束条件，则将适应度值设置为一个很大的惩罚数
```

```
        fitness=10E32
    return fitness
```

### 2.3.3.3　主函数设计

通过上述分析，可设置人工蜂群算法参数如下：

蜂群种群数量 pop 为 30，最大迭代次数 maxIter 为 100，蜂群个体的维度 dim 为 2（即 $x_1,x_2$），蜂群个体的上边界 ub=[1,1]，蜂群个体的下边界 lb=[0.001,0.001]。利用人工蜂群算法求解三杆桁架设计问题的主函数 main 设计如下：

```python
'''基于人工蜂群算法的三杆桁架设计'''
import numpy as np
from matplotlib import pyplot as plt
import ABC

'''适应度函数'''
def fun(X):
    x1=X[0]
    x2=X[1]
    l=100
    P=2
    sigma=2
    #约束条件判断
    g1=(np.sqrt(2)*x1+x2)*P/(np.sqrt(2)*x1**2+2*x1*x2)-sigma
    g2=x2*P/(np.sqrt(2)*x1**2+2*x1*x2)-sigma
    g3=P/(np.sqrt(2)*x2+x1)-sigma
    if g1<=0 and g2<=0 and g3<=0:
        #若满足约束条件，则计算适应度值
        fitness=(2*np.sqrt(2)*x1+x2)*l
    else:
        #若不满足约束条件，则将适应度值设置为一个很大的惩罚数
        fitness=10E32

    return fitness

'''主函数 '''
#设置参数
pop=30                          #种群数量
maxIter=100                     #最大迭代次数
dim=2                           #维度
lb=np.array([0.001,0.001])      #下边界
ub=np.array([1,1])              #上边界
#适应度函数的选择
fobj=fun
GbestScore,GbestPositon,Curve=ABC.ABC(pop,dim,lb,ub,maxIter,fobj)
print('最优适应度值: ',GbestScore)
print('最优解[x1,x2]: ',GbestPositon)

#绘制适应度函数曲线
```

```
plt.figure(1)
plt.plot(Curve,'r-',linewidth=2)
plt.xlabel('Iteration',fontsize='medium')
plt.ylabel("Fitness",fontsize='medium')
plt.grid()
plt.title('ABC',fontsize='large')
plt.show()
```

适应度函数曲线如图 2.9 所示。

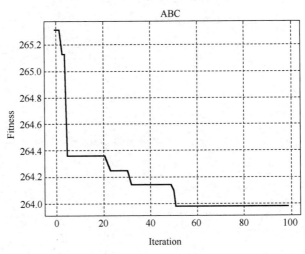

图 2.9　适应度函数曲线

运行结果如下：

```
最优适应度值：[263.97528314]
最优解[x1,x2]：[[0.78292442 0.42530815]]
```

从收敛曲线来看，适应度函数值不断减小，表明人工蜂群算法不断地对参数进行优化。最终输出了一组满足约束条件的参数，对三杆桁架的设计具有指导意义。

### 2.3.4　基于人工蜂群算法的拉压弹簧设计

#### 2.3.4.1　问题描述

如图 2.10 所示，设计拉压弹簧的目的是在满足最小挠度、振动频率和剪应力这三者的约束下，使拉压弹簧的重量最小。该问题由 3 个连续的决策变量组成，即弹簧线圈直径（$d$ 或 $x_1$）、弹簧簧圈直径（$D$ 或 $x_2$）和绕线圈数（$P$ 或 $x_3$）。数学模型表示为

$$\min f(x) = (x_3 + 2)x_2x_1^2$$

约束条件为

$$g_1(x) = 1 - \frac{x_2^3 x_3}{71785x_1^4} \leq 0$$

$$g_2(x) = \frac{4x_2^2 - x_1 x_2}{12566(x_2 x_1^3 - x_1^4)} + \frac{1}{5108x_1^2} - 1 \leq 0$$

$$g_3(x) = 1 - \frac{140.45x_1}{x_2^2 x_3} \leq 0$$

$$g_4(x) = \frac{x_1 + x_2}{1.5} - 1 \leq 0$$

$$0.05 \leq x_1 \leq 2, \ 0.25 \leq x_2 < 1.3, \ 2 \leq x_3 \leq 15$$

图 2.10　拉压弹簧示意图

#### 2.3.4.2　适应度函数设计

在该设计中，我们求解的问题是带约束的问题，其中一个约束条件为

$$0.05 \leq x_1 \leq 2, \ 0.25 \leq x_2 < 1.3, \ 2 \leq x_3 \leq 15$$

可以通过人工蜂群算法对寻优的边界进行设置，即设置蜂群个体的上边界 ub=[2,1.3,15]，蜂群个体的下边界 lb=[0.05,0.25,2]。其中，需要在适应度函数中对 $g_1(x), g_2(x), g_3(x), g_4(x)$ 进行约束，若 $x_1, x_2, x_3$ 不满足约束条件，则将该适应度值设置为一个很大的惩罚数，即 $10^{32}$。定义适应度函数 fun 如下：

```python
'''适应度函数'''
def fun(X):
    x1=X[0]
    x2=X[1]
    x3=X[2]
    #约束条件判断
    g1=1-(x2**3*x3)/(71785*x1**4)
    g2=(4*x2**2-x1*x2)/(12566*(x2*x1**3-x1**4))+1/(5108*x1**2)-1
    g3=1-(140.45*x1)/(x2**2*x3)
    g4=(x1+x2)/1.5-1
    if g1<=0 and g2<=0 and g3<=0 and g4<=0:
        #若满足约束条件，则计算适应度值
        fitness=(x3+2)*x2*x1**2
    else:
        #若不满足约束条件，则将适应度值设置为一个很大的惩罚数
        fitness=10E32
    return fitness
```

#### 2.3.4.3　主函数设计

通过上述分析，可设置人工蜂群算法参数如下：

人工蜂群种群数量 pop 为 30，最大迭代次数 maxIter 为 100，蜂群个体的维度 dim 为 3（即 $x_1, x_2, x_3$），蜂群个体的上边界 ub=[2,1.3,15]，蜂群个体的下边界 lb=[0.05,0.25,2]。利用人工蜂群算法求解拉压弹簧设计问题的主函数 main 如下：

```python
'''基于人工蜂群算法的拉压弹簧设计'''
import numpy as np
from matplotlib import pyplot as plt
import ABC

'''适应度函数'''
def fun(X):
    x1=X[0]
    x2=X[1]
    x3=X[2]
    #约束条件判断
    g1=1-(x2**3*x3)/(71785*x1**4)
    g2=(4*x2**2-x1*x2)/(12566*(x2*x1**3-x1**4))+1/(5108*x1**2)-1
    g3=1-(140.45*x1)/(x2**2*x3)
    g4=(x1+x2)/1.5-1
    if g1<=0 and g2<=0 and g3<=0 and g4<=0:
        #若满足约束条件，则计算适应度值
        fitness=(x3+2)*x2*x1**2
    else:
        #若不满足约束条件，则将适应度值设置为一个很大的惩罚数
        fitness=10E32

    return fitness

'''主函数 '''
#设置参数
pop=30                              #种群数量
maxIter=100                         #最大迭代次数
dim=3                               #维度
lb=np.array([0.05,0.25,2])          #下边界
ub=np.array([2,1.3,15])             #上边界
#适应度函数选择
fobj=fun
GbestScore,GbestPositon,Curve=ABC.ABC(pop,dim,lb,ub,maxIter,fobj)
print('最优适应度值: ',GbestScore)
print('最优解[x1,x2,x3]: ',GbestPositon)

#绘制适应度函数曲线
plt.figure(1)
plt.plot(Curve,'r-',linewidth=2)
plt.xlabel('Iteration',fontsize='medium')
plt.ylabel("Fitness",fontsize='medium')
plt.grid()
plt.title('ABC',fontsize='large')
plt.show()
```

适应度函数曲线如图 2.11 所示。

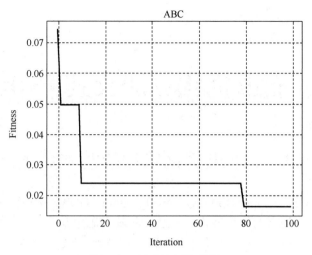

图 2.11 适应度函数曲线

运行结果如下：

```
最优适应度值：[0.01617099]
最优解[x1,x2,x3]：[[0.06119921 0.6294044  4.85985994]]
```

从收敛曲线来看，适应度函数值不断减小，表明人工蜂群算法不断地对参数进行优化。最终输出了一组满足约束条件的参数，对拉压弹簧的设计具有指导意义。

# 参 考 文 献

[1] KARABOGA D. An idea based on honey bee swarm for numerical optimization[R].Technical Report-TR06,Erciyes. University,Engineering Faculty,Compputer Engineering Department,2005.

[2] 王艳娇. 人工蜂群算法的研究与应用[D]. 黑龙江：哈尔滨工程大学，2013.

[3] 王冰. 人工蜂群算法的改进及相关应用的研究[D]. 北京：北京理工大学，2015.

[4] 郑伟，刘静，曾建潮. 人工蜂群算法及其在组合优化中的应用研究[J]. 太原科技大学学报，2010,31(06): 467-471.

[5] 王慧颖，刘建军，王全洲. 改进的人工蜂群算法在函数优化问题中的应用[J]. 计算机工程与应用，2012,48(19):36-39.

[6] 余苗. 人工蜂群算法及其应用[J]. 信息系统工程，2013(09):138-139,112.

# 第3章 蝗虫优化算法及其 Python 实现

## 3.1 蝗虫优化算法的基本原理

蝗虫优化算法（Grasshopper Optimization Algorithm，GOA）是由澳大利亚学者 Shahrzad Saremi 等人于 2017 年提出的群智能优化算法，其基本思想来源于蝗虫群体的觅食行为。因为蝗虫具有群居行为，所以利用蝗虫群体间的排斥力和吸引力将搜索空间分为排斥空间、舒适空间和吸引空间。根据两个蝗虫间的距离变化而改变力的作用并将其抽象为一个函数，以寻找最优解。

### 3.1.1 蝗虫优化算法数学模型

模拟蝗虫种群行为的数学模型为

$$X_i = S_i + G_i + A_i \tag{3.1}$$

其中，$X_i$ 表示第 $i$ 只蝗虫当前的位置，$S_i$ 是社会相互作用力，$G_i$ 是第 $i$ 只蝗虫的重力，$A_i$ 表示风的平流作用力。$S_i$ 可以表示为

$$S_i = \sum_{\substack{j=1 \\ j \neq i}}^{N} s(d_{ij}) d_{ij} \tag{3.2}$$

其中，$N$ 表示蝗虫的数量，$d_{ij}$ 是第 $i$ 只蝗虫和第 $j$ 只蝗虫之间的距离，计算公式为

$$d_{ij} = |X_j - X_i|$$

将 $s$ 定义为一个函数，表示蝗虫间的社会相互作用力。定义 $d_{ij} = \dfrac{X_j - X_i}{d_{ij}}$ 为一个单位向量，其方向为从第 $i$ 个蝗虫指向第 $j$ 个蝗虫。

$G_i$ 的计算公式为

$$G_i = -g e_g \tag{3.3}$$

其中，g 是引力常数，$e_g$ 表示指向地球中心的单位矢量。

$A_i$ 的计算公式为

$$A_i = u e_w \tag{3.4}$$

其中，$u$ 表示空气漂移常量，$e_w$ 表示与风方向相同的单位矢量。因为幼年的蝗虫没有翅膀，所以风的作用力是幼年的蝗虫的主要动力来源。将 $S_i, G_i$ 和 $A_i$ 分别代入式（3.1）可得

$$X_i = \sum_{\substack{i=1 \\ j \neq i}}^{N} s(|X_j - X_i|) \frac{X_j - X_i}{d_{ij}} - g e_g + u e_w \tag{3.5}$$

上述数学模型能够很好地描述蝗虫的位置更新会受到种群中其他蝗虫、重力和风力这三个因素的共同影响。然而，根据此模型，蝗虫会快速到达舒适区，群体不能收敛到特定的位置。所以，该数学模型不能直接用于求解优化问题。为了解决此问题，优化后的蝗虫的位置更新公式为

$$X_i^d(t+1) = c\left\{\sum_{\substack{j=1 \\ j \neq i}}^{N} c\frac{\mathrm{ub}^d - \mathrm{lb}^d}{2}s(|\,X_j(t) - X_i(t)\,|)\frac{X_j(t) - X_i(t)}{d_{ij}(t)}\right\} + T^d \tag{3.6}$$

其中，参数 $c$ 是缩小系数，作用是线性地缩小舒适空间、排斥空间和吸引空间。ub 是个体寻优上边界，lb 是个体寻优下边界，$T$ 是当前的最优解，上标 $d$ 表示个体的第 $d$ 维。在该算法中，参数 $c$ 的作用很大，当 $c$ 非常大时，该算法的勘探能力在提高局部搜索能力方面发挥了主导作用。当 $c$ 很小时，该算法的开发能力在提高全局搜索能力方面发挥了主导作用。因此，在该算法中对参数 $c$ 的选择是非常重要的。参数 $c$ 的定义为

$$c(t) = C_{\max} - t\frac{C_{\max} - C_{\min}}{t_{\max}} \tag{3.7}$$

其中，$C_{\max}$ 是参数 $c$ 的最大值，$C_{\min}$ 是参数 $c$ 的最小值，$t$ 是当前迭代次数，$t_{\max}$ 是最大迭代次数。

## 3.1.2  社会相互作用力

函数 $s$ 为蝗虫间的社会相互作用力，以蝗虫间的距离为自变量，随着距离的改变蝗虫间所受的社会相互作用力也相应改变，函数 $s$ 为

$$s(d) = fe^{-d/l} - e^{-d} \tag{3.8}$$

其中，$f$ 表示社会相互作用力的强度，$l$ 表示社会相互作用力的大小范围，$d$ 表示蝗虫间的距离。

图 3.1 为蝗虫间的排斥力、吸引力和舒适区。如图 3.2 所示的是当 l=1.5 和 f=0.5 时函数 $s$ 的曲线，该曲线描述了函数 $s$ 的变化趋势（吸引力和排斥力）。从图 3.2 可以看出，$d$ 的变化范围为 0~15，当 $d$ 的值在区间[0,2]内时，由函数 $s$ 的值可知，蝗虫间表现出来的是排斥力。当 d = 2 时，由函数 $s$ 的值可知，蝗虫间既没有吸引力也没有排斥力，此时的距离称为最合适的距离或者最合适的空间。当 $d$ 的值在区间[2,8]内时，由函数 $s$ 的值可知，蝗虫间表现出来的是吸引力，并且这时候的吸引力是逐渐减小的。从图 3.2 和图 3.3 可以观察出，改变参数 1 和 f 的值，蝗虫群可以表现出不同的社会行为。由图 3.3 可知，参数 1 和 f 的值变化显著地改变了舒适区、吸引区和排斥区的空间区域。

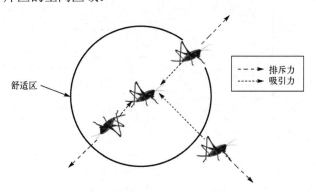

图 3.1  蝗虫间的排斥力、吸引力和舒适区

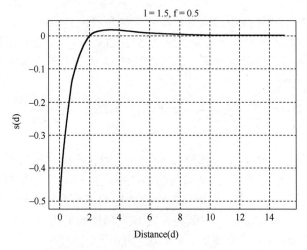

图 3.2　当参数 l=1.5,f=0.5 时函数 s 的曲线

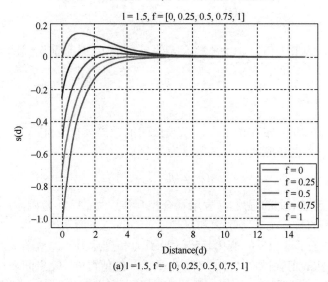

(a) l =1.5, f = [0, 0.25, 0.5, 0.75, 1]

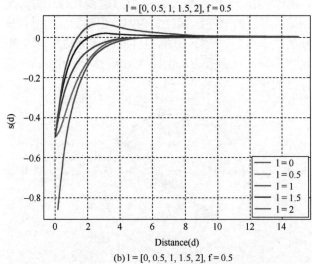

(b) l = [0, 0.5, 1, 1.5, 2], f = 0.5

图 3.3　当参数 l 和 f 的值发生变化时函数 s 的曲线

绘制图 3.2 的 Python 程序如下：

```python
import numpy as np
from matplotlib import pyplot as plt

l=1.5
f=0.5
d=np.linspace(0,15,100)

s=f*np.exp(-d/l)-np.exp(-d)
#绘制适应度函数曲线
plt.figure(1)
plt.plot(d,s,'r-',linewidth=2)
plt.xlabel('Distance(d)',fontsize='medium')
plt.ylabel("s(d)",fontsize='medium')
plt.grid()
plt.title('l=1.5,f=0.5',fontsize='large')
plt.show()
```

绘制图 3.3（a）的 Python 程序如下：

```python
import numpy as np
from matplotlib import pyplot as plt

f=np.linspace(0,1,5)
l=1.5
d=np.linspace(0,15,100)
plt.figure(1)
for i in range(5):
    s=f[i]*np.exp(-d/l)-np.exp(-d)
    plt.plot(d,s,linewidth=2,label='f='+str(f[i]))

plt.xlabel('Distance(d)',fontsize='medium')
plt.ylabel("s(d)",fontsize='medium')
plt.grid()
plt.legend()
plt.title('l=1.5,f=[0,0.25,0.5,0.75,1]',fontsize='large')
plt.show()
```

绘制图 3.3（b）的 Python 程序如下：

```python
import numpy as np
from matplotlib import pyplot as plt

l=np.linspace(0,2,5)
f=0.5
d=np.linspace(0,15,100)
plt.figure(1)
for i in range(5):
    s=f*np.exp(-d/l[i])-np.exp(-d)
    plt.plot(d,s,linewidth=2,label='l='+str(l[i]))
```

```
plt.xlabel('Distance(d)',fontsize='medium')
plt.ylabel("s(d)",fontsize='medium')
plt.grid()
plt.legend()
plt.title('l=[0,0.5,1,1.5,2],f=0.5',fontsize='large')
plt.show()
```

### 3.1.3　蝗虫优化算法流程

蝗虫优化算法的流程图如图 3.4 所示。

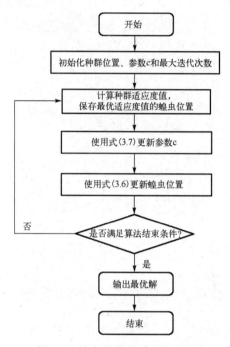

图 3.4　蝗虫优化算法的流程图

蝗虫优化算法的具体步骤如下：

步骤 1：初始化种群位置、参数 $c$ 和最大迭代次数。

步骤 2：计算种群适应度值，保存最优适应度值的蝗虫位置。

步骤 3：使用式（3.7）更新参数 $c$。

步骤 4：使用式（3.6）更新蝗虫的位置。

步骤 5：判断是否满足算法结束条件，若满足，则输出最优解；否则重复步骤 2～5。

# 3.2　蝗虫优化算法的 Python 实现

## 3.2.1　种群初始化

### 3.2.1.1　Python 相关函数

对于随机数的生成，采用 Python 的 numpy 的随机数生成函数 random()，random() 会生成区间[0,1]内的随机数。

```
import numpy as np
RandValue=np.random.random()
print("生成随机数:",RandValue)
```

运行结果如下：

```
生成随机数: 0.6706965612335988
```

若要一次性生成多个随机数，则可以使用 random([row,col])，其中 row 和 col 分别表示行和列，如 random([3,4])表示生成 3 行 4 列的区间[0,1]内的随机数。

```
import numpy as np
RandValue=np.random.random([3,4])
print("生成随机数:",RandValue)
```

运行结果如下：

```
生成随机数: [[0.49948056 0.99931964 0.26194131 0.53330869]
 [0.8779833  0.58504491 0.89523532 0.0122117 ]
 [0.34581846 0.94183727 0.25173827 0.09452273]]
```

若要生成指定范围的随机数，则可以利用如下表达式表示

$$r = \mathrm{lb} + (\mathrm{ub} - \mathrm{lb}) \times \mathrm{random}()$$

其中，ub 表示范围的上边界，lb 表示范围的下边界。如在区间[0,4]内生成 5 个随机数：

```
import numpy as np
RandValue=np.random.random([1,5])*(4-0)+0
print("生成随机数:",RandValue)
```

运行结果如下：

```
生成随机数: [[0.62003352 0.71927614 2.88029675 2.7225476  1.54699288]]
```

### 3.2.1.2　编写初始化函数

定义初始化函数名称为 initialization。利用 3.2.1.1 节中的随机数生成方式，生成初始种群。

```
def initialization(pop,ub,lb,dim):
    '''初始化函数'''
    '''
    pop:种群数量
    dim:每个个体的维度
    ub:每个维度的变量上边界，维度为[dim]
    lb:每个维度的变量下边界，维度为[dim]
    X:输出的种群，维度为[pop,dim]
    '''
    X=np.zeros([pop,dim])    #声明空间
    for i in range(pop):
        for j in range(dim):
            X[i,j]=(ub[j]-lb[j])*np.random.random()+lb[j]
                            #生成区间[lb,ub]内的随机数

    return X
```

举例：设定种群数量为 10，每个个体维度均为 5，每个维度的边界均为[-5,5]，利用初始化函数生成初始种群。

```
pop=10
dim=5
ub=np.array([5,5,5,5,5])
lb=np.array([-5,-5,-5,-5,-5])
X=initialization(pop,ub,lb,dim)
print("X:",X)
```

运行结果如下：

```
X: [[-0.4915815  -2.34406551 -1.56073567 -3.46721189 -4.30082501]
 [-4.18703662  2.78163513  3.74530427 -1.29273887  4.09972082]
 [ 1.75164321  0.02477537 -3.84041488 -1.34225428 -2.84113499]
 [-3.43783612 -0.173427   -3.16947613 -0.37629277  0.39138373]
 [ 3.38367471 -0.26986522  0.22854243  0.38944921  3.42659968]
 [-0.40001564  4.85727224  3.85740918  1.5099954   3.011702  ]
 [ 0.23657864  4.17504532  0.81225086  2.26101304 -1.03205635]
 [-4.39344271  3.58550577 -4.07026764 -1.51683523 -0.58132366]
 [-1.04744907 -2.33641838  3.15354606  2.94660873 -2.8091005 ]
 [-2.1533344  -4.98878164 -3.93019245  4.59515649 -1.03983607]]
```

### 3.2.2 适应度函数

适应度函数是优化问题的目标函数，根据不同应用设计相应的适应度函数。我们可以将自己设计的适应度函数单独写成一个函数，方便优化算法调用。一般将适应度函数命名为 fun()，这里我们定义一个适应度函数如下：

```
def fun(x):
    '''适应度函数'''
    '''
    X 为输入的一个个体，维度为[1,dim]
    fitness 为输出的适应度值
    '''
    fitness=np.sum(x**2)
    return fitness
```

由此可知，适应度值就是 x 所有值的平方和，如 x=[1,2]，那么经过适应度函数计算后得到的值为 5。

```
x=np.array([1,2])
fitness=fun(x)
print("fitness:",fitness)
```

### 3.2.3 边界检查和约束函数

边界检查的作用是防止变量超过规定的范围，一般当变量大于上边界时，直接将其置为上边界；当变量小于下边界时，直接将其置为下边界；其他情况变量值不变。逻辑如下：

$$\text{val} = \begin{cases} \text{ub} & , \text{val} > \text{ub} \\ \text{lb} & , \text{val} < \text{lb} \\ \text{val} & , \text{其他} \end{cases}$$

定义边界检查函数为 BorderCheck。

```
def BorderCheck(X,ub,lb,pop,dim):
    '''边界检查函数'''
    '''
    dim:每个个体的维度大小
    X:输入数据,维度为[pop,dim]
    ub:个体的上边界,维度为[dim]
    lb:个体的下边界,维度为[dim]
    pop:种群数量
    '''
    for i in range(pop):
        for j in range(dim):
            if X[i,j]>ub[j]:
                X[i,j]=ub[j]
            if X[i,j]<lb[j]:
                X[i,j]=lb[j]
    return X
```

例如,x=[1,-2,3,-4;1,-2,3,-4],定义的上边界为[1,1,1,1],下边界为[-1,-1,-1,-1],于是经过边界检查和约束后,x 应该为[1,-1,1-1;1,-1,1,-1]。

```
x=np.array([[(1,-2,3,-4),
             (1,-2,3,-4)])
ub=np.array([1,1,1,1])
lb=np.array([-1,-1,-1,-1])
dim=4
pop=2
X=BorderCheck(x,ub,lb,pop,dim)
print("X:",X)
```

运行结果如下:

```
X: [[ 1 -1  1 -1]
 [ 1 -1  1 -1]]
```

### 3.2.4　社会相互作用力函数

社会相互作用力函数(见公式(3.8))以蝗虫间的距离为自变量,社会相互作用力随蝗虫间的距离改变而改变,定义社会相互作用力函数为 s_func。

```
def s_func(r):
    '''社会相互作用力函数'''
    f=0.5
    l=1.5
    o=f*np.exp(-r/l)-np.exp(-r)
    return o
```

## 3.2.5 蝗虫优化算法代码

根据 3.1 节蝗虫优化算法的基本原理编写蝗虫优化算法的整个代码，定义蝗虫优化算法的函数名称为 GOA，并将上述的所有子函数均保存到 GOA.py 中。

```python
import numpy as np
import copy as copy


def initialization(pop,ub,lb,dim):
    ''' 种群初始化函数'''
    '''
    pop:种群数量
    dim:每个个体的维度
    ub:每个维度的变量上边界，维度为[dim,1]
    lb:每个维度的变量下边界，维度为[dim,1]
    X:输出的种群，维度为[pop,dim]
    '''
    X=np.zeros([pop,dim])                    #声明空间
    for i in range(pop):
        for j in range(dim):
            X[i,j]=(ub[j]-lb[j])*np.random.random()+lb[j]
                                    #生成区间[lb,ub]内的随机数

    return X


def BorderCheck(X,ub,lb,pop,dim):
    '''边界检查函数'''
    '''
    dim:每个个体的维度大小
    X:输入数据，维度为[pop,dim]
    ub:个体的上边界，维度为[dim,1]
    lb:个体的下边界，维度为[dim,1]
    pop:种群数量
    '''
    for i in range(pop):
        for j in range(dim):
            if X[i,j]>ub[j]:
                X[i,j]=ub[j]
            elif X[i,j]<lb[j]:
                X[i,j]=lb[j]
    return X


def CaculateFitness(X,fun):
    '''计算种群的所有个体的适应度值'''
    pop=X.shape[0]
```

```python
    fitness=np.zeros([pop,1])
    for i in range(pop):
        fitness[i]=fun(X[i,:])
    return fitness


def SortFitness(Fit):
    '''对适应度值进行排序'''
    '''
    输入为适应度值
    输出为排序后的适应度值和索引
    '''
    fitness=np.sort(Fit,axis=0)
    index=np.argsort(Fit,axis=0)
    return fitness,index

def SortPosition(X,index):
    '''根据适应度值对位置进行排序'''
    Xnew=np.zeros(X.shape)
    for i in range(X.shape[0]):
        Xnew[i,:]=X[index[i],:]
    return Xnew


def distance(a,b):
    '''计算距离'''
    d=np.sqrt((a[0]-b[0])**2+(a[1]-b[1])**2)
    return d



def s_func(r):
    '''社会相互作用力函数'''
    f=0.5
    l=1.5
    o=f*np.exp(-r/l)-np.exp(-r)
    return o



def GOA(pop,dim,lb,ub,maxIter,fun):
    '''蝗虫优化算法'''
    '''
    输入:
    pop:种群数量
    dim:每个个体的维度
    ub:个体的上边界，维度为[1,dim]
```

```
        lb:个体的下边界，维度为[1,dim]
        fun:适应度函数
        maxIter:最大迭代次数
        输出:
        GbestScore:最优解对应的适应度值
        GbestPositon:最优解
        Curve:迭代曲线
        '''
        #定义参数 c 的范围
        cMax=1
        cMin=0.00004
        X=initialization(pop,ub,lb,dim)              #初始化种群
        fitness=CaculateFitness(X,fun)               #计算适应度值
        fitness,sortIndex=SortFitness(fitness)       #对适应度值进行排序
        X=SortPosition(X,sortIndex)                  #对种群进行排序
        GbestScore=copy.copy(fitness[0])
        GbestPositon=copy.copy(X[0,:])
        Curve=np.zeros([maxIter,1])
        GrassHopperPositions_temp=np.zeros([pop,dim])#临时存放新位置
        for t in range(maxIter):
            c=cMax-t*((cMax-cMin)/maxIter)                #计算参数 c
            print("第",t,"次迭代")
            for i in range(pop):
                Temp=X.T
                S_i_total=np.zeros([dim,1])
                for k in range(0,dim-1,2):
                    S_i=np.zeros([2,1])
                    for j in range(pop):
                        if i !=j:
                            Dist=distance(Temp[k:k+2,j],Temp[k:k+2,i])
                                                    #计算两只蝗虫的距离 d
                            r_ij_vec=(Temp[k:k+2,j]-Temp[k:k+2,i])/(Dist+2**-52)
                                #计算距离单位向量，2**-52 是一个极小数，防止分母为 0
                            xj_xi=2+Dist%2                    #计算|xjd-xid|
                            s_ij1=((ub[k]-lb[k])*c/2)*s_func(xj_xi)*
r_ij_vec [0]
                            s_ij2=((ub[k+1]-lb[k+1])*c/2)*s_func(xj_xi)*
r_ ij_vec[1]

                            S_i[0,:]=S_i[0,:]+s_ij1
                            S_i[1,:]=S_i[1,:]+s_ij2
                    S_i_total[k:k+2,:]=S_i
                Xnew=c*S_i_total.T+GbestPositon           #更新位置
                GrassHopperPositions_temp[i,:]=copy.copy(Xnew)

            X=BorderCheck(GrassHopperPositions_temp,ub,lb,pop,dim)#边界检测
            fitness=CaculateFitness(X,fun)               #计算适应度值
```

```
fitness,sortIndex=SortFitness(fitness)    #对适应度值进行排序
X=SortPosition(X,sortIndex)               #对种群进行排序
if(fitness[0]<=GbestScore):               #更新全局最优解
    GbestScore=copy.copy(fitness[0])
    GbestPositon=copy.copy(X[0,:])
Curve[t]=GbestScore

return GbestScore,GbestPositon,Curve
```

至此，蝗虫优化算法的代码基本编写完成，并将所有子函数均封装在 GOA.py 中，通过函数 GOA 对子函数进行调用。下一节将讲解如何使用上述蝗虫优化算法来解决优化问题。

# 3.3 蝗虫优化算法的应用案例

## 3.3.1 求解函数极值

问题描述：求解一组 $x_1,x_2$，使得下面函数的值最小。

$$f(x_1,x_2)=x_1^2+x_2^2$$

其中，$x_1$ 与 $x_2$ 的取值范围均为[−10,10]。

首先，可以利用 Python 绘图的方式来查看我们的搜索空间是什么，其次绘制该函数搜索曲面如图 3.5 所示。

```
import numpy as np
from matplotlib import pyplot as plt
from mpl_toolkits.mplot3d import Axes3D
fig=plt.figure(1) #定义 figure
ax=Axes3D(fig) #将 figure 变为 3D
x1=np.arange(-10,10,0.2) #定义 x1，范围为[-10,10]，间隔为 0.2
x2=np.arange(-10,10,0.2) #定义 x2，范围为[-10,10]，间隔为 0.2
X1,X2=np.meshgrid(x1,x2) #生成网格
F=X1**2+X2**2 #计算平方和的值
#绘制 3D 曲面
ax.plot_surface(X1,X2,F,rstride=1,cstride=1,cmap=plt.get_cmap
('rainbow'))
#rstride:行之间的跨度，cstride:列之间的跨度
#cmap 参数可以控制三维曲面的颜色组合
plt.show()
```

利用蝗虫优化算法对该问题进行求解，设置蝗虫种群数量 pop 为 50，最大迭代次数 maxIter 为 100，由于要求解 $x_1$ 和 $x_2$，因此设置蝗虫个体的维度 dim 为 2，蝗虫个体的上边界 ub=[10,10]，蝗虫个体的下边界 lb=[−10,−10]。根据问题设计适应度函数 fun 如下：

```
'''适应度函数'''
def fun(X):
    O=X[0]**2+X[1]**2
    return O
```

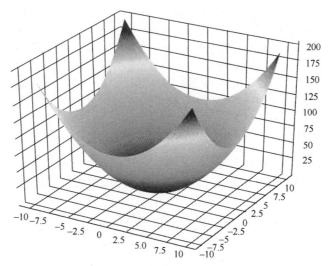

图 3.5 $f(x_1, x_2)$的搜索曲面

求解该问题的主函数 main 如下：

```python
import numpy as np
from matplotlib import pyplot as plt
import GOA

'''适应度函数'''
def fun(X):
    O=X[0]**2+X[1]**2
    return O

'''利用蝗虫优化算法求解 x1^2+x2^2 的最小值'''
'''主函数 '''
#设置参数
pop=50 #种群数量
maxIter=100 #最大迭代次数
dim=2 #维度
lb=-10*np.ones(dim) #下边界
ub=10*np.ones(dim) #上边界
#适应度函数的选择
fobj=fun
GbestScore,GbestPositon,Curve=GOA.GOA(pop,dim,lb,ub,maxIter,fobj)
print('最优适应度值: ',GbestScore)
print('最优解[x1,x2]: ',GbestPositon)

#绘制适应度函数曲线
plt.figure(1)
plt.plot(Curve,'r-',linewidth=2)
plt.xlabel('Iteration',fontsize='medium')
plt.ylabel("Fitness",fontsize='medium')
plt.grid()
plt.title('GOA',fontsize='large')
plt.show()
```

适应度函数曲线如图 3.6 所示。

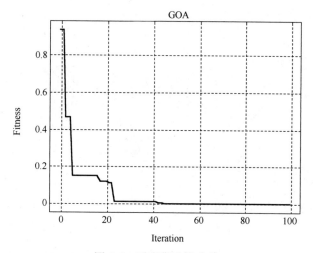

图 3.6　适应度函数曲线

运行结果如下：

```
最优适应度值： [7.1135348e-11]
最优解[x1,x2]： [-8.09278411e-06 -2.37533015e-06]
```

从蝗虫优化算法寻优的结果来看，最优解[-8.09278411e-06,-2.37533015e-06]非常接近理论最优值[0,0]，表明蝗虫优化算法具有寻优能力强的特点。

### 3.3.2　基于蝗虫优化算法的压力容器设计

#### 3.3.2.1　问题描述

设计压力容器的目标是使压力容器制作（配对、成型和焊接）成本最低，压力容器示意图如图 3.7 所示，压力容器的两端都由封盖封住，头部一端的封盖为半球状。$L$ 是不考虑头部的圆柱体部分的截面长度，$R$ 是圆柱体的内壁半径，$T_s$ 和 $T_h$ 分别表示圆柱体的壁厚和头部的壁厚，$L$、$R$、$T_s$ 和 $T_h$ 即为压力容器设计问题的 4 个优化变量。该问题的目标函数为

$$x = [x_1, x_2, x_3, x_4] = [T_s, T_h, R, L]$$

$$\min f(x) = 0.6224x_1x_3x_4 + 1.7781x_2x_3^2 + 3.1661x_1^2x_4 + 19.84x_1^2x_3$$

约束条件为

$$g_1(x) = -x_1 + 0.0193x_3 \leq 0$$

$$g_2(x) = -x_2 + 0.00954x_3 \leq 0$$

$$g_3(x) = -\pi x_3^2 - 4\pi x_3^3 / 3 + 129600 \leq 0$$

$$g_4(x) = x_4 - 240 \leq 0$$

$$0 \leq x_1 \leq 100, \quad 0 \leq x_2 \leq 100, \quad 10 \leq x_3 \leq 100, \quad 10 \leq x_4 \leq 100$$

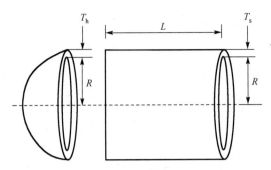

图 3.7 压力容器示意图

#### 3.3.2.2 适应度函数设计

在该设计中，我们求解的问题是带约束的问题，其中一个约束条件为

$$0 \le x_1 \le 100, \quad 0 \le x_2 \le 100, \quad 10 \le x_3 \le 100, \quad 10 \le x_4 \le 100$$

可以通过蝗虫优化算法对寻优的边界进行设置，即设置蝗虫个体的上边界 ub=[100,100, 100,100]，蝗虫个体的下边界 lb=[0,0,10,10]。

其中，需要在适应度函数中对 $g_1(x),g_2(x),g_3(x),g_4(x)$ 进行约束，若 $x_1,x_2,x_3,x_4$ 不满足约束条件，则将该适应度值设置为一个很大的惩罚数，即 $10^{32}$。定义适应度函数 fun 如下：

```python
'''适应度函数'''
def fun(X):
    x1=X[0]  #Ts
    x2=X[1]  #Th
    x3=X[2]  #R
    x4=X[3]  #L

    #约束条件判断
    g1=-x1+0.0193*x3
    g2=-x2+0.00954*x3
    g3=-np.math.pi*x3**2-4*np.math.pi*x3**3/3+1296000
    g4=x4-240
    if g1<=0 and g2<=0 and g3<=0 and g4<=0:
        #若满足约束条件，则计算适应度值
        fitness=0.6224*x1*x3*x4+1.7781*x2*x3**2+3.1661*x1**2*x4+
19.84*x1**2*x3
    else:
        #若不满足约束条件，则将适应度值设置为一个很大的惩罚数
        fitness=10E32

    return fitness
```

#### 3.3.2.3 主函数设计

通过上述分析，可以设置蝗虫优化算法参数如下：

蝗虫种群数量 pop 为 50，最大迭代次数 maxIter 为 500，蝗虫个体的维度 dim 为 4（即 $x_1$，$x_2$，$x_3$，$x_4$），蝗虫个体的上边界 ub=[100,100,100,100]，蝗虫个体的下边界 lb=[0,0,10,10]。利用蝗虫优化算法求解压力容器设计问题的主函数 main 如下：

```python
'''基于蝗虫优化算法的压力容器设计'''
import numpy as np
from matplotlib import pyplot as plt
import GOA

'''适应度函数'''
def fun(X):
        x1=X[0]  #Ts
        x2=X[1]  #Th
        x3=X[2]  #R
        x4=X[3]  #L
        #约束条件判断
        g1=-x1+0.0193*x3
        g2=-x2+0.00954*x3
        g3=-np.math.pi*x3**2-4*np.math.pi*x3**3/3+1296000
        g4=x4-240
        if g1<=0 and g2<=0 and g3<=0 and g4<=0:
                #若满足约束条件，则计算适应值
                fitness=0.6224*x1*x3*x4+1.7781*x2*x3**2+3.1661*x1**2*x4+
19.84*x1**2*x3
        else:
                #若不满足约束条件，则将适应度值设置为一个很大的惩罚数
                fitness=10E32

        return fitness

'''主函数 '''
#设置参数
pop=50                              #种群数量
maxIter=500                         #最大迭代次数
dim=4  #维度
lb=np.array([0,0,10,10])            #下边界
ub=np.array([100,100,100,100])      #上边界
#适应度函数的选择
fobj=fun
GbestScore,GbestPositon,Curve=GOA.GOA(pop,dim,lb,ub,maxIter,fobj)
print('最优适应度值: ',GbestScore)
print('最优解[Ts,Th,R,L]: ',GbestPositon)
#绘制适应度函数曲线
plt.figure(1)
plt.plot(Curve,'r-',linewidth=2)
plt.xlabel('Iteration',fontsize='medium')
plt.ylabel("Fitness",fontsize='medium')
plt.grid()
plt.title('GOA',fontsize='large')
plt.show()
```

适应度函数曲线如图 3.8 所示。

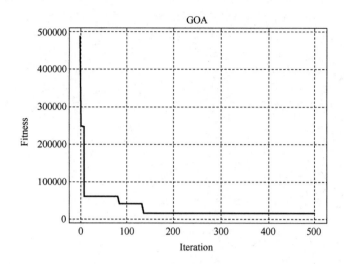

图 3.8 适应度函数曲线

运行结果如下：

```
最优适应度值：[13608.85458059]
最优解[Ts,Th,R,L]：[ 1.32132173  0.65127701 68.26485371 94.8256644 ]
```

从收敛曲线来看，压力容器适应度函数值不断减小，表明蝗虫优化算法不断地对参数进行优化，最终输出了一组满足约束条件的压力容器参数，对压力容器的设计具有指导意义。

### 3.3.3 基于蝗虫优化算法的三杆桁架设计

#### 3.3.3.1 问题描述

在三杆桁架设计问题中，变量 $x_1$，$x_2$ 和 $x_3$ 分别为三个杆的横截面积，又由对称性可知 $x_1 = x_3$。这样，三杆桁架设计的目的可以描述为：通过调整横截面积 $(x_1, x_2)$ 使三杆桁架的体积最小。该三杆桁架在每个桁架构件上均受到应力 $\sigma$ 的约束，如图 3.9 所示。该优化设计具有一个非线性适应度函数、三个非线性不等式约束和两个连续决策变量，即

$$\min f(x) = (2\sqrt{2}x_1 + x_2)l$$

约束条件为

$$g_1(x) = \frac{\sqrt{2}x_1 + x_2}{\sqrt{2}x_1^2 + 2x_1x_2}P - \sigma \le 0$$

$$g_2(x) = \frac{x_2}{(\sqrt{2}x_1^2 + 2x_1x_2)}P - \sigma \le 0$$

$$g_3(x) = \frac{1}{(\sqrt{2}x_2 + x_1)}P - \sigma \le 0$$

$$0.001 \le x_1 \le 1, \quad 0.001 \le x_2 \le 1$$

$$l = 100\text{cm}, \quad P = 2\text{kN}/\text{cm}^2, \quad \sigma = 2\text{kN}/\text{cm}^2$$

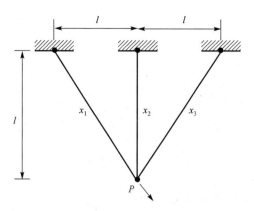

图 3.9 三杆桁架示意图

### 3.3.3.2 适应度函数设计

在该设计中，我们求解的问题是带约束的问题，其中一个约束条件为

$$0.001 \le x_1 \le 1, \quad 0.001 \le x_2 \le 1$$

可以通过蝗虫优化算法对寻优的边界进行设置，即设置蝗虫个体的上边界 ub=[1,1]，蝗虫个体的下边界 lb=[0.001,0.001]。其中，需要在适应度函数中对 $g_1(x), g_2(x), g_3(x)$ 进行约束，若 $x_1, x_2$ 不满足约束条件，则将该适应度值设置为一个很大的惩罚数，即 $10^{32}$。定义适应度函数 fun 如下：

```python
'''适应度函数'''
def fun(X):
    x1=X[0]
    x2=X[1]
    l=100
    P=2
    sigma=2
    #约束条件判断
    g1=(np.sqrt(2)*x1+x2)*P/(np.sqrt(2)*x1**2+2*x1*x2)-sigma
    g2=x2*P/(np.sqrt(2)*x1**2+2*x1*x2)-sigma
    g3=P/(np.sqrt(2)*x2+x1)-sigma
    if g1<=0 and g2<=0 and g3<=0:
        #若满足约束条件，则计算适应度值
        fitness=(2*np.sqrt(2)*x1+x2)*l
    else:
        #若不满足约束条件，则将适应度值设置为一个很大的惩罚数
        fitness=10E32
    return fitness
```

### 3.3.3.3 主函数设计

通过上述分析，可以设置蝗虫优化算法参数如下：

蝗虫种群数量 pop 为 30，最大迭代次数 maxIter 为 100，蝗虫个体的维度 dim 为 2（即 $x_1, x_2$），蝗虫个体的上边界 ub=[1,1]，蝗虫个体的下边界 lb=[0.001,0.001]。利用蝗虫优化算法求解三杆桁架设计问题的主函数 main 如下：

```python
'''基于蝗虫优化算法的三杆桁架设计'''
import numpy as np
from matplotlib import pyplot as plt
import GOA


'''适应度函数'''
def fun(X):
    x1=X[0]
    x2=X[1]
    l=100
    P=2
    sigma=2
    #约束条件判断
    g1=(np.sqrt(2)*x1+x2)*P/(np.sqrt(2)*x1**2+2*x1*x2)-sigma
    g2=x2*P/(np.sqrt(2)*x1**2+2*x1*x2)-sigma
    g3=P/(np.sqrt(2)*x2+x1)-sigma
    if g1<=0 and g2<=0 and g3<=0:
        #若满足约束条件，则计算适应度值
        fitness=(2*np.sqrt(2)*x1+x2)*l
    else:
        #若不满足约束条件，则将适应度值设置为一个很大的惩罚数
        fitness=10E32

    return fitness


'''主函数'''
#设置参数
pop=30                          #种群数量
maxIter=100                     #最大迭代次数
dim=2                           #维度
lb=np.array([0.001,0.001])      #下边界
ub=np.array([1,1])              #上边界
#适应度函数的选择
fobj=fun
GbestScore,GbestPositon,Curve=GOA.GOA(pop,dim,lb,ub,maxIter,fobj)
print('最优适应度值: ',GbestScore)
print('最优解[x1,x2]: ',GbestPositon)

#绘制适应度函数曲线
plt.figure(1)
plt.plot(Curve,'r-',linewidth=2)
plt.xlabel('Iteration',fontsize='medium')
plt.ylabel("Fitness",fontsize='medium')
plt.grid()
plt.title('GOA',fontsize='large')
plt.show()
```

适应度函数曲线如图 3.10 所示。

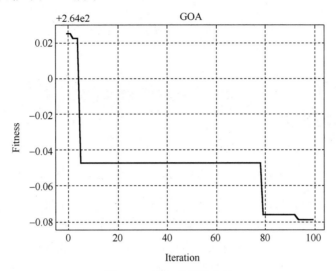

图 3.10   适应度函数曲线

运行结果如下：

```
最优适应度值：[263.92083247]
最优解[x1,x2]：[0.79456227 0.39184685]
```

从收敛曲线来看，适应度函数值不断减小，表明蝗虫优化算法不断地对参数进行优化。最终输出了一组满足约束条件的参数，对三杆桁架的设计具有指导意义。

### 3.3.4   基于蝗虫优化算法的拉压弹簧设计

#### 3.3.4.1   问题描述

如图 3.11 所示，设计拉压弹簧的目的是在满足最小挠度、振动频率和剪应力这三者的约束下，使拉压弹簧的重量最小。该问题由 3 个连续的决策变量组成，即弹簧线圈直径（$d$ 或 $x_1$）、弹簧簧圈直径（$D$ 或 $x_2$）和绕线圈数（$P$ 或 $x_3$）。数学模型表示为

$$\min f(x) = (x_3 + 2)x_2 x_1^2$$

约束条件为

$$g_1(x) = 1 - \frac{x_2^3 x_3}{71785 x_1^4} \leq 0$$

$$g_2(x) = \frac{4x_2^2 - x_1 x_2}{12566(x_2 x_1^3 - x_1^4)} + \frac{1}{5108 x_1^2} - 1 \leq 0$$

$$g_3(x) = 1 - \frac{140.45 x_1}{x_2^2 x_3} \leq 0$$

$$g_4(x) = \frac{x_1 + x_2}{1.5} - 1 \leq 0$$

$$0.05 \leq x_1 \leq 2, \ 0.25 \leq x_2 < 1.3, \ 2 \leq x_3 \leq 15$$

图 3.11 拉压弹簧示意图

### 3.3.4.2 适应度函数设计

在该设计中，我们求解的问题是带约束的问题，其中一个约束条件为

$$0.05 \le x_1 \le 2, \ 0.25 \le x_2 < 1.3, \ 2 \le x_3 \le 15$$

通过蝗虫优化算法对寻优的边界进行设置，即设置蝗虫个体的上边界 ub=[2,1.3,15]，蝗虫个体的下边界 lb=[0.05,0.25,2]。其中，需要在适应度函数中对 $g_1(x),g_2(x),g_3(x),g_4(x)$ 进行约束，若 $x_1,x_2,x_3$ 不满足约束条件，则将该适应度值设置为一个很大的惩罚数，即 $10^{32}$。定义适应度函数 fun 如下：

```
'''适应度函数'''
def fun(X):
    x1=X[0]
    x2=X[1]
    x3=X[2]
    #约束条件判断
    g1=1-(x2**3*x3)/(71785*x1**4)
    g2=(4*x2**2-x1*x2)/(12566*(x2*x1**3-x1**4))+1/(5108*x1**2)-1
    g3=1-(140.45*x1)/(x2**2*x3)
    g4=(x1+x2)/1.5-1
    if g1<=0 and g2<=0 and g3<=0 and g4<=0:
        #若足约束条件，则计算适应度值
        fitness=(x3+2)*x2*x1**2
    else:
        #若不满足约束条件，则将适应度值设置为一个很大的惩罚数
        fitness=10E32
    return fitness
```

### 3.3.4.3 主函数设计

通过上述分析，可以设置蝗虫优化算法参数如下：

蝗虫种群数量 pop 为 30，最大迭代次数 maxIter 为 100，蝗虫个体的维度 dim 为 3（即 $x_1,x_2,x_3$），蝗虫个体的上边界 ub=[2,1.3,15]，蝗虫个体的下边界 lb=[0.05,0.25,2]。利用蝗虫优化算法求解拉压弹簧设计问题的主函数 main 如下：

```
'''基于蝗虫优化算法的拉压弹簧设计'''
import numpy as np
from matplotlib import pyplot as plt
import GOA
```

```python
'''适应度函数'''
def fun(X):
    x1=X[0]
    x2=X[1]
    x3=X[2]
    #约束条件判断
    g1=1-(x2**3*x3)/(71785*x1**4)
    g2=(4*x2**2-x1*x2)/(12566*(x2*x1**3-x1**4))+1/(5108*x1**2)-1
    g3=1-(140.45*x1)/(x2**2*x3)
    g4=(x1+x2)/1.5-1
    if g1<=0 and g2<=0 and g3<=0 and g4<=0:
        #若满足约束条件，则计算适应度值
        fitness=(x3+2)*x2*x1**2
    else:
        #若不满足约束条件，则将适应度值设置为一个很大的惩罚数
        fitness=10E32

    return fitness

'''主函数 '''
#设置参数
pop=30                          #种群数量
maxIter=100                     #最大迭代次数
dim=3                           #维度
lb=np.array([0.05,0.25,2])      #下边界
ub=np.array([2,1.3,15])         #上边界
#适应度函数的选择
fobj=fun
GbestScore,GbestPositon,Curve=GOA.GOA(pop,dim,lb,ub,maxIter,fobj)
print('最优适应度值: ',GbestScore)
print('最优解[x1,x2,x3]: ',GbestPositon)

#绘制适应度函数曲线
plt.figure(1)
plt.plot(Curve,'r-',linewidth=2)
plt.xlabel('Iteration',fontsize='medium')
plt.ylabel("Fitness",fontsize='medium')
plt.grid()
plt.title('GOA',fontsize='large')
plt.show()
```

适应度函数曲线如图 3.12 所示。

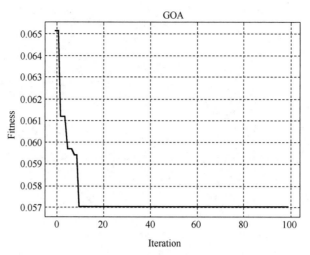

图 3.12　适应度函数曲线

运行结果如下：

```
最优适应度值： [0.05696524]
最优解[x1,x2,x3]： [ 0.06816256  0.8976162  11.65926787]
```

　　从收敛曲线来看，适应度函数值不断减小，表明蝗虫优化算法不断地对参数进行优化。最终输出了一组满足约束条件的参数，对拉压弹簧的设计具有指导意义。

# 参 考 文 献

[1]　SAREMI S,MIRJALILI S,LEWIS A. Grasshopper optimisation algorithm: theory and application[J]. Advances in Engineering Software,2017,105:33-47.

[2]　廖铃. 蝗虫优化算法及应用研究[D]. 南宁：广西民族大学，2019.

[3]　李洋州. 蝗虫优化算法及其应用研究[D]. 南京：南京邮电大学，2019.

# 第 4 章　蝴蝶优化算法及其 Python 实现

## 4.1　蝴蝶优化算法的基本原理

蝴蝶优化算法（Butterfly Optimization Algorithm，BOA）是由印度学者 Sankalap Arora 等人于 2019 年提出的一种新型智能优化算法。该算法通过模拟蝴蝶的觅食行为来对最优问题求解。该算法具有收敛速度快，寻优能力强的特点。

经过了大自然百万年的自然选择，蝴蝶凭借种群之间的合作，以及自身的觅食特性得以存活。蝴蝶通过触觉、听觉、嗅觉和视觉来寻找食物、躲避天敌及寻找配偶。在这些感觉中，嗅觉是最重要的，蝴蝶的嗅觉感受器几乎覆盖蝴蝶的整个身体，如触角、腿、触须等。这些嗅觉感受器实际上是蝴蝶体表的神经细胞，通常也被称为化学感受器。蝴蝶能够借助嗅觉感受器精确地定位某种气味源，并且每只蝴蝶自身也可以散发出具有一定强度的气味。所以，在蝴蝶优化算法中，一只蝴蝶对应解空间的一个搜索单位。每只蝴蝶可以释放出一定强度的香味，这个香味与适应度函数有关，并且当蝴蝶在解空间内移动时，其对应的适应度值也会随之变化。在这个过程中，香味会传播一定的距离，并且随着蝴蝶之间的距离递减，其他的蝴蝶可以感知到这种香味，这也就是蝴蝶优化算法中的蝴蝶在整个解空间中和其他蝴蝶交换信息的方式。当一只蝴蝶感知到其他蝴蝶身上散发出的香味时，它会直接向这个散发出香味的蝴蝶移动，这个过程在蝴蝶优化算法中被称为全局搜索；当蝴蝶感受不到其他蝴蝶身上散发出的香味时，它会在自己附近做随机探索，这个过程在蝴蝶优化算法中被称为局部搜索。

### 4.1.1　蝴蝶的香味

在蝴蝶优化算法中，每只作为搜索单元的蝴蝶都会释放一定强度的香味。每只蝴蝶身上都有自己独特的香味，并且这些香味的强度会在传播的过程中随着距离递增而逐步衰减，这一特性也是蝴蝶优化算法和其他启发式算法的主要区别。在蝴蝶优化算法中，计算香味值 $f$ 与三个重要的参数有关：感知形态 $c$、刺激因子 $I$ 及功率指数 $a$。

感知形态 $c$ 是指感知香味的方式，在蝴蝶优化算法中，指代嗅觉。感知形态是算法初始化过程的一个常量，这也是基础蝴蝶优化算法可优化的一个参数。

在蝴蝶优化算法中，刺激因子 $I$ 是通过当前场景下蝴蝶的适应度函数计算得出的，所以当一只蝴蝶的适应度值较大时，周围的蝴蝶在全局搜索这一过程中就会向适应度值较大的蝴蝶移动。

功率指数 $a$ 在蝴蝶优化算法中是一个常数，它的取值会产生三种效果：线性响应、响应压缩和响应膨胀。响应膨胀是指随着 $I$ 增大，$f$ 比 $I$ 增长得快，即 $f$ 对 $I$ 的导函数是增函数；响应压缩是指随着 $I$ 增大，$f$ 比 $I$ 增长得慢，即 $f$ 对 $I$ 的导函数是减函数；线性响应是指 $I$ 和 $f$ 的增长速率相同。通过模拟大自然，有研究表明，生物会因环境改变而受到刺激，但是受到刺激的强度并不是特别强烈。在蝴蝶优化算法中，$a$ 的取值范围为(0,1)。

对于蝴蝶优化算法中香味公式 $f$ 的构造，主要涉及两个问题即 $I$ 的变化和 $f$ 的公式结构。出于简化模型的考虑，刺激因子 $I$ 与编码后的目标函数有关。$f$ 的大小是相对的，为了从其他感知形态中区分出香味，需要把 $c$ 作为 $f$ 公式中的一个乘积因子。通过上述对功率指数 $a$ 的分析，随着 $I$ 的变化，$f$ 的变化不如 $I$ 的变化程度大，所以 $a$ 应该作为 $I$ 的一个指数因子。通过上述的讨论，$f$ 为

$$f = cI^a \tag{4.1}$$

其中，$f$ 是每只蝴蝶散发出的香味的衡量值；$c$ 是感知形态；$I$ 是刺激因子；$a$ 是功率指数。

在一般情况下，$a$ 和 $c$ 的取值范围都是(0,1)。但在极端的情况下，若 $a=1$，则表示香味在传播的过程中没有任何损耗，也就是说，一只蝴蝶身上散发出的全部香味都会被另一只蝴蝶感受到。在这种理想情况下，任意一只蝴蝶散发出的香味都会被解空间中的任意一只蝴蝶感受到，这样算法很容易陷入局部最优。若 $a=0$，则表示一只蝴蝶身上散发出的香味不能被其他任何一只蝴蝶感受到，也就是香味在传播的路径上全部被消耗掉，所以 $a$ 的取值对于算法的性能至关重要。另外一个参数 $c$ 影响蝴蝶优化算法的收敛速度。理论上 $c$ 的取值可以是 $(0,\infty)$，但是实际的取值要与优化问题相结合，在大多数情况下，$c$ 的取值为(0,1)。所以 $a$ 和 $c$ 作为两个常量参数，决定了整个蝴蝶优化算法的搜索能力和收敛速度。

### 4.1.2 蝴蝶的移动与迭代

关于蝴蝶优化算法的迭代过程，首先需要约定如下假设：
（1）所有蝴蝶都会散发出一定强度的香味。
（2）所有蝴蝶要么在原地附近随机搜索，要么直接向香味值最大的蝴蝶移动。
（3）刺激因子仅由目标函数决定，不受其他因素影响。

蝴蝶优化算法的执行过程主要分为三个阶段：初始阶段、迭代阶段和终止阶段。每次执行蝴蝶优化算法时，首先执行初始阶段，然后根据初始化后的蝴蝶进行迭代，最后满足终止条件后，输出结果。

在初始阶段，首先定义目标函数和解空间，以及蝴蝶优化算法中的常量，包括感知形态 $c$、功率指数 $a$，以及切换概率 $p$。其次确定蝴蝶的数量，并随机在解空间中分散所有蝴蝶，通过蝴蝶优化算法初始化每只蝴蝶，计算其适应度值和散发出的香味值。

初始阶段后是迭代阶段。在每次迭代中，蝴蝶在解空间的位置都会重新分布，所以每只蝴蝶的适应度值和香味值都需要重新计算。在迭代阶段有两个重要的过程：全局搜索和局部搜索。在全局搜索中，蝴蝶朝着香味值最大的蝴蝶 $g^*$ 移动，即

$$x_i^{t+1} = x_i^t + (r^2 \times g^* - x_i^t) \times f_i \tag{4.2}$$

其中，$x_i^t$ 表示第 $i$ 只蝴蝶在第 $t$ 次迭代中所对应的解；$g^*$ 表示当前迭代次数中的最优解；$f_i$ 表示第 $i$ 只蝴蝶散发出的香味值；$r$ 是区间[0,1]内的一个随机数。

蝴蝶优化算法的局部搜索公式为

$$x_i^{t+1} = x_i^t + (r^2 \times x_j^t - x_k^t) \times f_i \tag{4.3}$$

其中，$x_j^t$ 和 $x_k^t$ 分别表示在第 $t$ 次迭代中第 $j$ 只和第 $k$ 只蝴蝶所对应的解；$r$ 是区间[0,1]内的随机数。若 $x_j^t$ 和 $x_k^t$ 对应的蝴蝶属于同一个种群，则式（4.3）就表示局部的随机移动。

　　在大自然中，因为蝴蝶搜索食物包括全局搜索和局部搜索，所以蝴蝶优化算法也模拟了这两个搜索过程。因为有很多不可预知的天气因素，包括下雨、大风等，所以在蝴蝶优化算法中常用一个常量——切换概率 $p$ 来判断蝴蝶是在做全局搜索还是在做局部搜索，蝴蝶种群每迭代一次，每只蝴蝶都会产生一个随机数 $r$，若当前的随机数 $r>p$，则进行全局搜索；否则进行局部搜索。

### 4.1.3　蝴蝶优化算法流程

　　蝴蝶优化算法的流程图如图 4.1 所示。

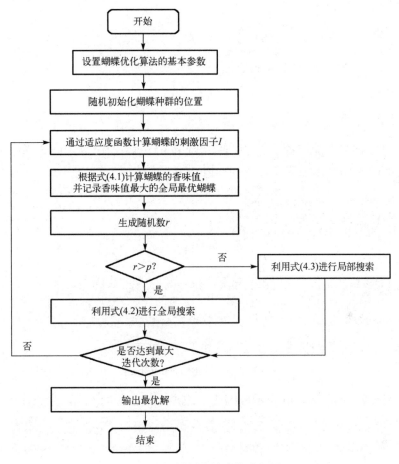

图 4.1　蝴蝶优化算法的流程图

蝴蝶优化算法的步骤如下：

步骤 1：设置蝴蝶优化算法的基本参数。

步骤 2：随机初始化蝴蝶种群的位置。

步骤 3：通过适应度函数计算蝴蝶的刺激因子 $I$。

步骤 4：根据式（4.1）计算蝴蝶的香味值，并记录香味值最大的全局最优蝴蝶。

步骤 5：生成随机数 $r$ 并与切换概率 $p$ 进行比较。若 $r>p$，则利用式（4.2）进行全局搜索；否则利用式（4.3）进行局部搜索。

步骤 6：判断是否达到最大迭代次数，若达到，则输出最优解；否则重复步骤 3～6。

# 4.2 蝴蝶优化算法的 Python 实现

## 4.2.1 种群初始化

### 4.2.1.1 Python 相关函数

对应随机数的生成，采用 Python 的 numpy 的随机数生成函数 random()，random()会生成区间[0,1]内的随机数。

```
import numpy as np
RandValue=np.random.random()
print("生成随机数:",RandValue)
```

运行结果如下：

```
生成随机数: 0.6706965612335988
```

若要一次性生成多个随机数，则可以使用 random([row,col])，其中 row 和 col 分别表示行和列，如 random([3,4])表示生成 3 行 4 列的区间[0,1]内的随机数。

```
import numpy as np
RandValue=np.random.random([3,4])
print("生成随机数:",RandValue)
```

运行结果如下：

```
生成随机数: [[0.49948056 0.99931964 0.26194131 0.53330869]
 [0.8779833  0.58504491 0.89523532 0.0122117 ]
 [0.34581846 0.94183727 0.25173827 0.09452273]]
```

若要生成指定范围的随机数，可以利用如下表达式表示

$$r = \text{lb} + (\text{ub} - \text{lb}) \times \text{random}()$$

其中，ub 表示范围的上边界，lb 表示范围的下边界。如在区间[0,4]内生成 5 个随机数：

```
import numpy as np
RandValue=np.random.random([1,5])*(4-0)+0
print("生成随机数:",RandValue)
```

运行结果如下：

```
生成随机数: [[0.62003352 0.71927614 2.88029675 2.7225476  1.54699288]]
```

### 4.2.1.2 蝴蝶优化算法种群初始化函数编写

定义初始化函数名称为 initialization，并利用 4.2.1.1 节中的随机数生成方式，生成初始种群。

```
def initialization(pop,ub,lb,dim):
    '''种群初始化函数'''
    '''
```

```
        pop:种群数量
        dim:每个个体的维度
        ub:每个维度的变量上边界，维度为[dim]
        lb:每个维度的变量下边界，维度为[dim]
        X:输出的种群，维度为[pop,dim]
        '''
        X=np.zeros([pop,dim])            #声明空间
        for i in range(pop):
            for j in range(dim):
                X[i,j]=(ub[j]-lb[j])*np.random.random()+lb[j]
                                        #生成区间[lb,ub]内的随机数

        return X
```

举例：设定种群数量为 10，每个个体维度均为 5，每个维度的边界均为[-5,5]，利用初始化函数生成初始种群。

```
pop=10
dim=5
ub=np.array([5,5,5,5,5])
lb=np.array([-5,-5,-5,-5,-5])
X=initialization(pop,ub,lb,dim)
print("X:",X)
```

运行结果如下：

```
X: [[-0.4915815  -2.34406551 -1.56073567 -3.46721189 -4.30082501]
 [-4.18703662  2.78163513  3.74530427 -1.29273887  4.09972082]
 [ 1.75164321  0.02477537 -3.84041488 -1.34225428 -2.84113499]
 [-3.43783612 -0.173427   -3.16947613 -0.37629277  0.39138373]
 [ 3.38367471 -0.26986522  0.22854243  0.38944921  3.42659968]
 [-0.40001564  4.85727224  3.85740918  1.5099954   3.011702  ]
 [ 0.23657864  4.17504532  0.81225086  2.26101304 -1.03205635]
 [-4.39344271  3.58550577 -4.07026764 -1.51683523 -0.58132366]
 [-1.04744907 -2.33641838  3.15354606  2.94660873 -2.8091005 ]
 [-2.1533344  -4.98878164 -3.93019245  4.59515649 -1.03983607]]
```

## 4.2.2　适应度函数

适应度函数是优化问题的目标函数，根据不同应用设计相应的适应度函数。我们可以将自己设计的适应度函数单独写成一个函数，方便优化算法调用。一般将适应度函数命名为 fun()，这里我们定义一个适应度函数如下：

```
def fun(x):
    '''适应度函数'''
    '''
    x 为输入的一个个体，维度为[1,dim]
    fitness 为输出的适应度值
    '''
```

```
fitness=np.sum(x**2)
return fitness
```

这里的适应度值就是 x 所有值的平方和，如 x=[1,2]，那么经过适应度函数计算后得到的值为 5。

```
x=np.array([1,2])
fitness=fun(x)
print("fitness:",fitness)
```

### 4.2.3　边界检查和约束函数

边界检查的作用是防止变量超过规定的范围，一般当变量大于上边界时，直接将其置为上边界；当变量小于下边界时，直接将其置为下边界；其他情况变量值不变。逻辑如下：

$$val = \begin{cases} ub & ,val > ub \\ lb & ,val < lb \\ val & ,其他 \end{cases}$$

定义边界检查函数为 BorderCheck。

```
def BorderCheck(X,ub,lb,pop,dim):
    '''边界检查函数'''
    '''
    dim:每个个体的维度大小
    X:输入数据，维度为[pop,dim]
    ub:个体的上边界，维度为[dim]
    lb:个体的下边界，维度为[dim]
    pop:种群数量
    '''
    for i in range(pop):
        for j in range(dim):
            if X[i,j]>ub[j]:
                X[i,j]=ub[j]
            if X[i,j]<lb[j]:
                X[i,j]=lb[j]
    return X
```

例如，x=[1,-2,3,-4;1,-2,3,-4]，定义的上边界为[1,1,1,1]，下边界为[-1,-1,-1,-1]，于是经过边界检查和约束后，x 应该为[1,-1,1,-1;1,-1,1,-1]。

```
x=np.array([(1,-2,3,-4),
            (1,-2,3,-4)])
ub=np.array([1,1,1,1])
lb=np.array([-1,-1,-1,-1])
dim=4
pop=2
X=BorderCheck(x,ub,lb,pop,dim)
print("X:",X)
```

运行结果如下：

```
X: [[ 1 -1  1 -1]
 [ 1 -1  1 -1]]
```

## 4.2.4 蝴蝶优化算法代码

根据 4.1 节蝴蝶优化算法的基本原理编写蝴蝶优化算法的整个代码，定义蝴蝶优化算法的函数名称为 BOA，并将上述的所有子函数均保存到 BOA.py 中。

```python
import numpy as np
import random
import copy


def initialization(pop,ub,lb,dim):
    ''' 种群初始化函数'''
    '''
    pop:种群数量
    dim:每个个体的维度
    ub:每个维度的变量上边界，维度为[dim,1]
    lb:每个维度的变量下边界，维度为[dim,1]
    X:输出的种群，维度为[pop,dim]
    '''
    X=np.zeros([pop,dim])            #声明空间
    for i in range(pop):
        for j in range(dim):
            X[i,j]=(ub[j]-lb[j])*np.random.random()+lb[j]
                            #生成区间[lb,ub]内的随机数

    return X


def BorderCheck(X,ub,lb,pop,dim):
    '''边界检查函数'''
    '''
    dim:每个个体的维度大小
    X:输入数据，维度为[pop,dim]
    ub:个体的上边界，维度为[dim,1]
    lb:个体的下边界，维度为[dim,1]
    pop:种群数量
    '''
    for i in range(pop):
        for j in range(dim):
            if X[i,j]>ub[j]:
                X[i,j]=ub[j]
            elif X[i,j]<lb[j]:
                X[i,j]=lb[j]
    return X



def CaculateFitness(X,fun):
```

```python
    '''计算种群的所有个体的适应度值'''
    pop=X.shape[0]
    fitness=np.zeros([pop,1])
    for i in range(pop):
        fitness[i]=fun(X[i,:])
    return fitness


def SortFitness(Fit):
    '''对适应度值进行排序'''
    '''
    输入为适应度值
    输出为排序后的适应度值和索引
    '''
    fitness=np.sort(Fit,axis=0)
    index=np.argsort(Fit,axis=0)
    return fitness,index

def SortPosition(X,index):
    '''根据适应度值对位置进行排序'''
    Xnew=np.zeros(X.shape)
    for i in range(X.shape[0]):
        Xnew[i,:]=X[index[i],:]
    return Xnew


def BOA(pop,dim,lb,ub,maxIter,fun):
    '''蝴蝶优化算法'''
    '''
    输入：
    pop:种群数量
    dim:每个个体的维度
    ub:个体的上边界，维度为[1,dim]
    lb:个体的下边界，维度为[1,dim]
    fun:适应度函数
    maxIter:最大迭代次数
    输出：
    GbestScore:最优解对应的适应度值
    GbestPositon:最优解
    Curve:迭代曲线
    '''
    p=0.8                              #切换概率
    power_exponent=0.1                 #功率指数 a
    sensory_modality=0.1               #感知形态 c
    X=initialization(pop,ub,lb,dim)    #初始化种群
    fitness=CaculateFitness(X,fun)     #计算适应度值
    indexBest=np.argmin(fitness)       #寻找最优适应度值的位置
    GbestScore=fitness[indexBest]      #记录最优适应度值
    GbestPositon=np.zeros([1,dim])
```

```
GbestPositon[0,:]=X[indexBest,:]
X_new=copy.copy(X)
Curve=np.zeros([maxIter,1])
for t in range(maxIter):
    print("第"+str(t)+"次迭代")
    for i in range(pop):
        FP=sensory_modality*(fitness[i]**power_exponent)
                                        #计算刺激强度 I
        if random.random()<p:           #全局搜索
            dis=random.random()*random.random()*GbestPositon-X[i,:]
            Temp=np.matrix(dis*FP)
            X_new[i,:]=X[i,:]+Temp[0,:]
        else:#局部搜索
            Temp=range(pop)
            JK=random.sample(Temp,pop)  #随机选择个体
            dis=random.random()*random.random()*X[JK[0],:]-X[JK[1],:]
            Temp=np.matrix(dis*FP)
            X_new[i,:]=X[i,:]+Temp[0,:]
        for j in range(dim):
            if X_new[i,j]>ub[j]:
                X_new[i,j]=ub[j]
            if X_new[i,j]<lb[j]:
                X_new[i,j]=lb[j]

        #有更优解才更新
        if(fun(X_new[i,:])<fitness[i]):
            X[i,:]=copy.copy(X_new[i,:])
            fitness[i]=copy.copy(fun(X_new[i,:]))
    X=BorderCheck(X,ub,lb,pop,dim)      #边界检测
    fitness=CaculateFitness(X,fun)      #计算适应度值
    indexBest=np.argmin(fitness)
    if fitness[indexBest]<=GbestScore:  #更新全局最优解
        GbestScore=copy.copy(fitness[indexBest])
        GbestPositon[0,:]=copy.copy(X[indexBest,:])
    Curve[t]=GbestScore

return GbestScore,GbestPositon,Curve
```

至此，基本蝴蝶优化算法的代码编写完成，所有子函数均封装在 BOA.py 中，通过函数 BOA 对子函数进行调用。下一节将讲解如何使用上述蝴蝶优化算法来解决优化问题。

# 4.3　蝴蝶优化算法的应用案例

## 4.3.1　求解函数极值

问题描述：求解一组 $x_1, x_2$，使得下面函数的值最小。

$$f(x_1, x_2) = x_1^2 + x_2^2$$

其中，$x_1$ 与 $x_2$ 的取值范围均为[−10,10]。

首先，可以利用 Python 绘图的方式来查看我们的搜索空间是什么，其次绘制该函数搜索曲面如图 4.2 所示。

```python
import numpy as np
from matplotlib import pyplot as plt
from mpl_toolkits.mplot3d import Axes3D
fig=plt.figure(1) #定义figure
ax=Axes3D(fig) #将figure变为3D
x1=np.arange(-10,10,0.2) #定义x1，范围为[-10,10]，间隔为0.2
x2=np.arange(-10,10,0.2) #定义x2，范围为[-10,10]，间隔为0.2
X1,X2=np.meshgrid(x1,x2) #生成网格
F=X1**2+X2**2 #计算平方和的值
#绘制3D曲面
ax.plot_surface(X1,X2,F,rstride=1,cstride=1,cmap=plt.get_cmap ('rainbow'))
#rstride:行之间的跨度，cstride:列之间的跨度
#cmap参数可以控制三维曲面的颜色组合
plt.show()
```

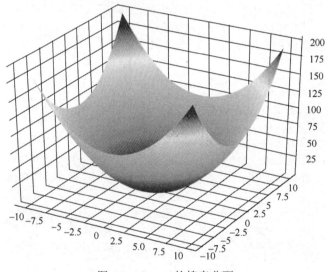

图 4.2　$f(x_1, x_2)$的搜索曲面

利用蝴蝶优化算法对该问题进行求解，设置蝴蝶种群数量 pop 为 50，最大迭代次数 maxIter 为 100，由于要求解 $x_1,x_2$，因此设置蝴蝶个体的维度 dim 为 2，蝴蝶个体的上边界 ub=[10,10]，蝴蝶个体的下边界 lb=[−10,−10]。根据问题设计适应度函数 fun 如下：

```python
'''适应度函数'''
def fun(X):
    O=X[0]**2+X[1]**2
    return O
```

求解该问题的主函数 main 如下：

```python
import numpy as np
from matplotlib import pyplot as plt
```

```
import BOA

'''适应度函数'''
def fun(X):
        O=X[0]**2+X[1]**2
        return O

'''利用蝴蝶优化算法求解 x1^2+x2^2 的最小值'''
'''主函数 '''
#设置参数
pop=50  #种群数量
maxIter=100  #最大迭代次数
dim=2  #维度
lb=-10*np.ones(dim)  #下边界
ub=10*np.ones(dim)#上边界
#适应度函数的选择
fobj=fun
GbestScore,GbestPositon,Curve=BOA.BOA(pop,dim,lb,ub,maxIter,fobj)
print('最优适应度值: ',GbestScore)
print('最优解[x1,x2]: ',GbestPositon)

#绘制适应度函数曲线
plt.figure(1)
plt.plot(Curve,'r-',linewidth=2)
plt.xlabel('Iteration',fontsize='medium')
plt.ylabel("Fitness",fontsize='medium')
plt.grid()
plt.title('BOA',fontsize='large')
plt.show()
```

适应度函数曲线如图 4.3 所示。

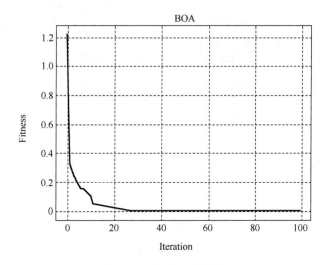

图 4.3　适应度函数曲线

运行结果如下：

```
最优适应度值：[4.05676404e-06]
最优解[x1,x2]：[[ 0.00150214 -0.00134177]]
```

从蝴蝶优化算法寻优的结果来看，最优解[0.00150214,-0.00134177]非常接近理论最优值
[0,0]，表明蝴蝶优化算法具有寻优能力强的特点。

## 4.3.2 基于蝴蝶优化算法的压力容器设计

### 4.3.2.1 问题描述

设计压力容器的目标是使压力容器制作（配对、成型和焊接）成本最低，压力容器示
意图如图 4.4 所示，压力容器的两端都由封盖封住，头部一端的封盖为半球状。$L$ 是不考虑
头部的圆柱体部分的截面长度，$R$ 是圆柱体的内壁半径，$T_s$ 和 $T_h$ 分别表示圆柱体的壁厚和
头部的壁厚，$L$、$R$、$T_s$ 和 $T_h$ 即为压力容器设计问题的 4 个优化变量。该问题的目标函数为

$$x = [x_1, x_2, x_3, x_4] = [T_s, T_h, R, L]$$

$$\min f(x) = 0.6224x_1x_3x_4 + 1.7781x_2x_3^2 + 3.1661x_1^2x_4 + 19.84x_1^2x_3$$

约束条件为

$$g_1(x) = -x_1 + 0.0193x_3 \leq 0$$

$$g_2(x) = -x_2 + 0.00954x_3 \leq 0$$

$$g_3(x) = -\pi x_3^2 - 4\pi x_3^3 / 3 + 129600 \leq 0$$

$$g_4(x) = x_4 - 240 \leq 0$$

$$0 \leq x_1 \leq 100, \quad 0 \leq x_2 \leq 100, \quad 10 \leq x_3 \leq 100, \quad 10 \leq x_4 \leq 100$$

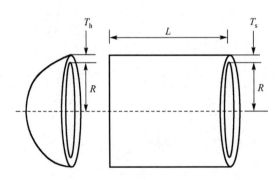

图 4.4 压力容器示意图

### 4.3.2.2 适应度函数设计

在该设计中，我们求解的问题是带约束的问题，其中一个约束条件为

$$0 \leq x_1 \leq 100, \quad 0 \leq x_2 \leq 100, \quad 10 \leq x_3 \leq 100, \quad 10 \leq x_4 \leq 100$$

可以通过蝴蝶优化算法对寻优的边界进行设置，即设置蝴蝶个体的上边界 ub=[100,100,
100,100]，蝴蝶个体的下边界 lb=[0,0,10,10]。

其中，需要在适应度函数中对 $g_1(x),g_2(x),g_3(x),g_4(x)$ 进行约束，若 $x_1,x_2,x_3,x_4$ 不满足约束条件，则将该适应度值设置为一个很大的惩罚数，即 $10^{32}$。定义适应度函数 fun 如下：

```python
'''适应度函数'''
def fun(X):
        x1=X[0] #Ts
        x2=X[1] #Th
        x3=X[2] #R
        x4=X[3] #L

        #约束条件判断
        g1=-x1+0.0193*x3
        g2=-x2+0.00954*x3
        g3=-np.math.pi*x3**2-4*np.math.pi*x3**3/3+1296000
        g4=x4-240
        if g1<=0 and g2<=0 and g3<=0 and g4<=0:
                #若满足约束条件，则计算适应度值
                fitness=0.6224*x1*x3*x4+1.7781*x2*x3**2+3.1661*x1**2*x4+
19.84*x1**2*x3
        else:
                #若不满足约束条件，则将适应度值设置为一个很大的惩罚数
                fitness=10E32

        return fitness
```

### 4.3.2.3　主函数设计

通过上述分析，可以设置蝴蝶优化算法参数如下：

蝴蝶种群数量 pop 为 50，最大迭代次数 maxIter 为 500，蝴蝶个体的维度 dim 为 4（即 $x_1,x_2,x_3,x_4$），蝴蝶个体的上边界 ub=[100,100,100,100]，蝴蝶个体的下边界 lb=[0,0,10,10]。利用蝴蝶优化算法求解压力容器设计问题的主函数 main 设计如下：

```python
'''基于蝴蝶优化算法的压力容器设计'''
import numpy as np
from matplotlib import pyplot as plt
import BOA

'''适应度函数'''
def fun(X):
        x1=X[0] #Ts
        x2=X[1] #Th
        x3=X[2] #R
        x4=X[3] #L
        #约束条件判断
        g1=-x1+0.0193*x3
        g2=-x2+0.00954*x3
        g3=-np.math.pi*x3**2-4*np.math.pi*x3**3/3+1296000
        g4=x4-240
```

```
        if g1<=0 and g2<=0 and g3<=0 and g4<=0:
            #若满足约束条件，则计算适应度值
            fitness=0.6224*x1*x3*x4+1.7781*x2*x3**2+3.1661*x1**2*x4+
19.84*x1**2*x3
        else:
            #若不满足约束条件，则将适应度值设置为一个很大的惩罚数
            fitness=10E32

        return fitness

'''主函数 '''
#设置参数
pop=50                                  #种群数量
maxIter=500                             #最大迭代次数
dim=4                                   #维度
lb=np.array([0,0,10,10])                #下边界
ub=np.array([100,100,100,100])          #上边界
#适应度函数的选择
fobj=fun
GbestScore,GbestPositon,Curve=BOA.BOA(pop,dim,lb,ub,maxIter,fobj)
print('最优适应度值: ',GbestScore)
print('最优解[Ts,Th,R,L]: ',GbestPositon)

#绘制适应度函数曲线
plt.figure(1)
plt.plot(Curve,'r-',linewidth=2)
plt.xlabel('Iteration',fontsize='medium')
plt.ylabel("Fitness",fontsize='medium')
plt.grid()
plt.title('BOA',fontsize='large')
plt.show()
```

适应度函数曲线如图 4.5 所示。

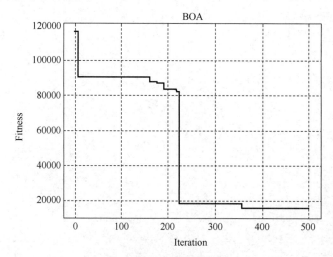

图 4.5　适应度函数曲线

运行结果如下：

```
最优适应度值: [15648.511811]
最优解[Ts,Th,R,L]: [[ 1.76076545  1.32091599 67.39043301 10.        ]]
```

从收敛曲线来看，压力容器适应度函数值不断减小，表明蝴蝶优化算法不断地对参数进行优化。最终输出了一组满足约束条件的压力容器参数，对压力容器的设计具有指导意义。

### 4.3.3 基于蝴蝶优化算法的三杆桁架设计

#### 4.3.3.1 问题描述

在三杆桁架设计问题中，变量 $x_1$，$x_2$ 和 $x_3$ 分别为三个杆的横截面积，又由对称性可知 $x_1 = x_3$。这样，三杆桁架设计的目的可以描述为：通过调整横截面积 $(x_1, x_2)$ 使三杆桁架的体积最小。该三杆桁架在每个桁架构件上均受到应力 $\sigma$ 的约束，如图 4.6 所示。该优化设计具有一个非线性适应度函数、三个非线性不等式约束和两个连续决策变量，即

$$\min f(x) = (2\sqrt{2}x_1 + x_2)l$$

约束条件为

$$g_1(x) = \frac{\sqrt{2}x_1 + x_2}{\sqrt{2}x_1^2 + 2x_1x_2}P - \sigma \leq 0$$

$$g_2(x) = \frac{x_2}{(\sqrt{2}x_1^2 + 2x_1x_2)}P - \sigma \leq 0$$

$$g_3(x) = \frac{1}{(\sqrt{2}x_2 + x_1)}P - \sigma \leq 0$$

$$0.001 \leq x_1 \leq 1, \quad 0.001 \leq x_2 \leq 1$$

$$l = 100\text{cm}, \quad P = 2\text{kN}/\text{cm}^2, \quad \sigma = 2\text{kN}/\text{cm}^2$$

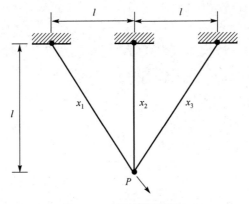

图 4.6　三杆桁架示意图

#### 4.3.3.2 适应度函数设计

在该设计中，我们求解的问题是带约束的问题，其中一个约束条件为

$$0.001 \leq x_1 \leq 1, \quad 0.001 \leq x_2 \leq 1$$

可以通过蝴蝶优化算法对寻优的边界进行设置，即设置蝴蝶个体的上边界 ub=[1,1]，蝴蝶个体的下边界 lb=[0.001,0.001]。需要在适应度函数中对 $g_1(x),g_2(x),g_3(x)$ 进行约束，若 $x_1,x_2$ 不满足约束条件，则将该适应度值设置为一个很大的惩罚数，即 $10^{32}$。定义适应度函数 fun 如下：

```python
'''适应度函数'''
def fun(X):
    x1=X[0]
    x2=X[1]
    l=100
    P=2
    sigma=2
    #约束条件判断
    g1=(np.sqrt(2)*x1+x2)*P/(np.sqrt(2)*x1**2+2*x1*x2)-sigma
    g2=x2*P/(np.sqrt(2)*x1**2+2*x1*x2)-sigma
    g3=P/(np.sqrt(2)*x2+x1)-sigma
    if g1<=0 and g2<=0 and g3<=0:
        #若满足约束条件，则计算适应度值
        fitness=(2*np.sqrt(2)*x1+x2)*l
    else:
        #若不满足约束条件，则将适应度值设置为一个很大的惩罚数
        fitness=10E32
    return fitness
```

### 4.3.3.3　主函数设计

通过上述分析，可以设置蝴蝶优化算法的参数如下：

蝴蝶种群数量 pop 为 30，最大迭代次数 maxIter 为 100，蝴蝶个体的维度 dim 为 2（即 $x_1,x_2$），蝴蝶个体的上边界 ub=[1,1]，蝴蝶个体的下边界 lb=[0.001,0.001]。利用蝴蝶优化算法求解三杆桁架设计问题的主函数 main 如下：

```python
'''基于蝴蝶优化算法的三杆桁架设计'''
import numpy as np
from matplotlib import pyplot as plt
import BOA

'''适应度函数'''
def fun(X):
    x1=X[0]
    x2=X[1]
    l=100
    P=2
    sigma=2
    #约束条件判断
    g1=(np.sqrt(2)*x1+x2)*P/(np.sqrt(2)*x1**2+2*x1*x2)-sigma
    g2=x2*P/(np.sqrt(2)*x1**2+2*x1*x2)-sigma
    g3=P/(np.sqrt(2)*x2+x1)-sigma
    if g1<=0 and g2<=0 and g3<=0:
```

```
                #若满足约束条件，则计算适应度值
                fitness=(2*np.sqrt(2)*x1+x2)*l
        else:
                #若不满足约束条件，则将适应度值设置为一个很大的惩罚数
                fitness=10E32

        return fitness


'''主函数 '''
#设置参数
pop=30                          #种群数量
maxIter=100                     #最大迭代次数
dim=2                           #维度
lb=np.array([0.001,0.001])      #下边界
ub=np.array([1,1])              #上边界
#适应度函数的选择
fobj=fun
GbestScore,GbestPositon,Curve=BOA.BOA(pop,dim,lb,ub,maxIter,fobj)
print('最优适应度值: ',GbestScore)
print('最优解[x1,x2]: ',GbestPositon)


#绘制适应度函数曲线
plt.figure(1)
plt.plot(Curve,'r-',linewidth=2)
plt.xlabel('Iteration',fontsize='medium')
plt.ylabel("Fitness",fontsize='medium')
plt.grid()
plt.title('BOA',fontsize='large')
plt.show()
```

适应度函数曲线如图 4.7 所示。

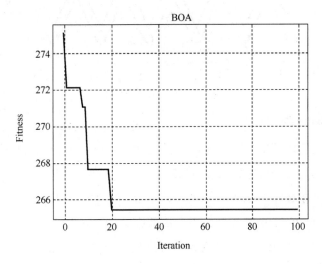

图 4.7　适应度函数曲线

运行结果如下：

```
最优适应度值：[265.423588]
最优解[x1,x2]：[[0.79499216 0.4056585 ]]
```

从收敛曲线来看，适应度函数值不断减小，表明蝴蝶优化算法不断地对参数进行优化，最终输出了一组满足约束条件的参数，对三杆桁架的设计具有指导意义。

### 4.3.4 基于蝴蝶优化算法的拉压弹簧设计

#### 4.3.4.1 问题描述

如图 4.8 所示，设计拉压弹簧的目的是在满足最小挠度、振动频率和剪应力这三者的约束下，使拉压弹簧的重量最小。该问题由 3 个连续的决策变量组成，即弹簧线圈直径（$d$ 或 $x_1$）、弹簧簧圈直径（$D$ 或 $x_2$）和绕线圈数（$P$ 或 $x_3$）。数学模型表示为

$$\min f(x) = (x_3 + 2)x_2 x_1^2$$

约束条件为

$$g_1(x) = 1 - \frac{x_2^3 x_3}{71785 x_1^4} \leq 0$$

$$g_2(x) = \frac{4x_2^2 - x_1 x_2}{12566(x_2 x_1^3 - x_1^4)} + \frac{1}{5108 x_1^2} - 1 \leq 0$$

$$g_3(x) = 1 - \frac{140.45 x_1}{x_2^2 x_3} \leq 0$$

$$g_4(x) = \frac{x_1 + x_2}{1.5} - 1 \leq 0$$

$$0.05 \leq x_1 \leq 2, \ 0.25 \leq x_2 < 1.3, \ 2 \leq x_3 \leq 15$$

图 4.8　拉压弹簧示意图

#### 4.3.4.2 适应度函数设计

在该设计中，我们求解的问题是带约束的问题，其中一个约束条件为

$$0.05 \leq x_1 \leq 2, \ 0.25 \leq x_2 < 1.3, \ 2 \leq x_3 \leq 15$$

可以通过蝴蝶优化算法对寻优的边界进行设置，即设置蝴蝶个体的上边界 ub=[2,1.3,15]，蝴蝶个体的下边界 lb=[0.05,0.25,2]。其中，需要在适应度函数中对 $g_1(x), g_2(x), g_3(x), g_4(x)$ 进行约束，若 $x_1, x_2, x_3$ 不满足约束条件，则将该适应度值设置为一个很大的惩罚数，即 $10^{32}$。定义适应度函数 fun 如下：

```
'''适应度函数'''
def fun(X):
        x1=X[0]
        x2=X[1]
        x3=X[2]
        #约束条件判断
        g1=1-(x2**3*x3)/(71785*x1**4)
        g2=(4*x2**2-x1*x2)/(12566*(x2*x1**3-x1**4))+1/(5108*x1**2)-1
        g3=1-(140.45*x1)/(x2**2*x3)
        g4=(x1+x2)/1.5-1
        if g1<=0 and g2<=0 and g3<=0 and g4<=0:
            #若满足约束条件，则计算适应度值
            fitness=(x3+2)*x2*x1**2
        else:
            #若不满足约束条件，则将适应度值设置为一个很大的惩罚数
            fitness=10E32
        return fitness
```

### 4.3.4.3　主函数设计

通过上述分析，可以设置蝴蝶优化算法参数如下：

蝴蝶种群数量 pop 为 30，最大迭代次数 maxIter 为 100，蝴蝶个体的维度 dim 为 3（即 $x_1,x_2,x_3$），蝴蝶个体的上边界 ub=[2,1.3,15]，蝴蝶个体的下边界 lb=[0.05,0.25,2]。利用蝴蝶优化算法求解拉压弹簧设计问题的主函数 main 如下：

```
'''基于蝴蝶优化算法的拉压弹簧设计'''
import numpy as np
from matplotlib import pyplot as plt
import BOA


'''适应度函数'''
def fun(X):
        x1=X[0]
        x2=X[1]
        x3=X[2]
        #约束条件判断
        g1=1-(x2**3*x3)/(71785*x1**4)
        g2=(4*x2**2-x1*x2)/(12566*(x2*x1**3-x1**4))+1/(5108*x1**2)-1
        g3=1-(140.45*x1)/(x2**2*x3)
        g4=(x1+x2)/1.5-1
        if g1<=0 and g2<=0 and g3<=0 and g4<=0:
            #若满足约束条件，则计算适应度值
            fitness=(x3+2)*x2*x1**2
        else:
            #若不满足约束条件，则将适应度值设置为一个很大的惩罚数
            fitness=10E32

        return fitness
```

```
'''主函数 '''
#设置参数
pop=30                        #种群数量
maxIter=100                   #最大迭代次数
dim=3                         #维度
lb=np.array([0.05,0.25,2])    #下边界
ub=np.array([2,1.3,15])       #上边界
#适应度函数的选择
fobj=fun
GbestScore,GbestPositon,Curve=BOA.BOA(pop,dim,lb,ub,maxIter,fobj)
print('最优适应度值: ',GbestScore)
print('最优解[x1,x2,x3]: ',GbestPositon)

#绘制适应度函数曲线
plt.figure(1)
plt.plot(Curve,'r-',linewidth=2)
plt.xlabel('Iteration',fontsize='medium')
plt.ylabel("Fitness",fontsize='medium')
plt.grid()
plt.title('BOA',fontsize='large')
plt.show()
```

适应度函数曲线如图 4.9 所示。

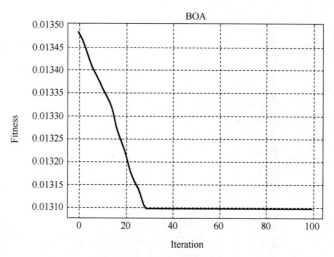

图 4.9　适应度函数曲线

运行结果如下：

最优适应度值：[0.01309655]
最优解[x1,x2,x3]: [[ 0.05        0.31179895 14.80127419]]

从收敛曲线来看，适应度函数的值不断减小，表明蝴蝶优化算法不断地对参数进行优化。最终输出了一组满足约束条件的参数，对拉压弹簧的设计具有指导意义。

# 参 考 文 献

[1] SANKALAP A,SATVIR S. Butterfly optimization algorithm: a novel approach for global optimization[J]. Soft Computing,2019,23(3):715-734.

[2] 周果. 基于改进蝴蝶优化算法的路径规划问题研究[D]. 成都：西南交通大学，2020.

[3] 刘云涛. 基于蝴蝶优化的粒子滤波算法[J]. 信息技术与网络安全，2018,37(07):37-41.

[4] 孙林，陈岁岁，徐久成，等.基于交叉迁移和共享调整的改进蝴蝶优化算法[J]. 计算机应用研究，2020,37(03):799-804..

[5] 尹晓叶. 基于传统 BOA 的新型自适应蝶形优化算法设计[J].电子技术与软件工程，2019(12):166.

[6] 高文欣，刘升，肖子雅，等.柯西变异和自适应权重优化的蝴蝶优化算法[J]. 计算机工程与应用，2020,56(15):43-50.

[7] 高文欣，刘升，肖子雅，等. 全局优化的蝴蝶优化算法[J]. 计算机应用研究，2020,37(10):2966-2970.

[8] 谢聪，封宇. 一种改进的蝴蝶优化算法[J]. 数学的实践与认识，2020,50(13):105-115.

# 第5章 飞蛾扑火优化算法及其 Python 实现

## 5.1 飞蛾扑火优化算法的基本原理

飞蛾扑火优化（Moth-Flame Optimization，MFO）算法是由 Seyedali Mirjalili 通过模拟飞蛾的飞行特性于 2015 年提出的新型智能优化算法。飞蛾是非常类似于蝴蝶家族的昆虫，在自然界中像这样的昆虫有 160000 种之多。比较有趣的是飞蛾在夜里特殊的导航方式，飞蛾利用月光来确定飞行方向，它们利用一个被称为横向定位的机制来进行导航飞行。在这种导航方式中，飞蛾相对于月亮保持一个固定的角度来飞行，这种在直线轨道上长距离飞行的方式是一个非常有效的机制。因为月亮距飞蛾较远，所以这种机制能确保其沿直线飞行。在现实世界里，我们时常看到飞蛾围绕着人造光做螺旋形飞行，这是因为当飞蛾遇到一束人造光时，它们试图与人造光维持一个同样的角度并沿直线飞行。飞蛾扑火优化算法就是模拟飞蛾飞向光源的行为方式来对优化问题进行求解的。飞蛾扑火示意图如图 5.1 所示。

图 5.1 飞蛾扑火示意图

### 5.1.1 飞蛾与火焰

在飞蛾扑火优化算法中，假设飞蛾是求解问题的候选解，待求变量是飞蛾在空间的位置。因此，通过改变其自身的位置向量，飞蛾可以飞行在一维、二维、三维甚至更高维度的空间内。由于飞蛾扑火优化算法本质上是一种群体智能优化算法，所以飞蛾种群飞行的位置可以用向量矩阵表示，即

$$M = \begin{bmatrix} m_{1,1} & m_{1,2} & \cdots & m_{1,d} \\ m_{2,1} & m_{2,2} & \cdots & m_{2,d} \\ \vdots & \vdots & \ddots & \vdots \\ m_{n,1} & m_{n,2} & \cdots & m_{n,d} \end{bmatrix} \tag{5.1}$$

其中，$n$ 表示飞蛾的数量；$d$ 表示待求控制变量的个数（问题的维度）。对于这些飞蛾，同样假设存在与之对应的一列适应度值向量，即

$$O_M = \begin{bmatrix} O_{M1} \\ O_{M2} \\ \vdots \\ O_{Mn} \end{bmatrix} \tag{5.2}$$

飞蛾扑火优化算法要求每只飞蛾仅利用与之对应的唯一火焰更新其自身位置，从而避免算法陷入局部最优，大大增强了全局搜索能力。因此，在搜索空间中飞蛾位置与火焰位置是相同维度的向量矩阵，即

$$F = \begin{bmatrix} F_{1,1} & F_{1,2} & \cdots & F_{1,d} \\ F_{2,1} & F_{2,2} & \cdots & F_{2,d} \\ \vdots & \vdots & \ddots & \vdots \\ F_{n,1} & F_{n,2} & \cdots & F_{n,d} \end{bmatrix} \tag{5.3}$$

火焰的适应度值向量为

$$O_F = \begin{bmatrix} O_{F1} \\ O_{F2} \\ \vdots \\ O_{Fn} \end{bmatrix} \tag{5.4}$$

在迭代过程中，两个矩阵中变量的更新策略有所不同。飞蛾实际上是在搜索空间内移动的搜索个体，而火焰则是目前为止所对应的飞蛾能够达到的最优位置。每只飞蛾个体都在一团火焰的周围，一旦搜索到更优的解，便将其更新为下一代中火焰的位置。

## 5.1.2　飞蛾扑火行为

为了对飞蛾扑火的飞行行为进行数学建模，每只飞蛾相对火焰的位置更新机制可采用式（5.5）表示。

$$M_i = S(M_i, F_j) \tag{5.5}$$

其中，$M_i$ 表示第 $i$ 只飞蛾的位置；$F_j$ 表示第 $j$ 团火焰的位置；$S$ 表示螺旋函数。该函数满足以下条件：① 螺旋函数的初始点为飞蛾的位置；② 螺旋函数的终点为火焰的位置；③ 螺旋函数值的波动范围不应超过其搜索空间。螺旋函数 $S$ 的定义为

$$S(M_i, F_j) = D_i e^{bt} \cos(2\pi t) + F_j \tag{5.6}$$

其中，$D_i$ 表示第 $i$ 只飞蛾与第 $j$ 团火焰之间的距离；$b$ 为所定义的对数螺旋形状常数；路径系数 $t$ 为区间[-1,1]内的随机数。$D_i$ 的表达式为

$$D_i = \left| F_j - M_i \right| \tag{5.7}$$

其中，$M_i$ 表示第 $i$ 只飞蛾的位置；$F_j$ 表示第 $j$ 团火焰的位置；$D_i$ 表示第 $i$ 只飞蛾与第 $j$ 团火焰的距离。

式（5.7）模拟了飞蛾螺旋飞行的路径，可以看出，飞蛾更新的下一个位置由其围绕的火焰确定。如图 5.2 所示，螺旋函数中系数 $t$ 表示飞蛾下一个位置与火焰接近的距离（$t = -1$ 表示与火焰最近的位置，而 $t = 1$ 表示与火焰最远的位置）。式（5.7）表明飞蛾可以在火焰的周围，而不仅是在飞蛾与火焰之间的空间飞行，从而保障了算法的全局勘探能力与局部开发能力。图 5.3 为飞蛾围绕一个火焰飞行时的位置更新情况。当一只飞蛾（蓝色水平线）围绕一个火焰（绿色水平线）飞行时，若更新后的飞蛾位置（黑色水平线）的适应度值优于当代所对应的火焰的适应度值，则其更新后的位置将被选择为下一代火焰的位置（图 5.3 中的位置 2），因此该飞蛾具有局部开发能力。

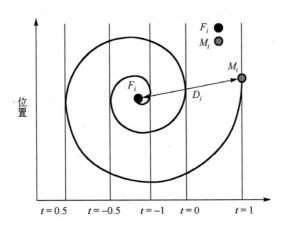

图 5.2　螺旋函数及火焰周围的空间

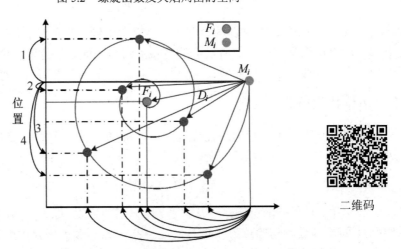

图 5.3　飞蛾围绕一个火焰飞行时的位置更新情况（扫码见彩图）

螺旋函数具有以下特征：① 通过修改参数 $t$，一只飞蛾可以收敛到火焰的任意的邻域范围内；② $t$ 越小，飞蛾离火焰越近；③ 随着飞蛾离火焰越来越近，其在火焰周围更新位置的频率也越来越高。

上述的位置更新机制能够使飞蛾在火焰周围的局部开发能力得到保证。为了提高找到更优解的概率，将当前找到的最优解作为下一代火焰的位置。因此，火焰位置的向量矩阵 $\boldsymbol{F}$ 通常包含了当前找到的最优解。在优化的过程中，每只飞蛾都要根据矩阵 $\boldsymbol{F}$ 来更新自身的位置。飞蛾扑火优化算法中存在的路径系数 $t$ 是在区间 $[r,1]$ 内的随机数，在优化迭代过程中变量 $r$ 在区间 $[-1,-2]$ 内按迭代次数线性减少。通过这种处理方式，随着迭代过程的进行，飞蛾将更加精确地趋近于其对应序列中的火焰。每次迭代后，根据适应度值将火焰位置进行重新排序后得到更新后的火焰序列如图 5.4 所示。在下一代中，飞蛾根据与其对应序列中的火焰位置来更新自身的位置。

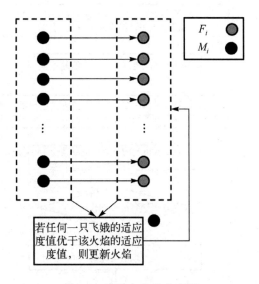

图 5.4　飞蛾、火焰分配图

若 $n$ 只飞蛾每次的位置更新均基于搜索空间中 $n$ 个不同的位置，则会降低算法的局部开发能力。为了解决这个问题，飞蛾扑火优化算法针对火焰的数量提出了一种自适应机制，这使得在迭代过程中火焰的数量可以自适应地减少，从而平衡该算法在搜索空间中的全局勘探能力与局部开发能力，即

$$\text{flame.no} = \text{round}(N - l\frac{N-1}{T}) \tag{5.8}$$

其中，$l$ 表示当前迭代次数；$N$ 表示火焰数量的最大值；$T$ 表示最大迭代次数。同时，由于火焰数量的减少，对于每代中与序列中减少的火焰所对应的飞蛾，需要根据当前适应度值最差的火焰更新其自身位置。

### 5.1.3　飞蛾扑火优化算法流程

飞蛾扑火优化算法的流程图如图 5.5 所示。

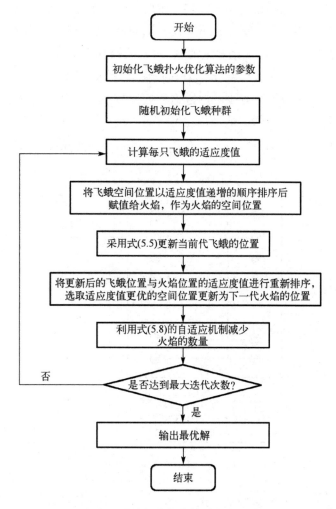

图 5.5　飞蛾扑火优化算法的流程图

飞蛾扑火优化算法步骤如下：

步骤 1：初始化飞蛾扑火优化算法的参数。

步骤 2：随机初始化飞蛾种群。

步骤 3：计算每只飞蛾的适应度值。

步骤 4：将飞蛾空间位置以适应度值递增的顺序排序后赋值给火焰，作为火焰的空间位置。

步骤 5：采用式（5.5）更新当前代飞蛾的位置。

步骤 6：将更新后的飞蛾位置与火焰位置的适应度值进行重新排序，选取适应度值更优的空间位置更新为下一代火焰的位置。

步骤 7：利用式（5.8）的自适应机制减少火焰的数量。

步骤 8：判断是否达到最大迭代次数，若未达到，则重复步骤 3～8；否则输出最优解。

# 5.2 飞蛾扑火优化算法的 Python 实现

## 5.2.1 种群初始化

### 5.2.1.1 Python 相关函数

对于随机数的生成，采用 Python 的 numpy 的随机数生成函数 random()，random() 会生成区间[0,1]内的随机数。

```
import numpy as np
RandValue=np.random.random()
print("生成随机数:",RandValue)
```

运行结果如下：

```
生成随机数: 0.6706965612335988
```

若要一次性生成多个随机数，则可以使用 random([row,col])，其中 row 和 col 分别表示行和列，如 random([3,4]) 表示生成 3 行 4 列的区间[0,1]内的随机数。

```
import numpy as np
RandValue=np.random.random([3,4])
print("生成随机数:",RandValue)
```

运行结果如下：

```
生成随机数: [[0.49948056 0.99931964 0.26194131 0.53330869]
 [0.8779833  0.58504491 0.89523532 0.0122117 ]
 [0.34581846 0.94183727 0.25173827 0.09452273]]
```

若要生成指定范围的随机数，可以利用如下表达式表示：

$$r = \mathrm{lb} + (\mathrm{ub} - \mathrm{lb}) \times \mathrm{random}()$$

其中，ub 表示范围的上边界，lb 表示范围的下边界。如在区间[0,4]内生成 5 个随机数：

```
import numpy as np
RandValue=np.random.random([1,5])*(4-0)+0
print("生成随机数:",RandValue)
```

运行结果如下：

```
生成随机数: [[0.62003352 0.71927614 2.88029675 2.7225476  1.54699288]]
```

### 5.2.1.2 飞蛾扑火优化算法种群初始化函数编写

定义初始化函数名称为 initialization，并利用 5.2.1.1 节中的随机数生成方式，生成初始种群。

```
def initialization(pop,ub,lb,dim):
    ''' 种群初始化函数'''
    '''
```

```
        pop:种群数量
        dim:每个个体的维度
        ub:每个维度的变量上边界，维度为[dim]
        lb:每个维度的变量下边界，维度为[dim]
        X:输出的种群，维度为[pop,dim]
        '''
        X=np.zeros([pop,dim])      #声明空间
        for i in range(pop):
            for j in range(dim):
                X[i,j]=(ub[j]-lb[j])*np.random.random()+lb[j]
                              #生成区间[lb,ub]内的随机数

        return X
```

举例：设定种群数量为 10，每个个体维度均为 5，每个维度的边界均为[-5,5]，利用初始化函数生成初始种群。

```
pop=10
dim=5
ub=np.array([5,5,5,5,5])
lb=np.array([-5,-5,-5,-5,-5])
X=initialization(pop,ub,lb,dim)
print("X:",X)
```

运行结果如下：

```
X: [[-0.4915815  -2.34406551 -1.56073567 -3.46721189 -4.30082501]
 [-4.18703662  2.78163513  3.74530427 -1.29273887  4.09972082]
 [ 1.75164321  0.02477537 -3.84041488 -1.34225428 -2.84113499]
 [-3.43783612 -0.173427   -3.16947613 -0.37629277  0.39138373]
 [ 3.38367471 -0.26986522  0.22854243  0.38944921  3.42659968]
 [-0.40001564  4.85727224  3.85740918  1.5099954   3.011702  ]
 [ 0.23657864  4.17504532  0.81225086  2.26101304 -1.03205635]
 [-4.39344271  3.58550577 -4.07026764 -1.51683523 -0.58132366]
 [-1.04744907 -2.33641838  3.15354606  2.94660873 -2.8091005 ]
 [-2.1533344  -4.98878164 -3.93019245  4.59515649 -1.03983607]]
```

### 5.2.2　适应度函数

适应度函数是优化问题的目标函数，根据不同应用设计相应的适应度函数。我们可以将自己设计的适应度函数单独写成一个函数，方便优化算法调用。一般将适应度函数命名为 fun()，这里我们定义一个适应度函数如下：

```
def fun(x):
    '''适应度函数'''
    '''
    x 为输入的一个个体，维度为[1,dim]
    fitness 为输出的适应度值
    '''
    fitness=np.sum(x**2)
    return fitness
```

这里的适应度值就是 x 所有值的平方和，如 x=[1,2]，那么经过适应度函数计算后得到的值为 5。

```
x=np.array([1,2])
fitness=fun(x)
print("fitness:",fitness)
```

### 5.2.3 边界检查和约束函数

边界检查的作用是防止变量超过规定的范围，一般当变量大于上边界时，直接将其置为上边界；当变量小于下边界时，直接将其置为下边界；其他情况变量值不变。逻辑如下：

$$val = \begin{cases} ub & ,val > ub \\ lb & ,val < lb \\ val & ,其他 \end{cases}$$

定义边界检查函数为 BorderCheck。

```
def BorderCheck(X,ub,lb,pop,dim):
    '''边界检查函数'''
    '''
    dim:每个个体的维度大小
    X:输入数据，维度为[pop,dim]
    ub:个体的上边界，维度为[dim]
    lb:个体的下边界，维度为[dim]
    pop:种群数量
    '''
    for i in range(pop):
        for j in range(dim):
            if X[i,j]>ub[j]:
                X[i,j]=ub[j]
            if X[i,j]<lb[j]:
                X[i,j]=lb[j]
    return X
```

例如，x=[1,-2,3,-4;1,-2,3,-4]，定义的上边界为[1,1,1,1]，下边界为[-1,-1,-1,-1]，于是经过边界检查和约束后，x 应该为[1,-1,1-1;1,-1,1,-1]。

```
x=np.array([(1,-2,3,-4),
            (1,-2,3,-4)])
ub=np.array([1,1,1,1])
lb=np.array([-1,-1,-1,-1])
dim=4
pop=2
X=BorderCheck(x,ub,lb,pop,dim)
print("X:",X)
```

运行结果如下：

```
X: [[ 1 -1  1 -1]
 [ 1 -1  1 -1]]
```

### 5.2.4 飞蛾扑火优化算法代码

根据 5.1 节飞蛾扑火优化算法的基本原理编写飞蛾扑火优化算法的整个代码，定义飞蛾扑火优化算法的函数名称为 MFO，并将上述的所有子函数均保存到 MFO.py 中。

```python
import numpy as np
import random
import copy

def initialization(pop,ub,lb,dim):
    ''' 种群初始化函数'''
    '''
    pop:种群数量
    dim:每个个体的维度
    ub:每个维度的变量上边界，维度为[dim,1]
    lb:每个维度的变量下边界，维度为[dim,1]
    X:输出的种群，维度为[pop,dim]
    '''
    X=np.zeros([pop,dim])        #声明空间
    for i in range(pop):
        for j in range(dim):
            X[i,j]=(ub[j]-lb[j])*np.random.random()+lb[j]
                               #生成区间[lb,ub]内的随机数

    return X

def BorderCheck(X,ub,lb,pop,dim):
    '''边界检查函数'''
    '''
    dim:每个个体数据的维度大小
    X:输入数据，维度为[pop,dim]
    ub:个体数据上边界，维度为[dim,1]
    lb:个体数据下边界，维度为[dim,1]
    pop:种群数量
    '''
    for i in range(pop):
        for j in range(dim):
            if X[i,j]>ub[j]:
                X[i,j]=ub[j]
            elif X[i,j]<lb[j]:
                X[i,j]=lb[j]
    return X


def CaculateFitness(X,fun):
    '''计算种群的所有个体的适应度值'''
    pop=X.shape[0]
```

```python
        fitness=np.zeros([pop,1])
        for i in range(pop):
            fitness[i]=fun(X[i,:])
        return fitness


def SortFitness(Fit):
    '''适应度值排序'''
    '''
    输入为适应度值
    输出为排序后的适应度值和索引
    '''
    fitness=np.sort(Fit,axis=0)
    index=np.argsort(Fit,axis=0)
    return fitness,index

def SortPosition(X,index):
    '''根据适应度值对位置进行排序'''
    Xnew=np.zeros(X.shape)
    for i in range(X.shape[0]):
        Xnew[i,:]=X[index[i],:]
    return Xnew


def MFO(pop,dim,lb,ub,maxIter,fun):
    '''飞蛾扑火优化算法'''
    '''
    输入:
    pop:种群数量
    dim:每个个体的维度
    ub:个体上边界信息,维度为[1,dim]
    lb:个体下边界信息,维度为[1,dim]
    fun:适应度函数接口
    maxIter:最大迭代次数
    输出:
    GbestScore:最优解对应的适应度值
    GbestPositon:最优解
    Curve:迭代曲线
    '''
    r=2; #参数
    X=initialization(pop,ub,lb,dim)            #初始化种群
    fitness=CaculateFitness(X,fun)             #计算适应度值
    fitnessS,sortIndex=SortFitness(fitness)    #对适应度值进行排序
    Xs=SortPosition(X,sortIndex)              #对种群进行排序后,初始化火焰位置
    GbestScore=copy.copy(fitnessS[0])         #最优适应度值
    GbestPositon=np.zeros([1,dim])
    GbestPositon[0,:]=copy.copy(Xs[0,:])      #最优解
```

```
Curve=np.zeros([maxIter,1])
for iter in range(maxIter):
    print("第"+str(iter)+"次迭代")
    Flame_no=round(pop-iter*((pop-1)/maxIter))      #更新火焰数量
    r=-1+iter*(-1)/maxIter                          #r 线性从-1减小到-2
    #飞蛾扑火行为
    for i in range(pop):
        for j in range(dim):
            if i<=Flame_no:
                distance_to_flame=np.abs(Xs[i,j]-X[i,j])
                                        #飞蛾与火焰的距离
                b=1
                t=(r-1)*random.random()+1
                X[i,j]=distance_to_flame*np.exp(b*t)*np.cos(t*2*np.
pi) + Xs[i,j]                           #螺旋飞行
            else:
                distance_to_flame=np.abs(Xs[Flame_no,j]-X[i,j])
                                        #飞蛾与火焰的距离
                b=1
                t=(r-1)*random.random()+1
                X[i,j]=distance_to_flame*np.exp(b*t)*np.cos(t*2*np.
pi)+Xs[Flame_no,j]                      #螺旋飞行

    X=BorderCheck(X,ub,lb,pop,dim)              #边界检测
    fitness=CaculateFitness(X,fun)              #计算适应度值
    fitnessS,sortIndex=SortFitness(fitness)     #对适应度值进行排序
    Xs=SortPosition(X,sortIndex)        #对种群进行排序,作为下一代火焰的位置
    if fitnessS[0]<=GbestScore:             #更新全局最优
        GbestScore=copy.copy(fitnessS[0])
        GbestPositon[0,:]=copy.copy(Xs[0,:])
    Curve[iter]=GbestScore

return GbestScore,GbestPositon,Curve
```

至此，基本飞蛾扑火优化算法的代码编写完成，所有的子函数均封装在 MFO.py 中，通过函数 MFO 对子函数进行调用。下一节将讲解如何使用上述飞蛾扑火优化算法来解决优化问题。

# 5.3 飞蛾扑火优化算法的应用案例

## 5.3.1 求解函数极值

问题描述：求解一组 $x_1,x_2$，使得下面函数的值最小。

$$f(x_1,x_2) = x_1^2 + x_2^2$$

其中，$x_1$ 与 $x_2$ 的取值范围均为[−10,10]。

首先，可以利用 Python 绘图的方式来查看我们的搜索空间是什么，其次绘制该函数的搜索曲面，如图 5.6 所示。

```
import numpy as np
from matplotlib import pyplot as plt
from mpl_toolkits.mplot3d import Axes3D
fig=plt.figure(1) #定义figure
ax=Axes3D(fig) #将figure变为3D
x1=np.arange(-10,10,0.2) #定义x1，范围为[-10,10]，间隔为0.2
x2=np.arange(-10,10,0.2) #定义x2，范围为[-10,10]，间隔为0.2
X1,X2=np.meshgrid(x1,x2) #生成网格
F=X1**2+X2**2 #计算平方和的值
#绘制3D曲面
ax.plot_surface(X1,X2,F,rstride=1,cstride=1,cmap=plt.get_cmap
('rainbow'))
#rstride:行之间的跨度，cstride:列之间的跨度
#cmap参数可以控制三维曲面的颜色组合
plt.show()
```

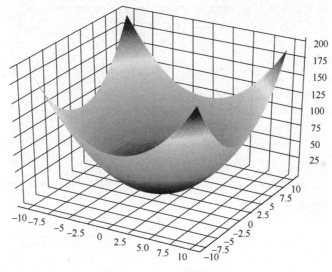

图 5.6 $f(x_1, x_2)$的搜索曲面

利用飞蛾扑火优化算法对该问题进行求解，设置飞蛾种群数量 pop 为 50，最大迭代次数 maxIter 为 100，由于要求解 $x_1$, $x_2$，因此设置飞蛾个体的维度 dim 为 2，飞蛾个体的上边界 ub=[10,10]，飞蛾个体的下边界 lb=[-10,-10]。根据该问题设计适应度函数 fun 如下：

```
'''适应度函数'''
def fun(X):
    O=X[0]**2+X[1]**2
    return O
```

求解该问题的主函数 main 如下：

```
import numpy as np
from matplotlib import pyplot as plt
```

```
import MFO

'''适应度函数'''
def fun(X):
    O=X[0]**2+X[1]**2
    return O


'''利用飞蛾扑火优化算法求解 x1^2+x2^2 的最小值'''
'''主函数 '''
#设置参数
pop=50 #种群数量
maxIter=100 #最大迭代次数
dim=2 #维度
lb=-10*np.ones(dim) #下边界
ub=10*np.ones(dim)#上边界
#适应度函数的选择
fobj=fun
GbestScore,GbestPositon,Curve=MFO.MFO(pop,dim,lb,ub,maxIter,fobj)
print('最优适应度值: ',GbestScore)
print('最优解[x1,x2]: ',GbestPositon)


#绘制适应度函数曲线
plt.figure(1)
plt.plot(Curve,'r-',linewidth=2)
plt.xlabel('Iteration',fontsize='medium')
plt.ylabel("Fitness",fontsize='medium')
plt.grid()
plt.title('MFO',fontsize='large')
plt.show()
```

适应度函数曲线如图 5.7 所示。

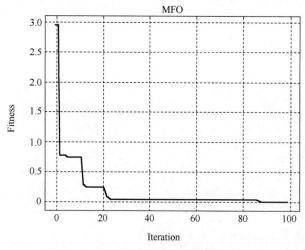

图 5.7　适应度函数曲线

运行结果如下：

```
最优适应度值：[1.0727214e-06]
最优解[x1,x2]：[[0.00099078 0.00030179]]
```

从飞蛾扑火优化算法寻优的结果来看，最优解[0.00099078,0.00030179]非常接近理论最优值[0,0]，表明飞蛾扑火优化算法具有寻优能力强的特点。

### 5.3.2 基于飞蛾扑火优化算法的压力容器设计

#### 5.3.2.1 问题描述

设计压力容器的目标是使压力容器制作（配对、成型和焊接）成本最低，压力容器示意图如图 5.8 所示，压力容器的两端都由封盖封住，头部一端的封盖为半球状。$L$ 是不考虑头部的圆柱体部分的截面长度，$R$ 是圆柱体的内壁半径，$T_s$ 和 $T_h$ 分别表示圆柱体的壁厚和头部的壁厚，$L$、$R$、$T_s$ 和 $T_h$ 即为压力容器设计问题的 4 个优化变量。该问题的目标函数为

$$x = [x_1, x_2, x_3, x_4] = [T_s, T_h, R, L]$$

$$\min f(x) = 0.6224x_1x_3x_4 + 1.7781x_2x_3^2 + 3.1661x_1^2x_4 + 19.84x_1^2x_3$$

约束条件为

$$g_1(x) = -x_1 + 0.0193x_3 \leq 0$$

$$g_2(x) = -x_2 + 0.00954x_3 \leq 0$$

$$g_3(x) = -\pi x_3^2 - 4\pi x_3^3 / 3 + 129600 \leq 0$$

$$g_4(x) = x_4 - 240 \leq 0$$

$$0 \leq x_1 \leq 100, \quad 0 \leq x_2 \leq 100, \quad 10 \leq x_3 \leq 100, \quad 10 \leq x_4 \leq 100$$

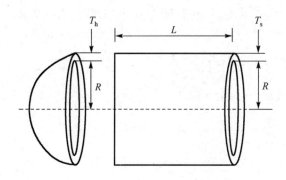

图 5.8　压力容器示意图

#### 5.3.2.2 适应度函数设计

在该设计中，我们求解的问题是带约束的问题，其中一个约束条件为

$$0 \leq x_1 \leq 100, \quad 0 \leq x_2 \leq 100, \quad 10 \leq x_3 \leq 100, \quad 10 \leq x_4 \leq 100$$

可以通过飞蛾扑火优化算法对寻优的边界进行设置，即设置飞蛾个体的上边界 ub=[100,100,100,100]，飞蛾个体的下边界 lb=[0,0,10,10]。

其中，需要在适应度函数中对 $g_1(x), g_2(x), g_3(x), g_4(x)$ 进行约束，若 $x_1, x_2, x_3, x_4$ 不满足约束条件，则将该适应度值设置为一个很大的惩罚数，即 $10^{32}$。定义适应度函数 fun 如下：

```
'''适应度函数'''
def fun(X):
    x1=X[0] #Ts
    x2=X[1] #Th
    x3=X[2] #R
    x4=X[3] #L

    #约束条件判断
    g1=-x1+0.0193*x3
    g2=-x2+0.00954*x3
    g3=-np.math.pi*x3**2-4*np.math.pi*x3**3/3+1296000
    g4=x4-240
    if g1<=0 and g2<=0 and g3<=0 and g4<=0:
        #若满足约束条件，则计算适应度值
        fitness=0.6224*x1*x3*x4+1.7781*x2*x3**2+3.1661*x1**2*x4+
19.84*x1**2*x3
    else:
        #若不满足约束条件，则将适应度值设置为一个很大的惩罚数
        fitness=10E32

    return fitness
```

### 5.3.2.3 主函数设计

通过上述分析，可以设置飞蛾扑火优化算法参数如下：

飞蛾种群数量 pop 为 50，最大迭代次数 maxIter 为 500，飞蛾个体的维度 dim 为 4（即 $x_1, x_2, x_3, x_4$），飞蛾个体的上边界 ub=[100,100,100,100]，飞蛾个体的下边界 lb=[0,0,10,10]。利用飞蛾扑火优化算法求解压力容器设计问题的主函数 main 如下：

```
'''基于飞蛾扑火优化算法的压力容器设计'''
import numpy as np
from matplotlib import pyplot as plt
import MFO

'''适应度函数'''
def fun(X):
    x1=X[0] #Ts
    x2=X[1] #Th
    x3=X[2] #R
    x4=X[3] #L
    #约束条件判断
    g1=-x1+0.0193*x3
    g2=-x2+0.00954*x3
    g3=-np.math.pi*x3**2-4*np.math.pi*x3**3/3+1296000
    g4=x4-240
    if g1<=0 and g2<=0 and g3<=0 and g4<=0:
```

```
                    #若满足约束条件，则计算适应度值
                    fitness=0.6224*x1*x3*x4+1.7781*x2*x3**2+3.1661*x1**2*x4+
19.84*x1**2*x3
            else:
                    #若不满足约束条件，则将适应度值设置为一个很大的惩罚数
                    fitness=10E32

        return fitness


'''主函数 '''
#设置参数
pop=50  #种群数量
maxIter=500  #最大迭代次数
dim=4  #维度
lb=np.array([0,0,10,10])  #下边界
ub=np.array([100,100,100,100])#上边界
#适应度函数的选择
fobj=fun
GbestScore,GbestPositon,Curve=MFO.MFO(pop,dim,lb,ub,maxIter,fobj)
print('最优适应度值：',GbestScore)
print('最优解[Ts,Th,R,L]：',GbestPositon)


#绘制适应度函数曲线
plt.figure(1)
plt.plot(Curve,'r-',linewidth=2)
plt.xlabel('Iteration',fontsize='medium')
plt.ylabel("Fitness",fontsize='medium')
plt.grid()
plt.title('MFO',fontsize='large')
plt.show()
```

适应度函数曲线如图 5.9 所示。

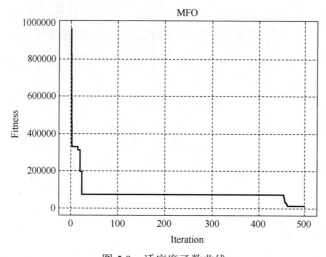

图 5.9　适应度函数曲线

运行结果如下：

```
最优适应度值: [9710.42272872]
最优解[Ts,Th,R,L]: [[ 1.3249867  0.79916988 68.65213652 10.00180459]]
```

从收敛曲线来看，压力容器适应度函数值不断减小，表明飞蛾扑火优化算法不断地对参数进行优化。最终输出了一组满足约束条件的压力容器参数，对压力容器的设计具有指导意义。

### 5.3.3 基于飞蛾扑火优化算法的三杆桁架设计

#### 5.3.3.1 问题描述

在三杆桁架设计问题中，变量 $x_1$，$x_2$ 和 $x_3$ 分别为三个杆的横截面积，又由对称性可知 $x_1 = x_3$。这样，三杆桁架设计的目的可以描述为：通过调整横截面积 $(x_1, x_2)$ 使三杆桁架的体积最小。该三杆桁架在每个桁架构件上均受到应力 $\sigma$ 的约束，如图 5.10 所示。该优化设计具有一个非线性适应度函数、三个非线性不等式约束和两个连续决策变量，即

$$\min f(x) = (2\sqrt{2}x_1 + x_2)l$$

约束条件为

$$g_1(x) = \frac{\sqrt{2}x_1 + x_2}{\sqrt{2}x_1^2 + 2x_1x_2}P - \sigma \le 0$$

$$g_2(x) = \frac{x_2}{(\sqrt{2}x_1^2 + 2x_1x_2)}P - \sigma \le 0$$

$$g_3(x) = \frac{1}{(\sqrt{2}x_2 + x_1)}P - \sigma \le 0$$

$$0.001 \le x_1 \le 1, \quad 0.001 \le x_2 \le 1$$

$$l = 100\text{cm}, \quad P = 2\text{kN}/\text{cm}^2, \quad \sigma = 2\text{kN}/\text{cm}^2$$

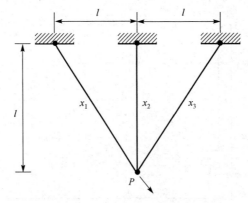

图 5.10 三杆桁架示意图

#### 5.3.3.2 适应度函数设计

在该设计中，我们求解的问题是带约束的问题，其中一个约束条件为

$$0.001 \le x_1 \le 1, \quad 0.001 \le x_2 \le 1$$

可以通过飞蛾扑火优化算法对寻优的边界进行设置，即设置飞蛾个体的上边界 ub=[1,1]，飞蛾个体的下边界 lb=[0.001,0.001]。其中，需要在适应度函数中对 $g_1(x),g_2(x),g_3(x)$ 进行约束，若 $x_1,x_2$ 不满足约束条件，则将该适应度值设置为一个很大的惩罚数，即 $10^{32}$。定义适应度函数 fun 如下：

```python
'''适应度函数'''
def fun(X):
    x1=X[0]
    x2=X[1]
    l=100
    P=2
    sigma=2
    #约束条件判断
    g1=(np.sqrt(2)*x1+x2)*P/(np.sqrt(2)*x1**2+2*x1*x2)-sigma
    g2=x2*P/(np.sqrt(2)*x1**2+2*x1*x2)-sigma
    g3=P/(np.sqrt(2)*x2+x1)-sigma
    if g1<=0 and g2<=0 and g3<=0:
        #若满足约束条件，则计算适应度值
        fitness=(2*np.sqrt(2)*x1+x2)*l
    else:
        #若不满足约束条件，则将适应度值设置为一个很大的惩罚数
        fitness=10E32
    return fitness
```

### 5.3.3.3 主函数设计

通过上述分析，可以设置飞蛾扑火优化算法参数如下：

飞蛾种群数量 pop 为 30，最大迭代次数 maxIter 为 100，飞蛾个体的维度 dim 为 2（即 $x_1,x_2$），飞蛾个体的上边界 ub=[1,1]，飞蛾个体的下边界 lb=[0.001,0.001]。利用飞蛾扑火优化算法求解三杆桁架设计问题的主函数 main 如下：

```python
'''基于飞蛾扑火优化算法的三杆桁架设计'''
import numpy as np
from matplotlib import pyplot as plt
import MFO

'''适应度函数'''
def fun(X):
    x1=X[0]
    x2=X[1]
    l=100
    P=2
    sigma=2
    #约束条件判断
    g1=(np.sqrt(2)*x1+x2)*P/(np.sqrt(2)*x1**2+2*x1*x2)-sigma
    g2=x2*P/(np.sqrt(2)*x1**2+2*x1*x2)-sigma
    g3=P/(np.sqrt(2)*x2+x1)-sigma
```

```
        if g1<=0 and g2<=0 and g3<=0:
            #若满足约束条件，则计算适应度值
            fitness=(2*np.sqrt(2)*x1+x2)*l
        else:
            #若不满足约束条件，则将适应度值设置为一个很大的惩罚数
            fitness=10E32

        return fitness

'''主函数 '''
#设置参数
pop=30                         #种群数量
maxIter=100                    #最大迭代次数
dim=2                          #维度
lb=np.array([0.001,0.001])     #下边界
ub=np.array([1,1])             #上边界
#适应度函数的选择
fobj=fun
GbestScore,GbestPositon,Curve=MFO.MFO(pop,dim,lb,ub,maxIter,fobj)
print('最优适应度值：',GbestScore)
print('最优解[x1,x2]：',GbestPositon)

#绘制适应度函数曲线
plt.figure(1)
plt.plot(Curve,'r-',linewidth=2)
plt.xlabel('Iteration',fontsize='medium')
plt.ylabel("Fitness",fontsize='medium')
plt.grid()
plt.title('MFO',fontsize='large')
plt.show()
```

适应度函数曲线如图 5.11 所示。

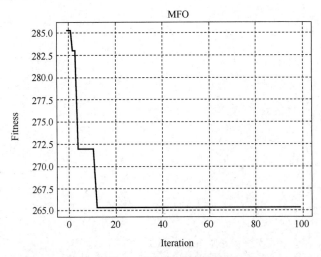

图 5.11　适应度函数曲线

运行结果如下：

```
最优适应度值: [265.33610388]
最优解[x1,x2]: [[0.77154525 0.47110153]]
```

从收敛曲线来看，适应度函数值不断减小，表明飞蛾扑火优化算法不断地对参数进行优化。最终输出了一组满足约束条件的参数，对三杆桁架的设计具有指导意义。

## 5.3.4　基于飞蛾扑火优化算法的拉压弹簧设计

### 5.3.4.1　问题描述

如图 5.12 所示，设计拉压弹簧的目的是在满足最小挠度、振动频率和剪应力这三者的约束下，使拉压弹簧的重量最小。该问题由三个连续的决策变量组成，即弹簧线圈直径（$d$ 或 $x_1$）、弹簧簧圈直径（$D$ 或 $x_2$）和绕线圈数（$P$ 或 $x_3$）。数学模型表示为

$$\min f(x) = (x_3 + 2)x_2 x_1^2$$

约束条件为

$$g_1(x) = 1 - \frac{x_2^3 x_3}{71785 x_1^4} \leq 0$$

$$g_2(x) = \frac{4x_2^2 - x_1 x_2}{12566(x_2 x_1^3 - x_1^4)} + \frac{1}{5108 x_1^2} - 1 \leq 0$$

$$g_3(x) = 1 - \frac{140.45 x_1}{x_2^2 x_3} \leq 0$$

$$g_4(x) = \frac{x_1 + x_2}{1.5} - 1 \leq 0$$

$$0.05 \leq x_1 \leq 2, \ 0.25 \leq x_2 < 1.3, \ 2 \leq x_3 \leq 15$$

图 5.12　拉压弹簧示意图

### 5.3.4.2　适应度函数设计

在该设计中，我们求解的问题是带约束的问题，其中一个约束条件为

$$0.05 \leq x_1 \leq 2, \ 0.25 \leq x_2 < 1.3, \ 2 \leq x_3 \leq 15$$

可以通过飞蛾扑火优化算法对寻优的边界进行设置，即设置飞蛾个体的上边界 ub=[2,1.3, 15]，飞蛾个体的下边界 lb=[0.05,0.25,2]。其中，需要在适应度函数中对 $g_1(x), g_2(x), g_3(x), g_4(x)$ 进行约束，若 $x_1, x_2, x_3$ 不满足约束条件，则将该适应度值设置为一个很大的惩罚数，即 $10^{32}$。定义适应度函数 fun 如下：

```
'''适应度函数'''
def fun(X):
        x1=X[0]
        x2=X[1]
        x3=X[2]
        #约束条件判断
        g1=1-(x2**3*x3)/(71785*x1**4)
        g2=(4*x2**2-x1*x2)/(12566*(x2*x1**3-x1**4))+1/(5108*x1**2)-1
        g3=1-(140.45*x1)/(x2**2*x3)
        g4=(x1+x2)/1.5-1
        if g1<=0 and g2<=0 and g3<=0 and g4<=0:
                #若满足约束条件，则计算适应度值
                fitness=(x3+2)*x2*x1**2
        else:
                #若不满足约束条件，则将适应度值设置为一个很大的惩罚数
                fitness=10E32
        return fitness
```

### 5.3.4.3 主函数设计

通过上述分析，可以设置飞蛾扑火优化算法参数如下：

飞蛾种群数量 pop 为 30，最大迭代次数 maxIter 为 100，飞蛾个体的维度 dim 为 3（即 $x_1, x_2, x_3$），飞蛾个体的上边界 ub=[2,1.3,15]，飞蛾个体的下边界 lb=[0.05,0.25,2]。利用飞蛾扑火优化算法求解拉压弹簧设计问题的主函数 main 如下：

```
'''基于飞蛾扑火优化算法的拉压弹簧设计'''
import numpy as np
from matplotlib import pyplot as plt
import MFO

'''适应度函数'''
def fun(X):
        x1=X[0]
        x2=X[1]
        x3=X[2]
        #约束条件判断
        g1=1-(x2**3*x3)/(71785*x1**4)
        g2=(4*x2**2-x1*x2)/(12566*(x2*x1**3-x1**4))+1/(5108*x1**2)-1
        g3=1-(140.45*x1)/(x2**2*x3)
        g4=(x1+x2)/1.5-1
        if g1<=0 and g2<=0 and g3<=0 and g4<=0:
                #若满足约束条件，则计算适应度值
                fitness=(x3+2)*x2*x1**2
        else:
                #若不满足约束条件，则将适应度值设置为一个很大的惩罚数
                fitness=10E32

        return fitness
```

```
'''主函数 '''
#设置参数
pop=30  #种群数量
maxIter=100  #最大迭代次数
dim=3  #维度
lb=np.array([0.05,0.25,2])  #下边界
ub=np.array([2,1.3,15])#上边界
#适应度函数的选择
fobj=fun
GbestScore,GbestPositon,Curve=MFO.MFO(pop,dim,lb,ub,maxIter,fobj)
print('最优适应度值：',GbestScore)
print('最优解[x1,x2,x3]：',GbestPositon)

#绘制适应度函数曲线
plt.figure(1)
plt.plot(Curve,'r-',linewidth=2)
plt.xlabel('Iteration',fontsize='medium')
plt.ylabel("Fitness",fontsize='medium')
plt.grid()
plt.title('MFO',fontsize='large')
plt.show()
```

适应度函数曲线如图 5.13 所示。

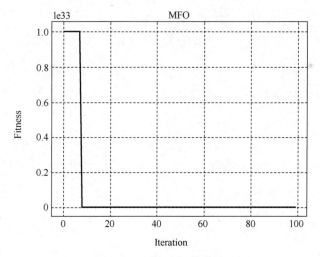

图 5.13　适应度函数曲线

运行结果如下：

```
最优适应度值：[0.02800537]
最优解[x1,x2,x3]：[[ 0.05988322  0.51809755 13.07368562]]
```

从收敛曲线来看，适应度函数值不断减小，表明飞蛾扑火优化算法不断地对参数进行优化。最终输出了一组满足约束条件的参数，对拉压弹簧的设计具有指导意义。

# 参 考 文 献

[1] MIRJALILI S. Moth-flame optimization algorithm: A novel nature-inspired heuristic paradigm[J]. Knowledge- Based Systems,2015,89: 228-249.

[2] 王子琪，陈金富，张国芳，等. 基于飞蛾扑火优化算法的电力系统最优潮流计算[J]. 电网技术，2017,41(11):3641-3647.

[3] 李志明，莫愿斌，张森. 一种新颖的群智能算法：飞蛾扑火优化算法[J]. 电脑知识与技术，2016,12(31):172-176.

[4] 徐慧，方策，刘翔，等. 改进的飞蛾扑火优化算法在网络入侵检测系统中的应用[J]. 计算机应用，2018,38(11):3231-3235,3240.

[5] 王光，金嘉毅. 融合折射原理反向学习的飞蛾扑火算法[J].计算机工程与应用，2019,55(11):46-51,59.

# 第6章　海鸥优化算法及其 Python 实现

## 6.1　海鸥优化算法的基础原理

海鸥优化算法（Seagull Optimization Algorithm，SOA）是由 Gaurav Dhiman 等人于 2019 年提出的一种全新的元启发式智能优化算法，它是一种通过模拟海鸥迁徙和攻击行为来求解优化问题的算法。

海鸥是遍布全球的海鸟，种类繁多且大小和身长各不相同。海鸥是杂食动物，吃昆虫、鱼、爬行动物、两栖动物和蚯蚓等。大多数海鸥的身体覆盖着白色的羽毛，经常用面包屑来吸引鱼群，用脚发出雨水落下的声音来吸引藏在地下的蚯蚓。海鸥可以喝淡水和盐水，通过眼睛上方的一对特殊腺体，将盐从它们的体内排出。海鸥以群居方式生活，利用群体智慧来寻找和攻击猎物。海鸥最重要的特征是迁徙和攻击行为，迁徙是指动物根据季节更替从一个地方移动到另一个地方，寻找丰富的食物来源以便获取足够能量。迁徙时每只海鸥的所在位置不同，以避免相互碰撞。在一个群体中，海鸥可以朝着最佳位置的方向前进并改变自身所在的位置。海鸥经常会攻击候鸟并在进攻时呈现螺旋形的运动形态。

### 6.1.1　海鸥迁徙

在海鸥迁徙过程中，海鸥优化算法模拟海鸥群体如何从一个位置移动到另一个位置。在这个阶段，海鸥应该满足避免碰撞这一条件。为了避免与相邻的其他海鸥碰撞，该算法采用附加变量 $A$ 计算海鸥的新位置，即

$$C_s(t) = A \times P_s(t) \tag{6.1}$$

其中，$C_s(t)$ 表示不与其他海鸥存在位置冲突的新位置；$P_s(t)$ 为海鸥当前位置；$t$ 表示当前迭代次数；$A$ 表示海鸥在给定搜索空间中的运动行为，可表示为

$$A = f_c - (t \times (f_c / \mathrm{Max_{iteration}})) \tag{6.2}$$

其中，$f_c$ 表示可以控制变量 $A$ 的变化频率，其值从 2 线性减小到 0；$\mathrm{Max_{iteration}}$ 表示最大迭代次数；$t$ 表示当前迭代次数。

海鸥在迁徙过程中，在避免了与其他海鸥的位置重合后，首先会计算最佳位置的方向，并向最佳位置移动，如式（6.3）所示。

$$M_s(t) = B \times (P_{bs}(t) - P_s(t)) \tag{6.3}$$

其中，$M_s(t)$ 表示最佳位置的方向；$P_{bs}(t)$ 表示当前海鸥最佳位置；$P_s(t)$ 表示海鸥当前位置；$B$ 是平衡全局搜索和局部搜索的随机数，即

$$B = 2 \times A^2 \times r_d \tag{6.4}$$

其中，$r_d$ 为区间 $[0,1]$ 内的随机数。

海鸥在获取最佳位置的方向后，会向最佳位置移动，到达新的位置，该过程用式（6.5）表示。

$$D_s(t) = |C_s(t) + M_s(t)| \qquad (6.5)$$

其中，$D_s(t)$ 表示海鸥的新位置；$C_s(t)$ 表示不与其他海鸥存在位置冲突的位置；$M_s(t)$ 表示最佳位置的方向。

### 6.1.2 海鸥攻击猎物

海鸥在迁徙过程中可以不断改变攻击角度和速度，同时用翅膀和重量保持高度。当海鸥攻击猎物时，它们就在空中进行螺旋运动。将海鸥在 $x, y, z$ 平面中的运动行为描述为

$$\begin{cases} x = r \times \cos(\theta) \\ y = r \times \sin(\theta) \\ z = r \times \theta \\ r = u \times e^{\theta v} \end{cases} \qquad (6.6)$$

其中，$r$ 是每个螺旋的半径；$\theta$ 为区间 $[0, 2\pi]$ 内的随机角度值；$u$ 和 $v$ 是螺旋形状的相关常数；e 是自然对数的底数。

当 $u=1$，$v=0.1$，$\theta$ 从 0 递增到 $2\pi$ 时，以 $x, y, z$ 建立坐标系，海鸥的运动轨迹如图 6.1 所示。

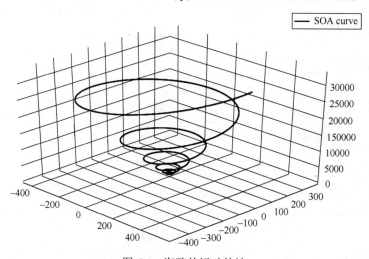

图 6.1　海鸥的运动轨迹

海鸥攻击猎物后的位置可以用式（6.7）表示。

$$P_s(t) = D_s(t) \times x \times y \times z + P_{bs}(t) \qquad (6.7)$$

其中，$P_s(t)$ 表示海鸥攻击猎物后的位置；$P_{bs}(t)$ 表示当前海鸥的最佳位置。

### 6.1.3 海鸥优化算法流程

海鸥优化算法的流程图如图 6.2 所示。

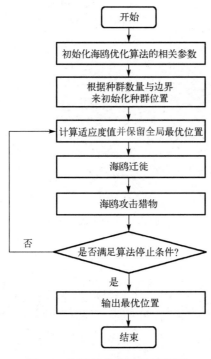

图 6.2 海鸥优化算法的流程图

海鸥优化算法步骤如下：

步骤 1：初始化海鸥优化算法的相关参数。

步骤 2：根据种群数量与边界来初始化种群位置。

步骤 3：计算适应度值并保留全局最优位置。

步骤 4：海鸥迁徙。

步骤 5：海鸥攻击猎物。

步骤 6：判断是否满足算法停止条件，若满足，则输出最优位置；否则重复步骤 3～6。

# 6.2 海鸥优化算法的 Python 实现

## 6.2.1 种群初始化

### 6.2.1.1 Python 相关函数

对于随机数的生成，采用 Python 的 numpy 的随机数生成函数 random()，random() 会生成区间[0,1]内的随机数。

```
import numpy as np
RandValue=np.random.random()
print("生成随机数:",RandValue)
```

运行结果如下：

```
生成随机数: 0.6706965612335988
```

若要一次性生成多个随机数，则可以使用 random([row,col])，其中 row 和 col 分别表示行和列，如 random([3,4])表示生成 3 行 4 列的区间[0,1]内的随机数。

```
import numpy as np
RandValue=np.random.random([3,4])
print("生成随机数:",RandValue)
```

运行结果如下：

```
生成随机数: [[0.49948056 0.99931964 0.26194131 0.53330869]
 [0.8779833  0.58504491 0.89523532 0.0122117 ]
 [0.34581846 0.94183727 0.25173827 0.09452273]]
```

若要生成指定范围的随机数，则可以利用如下表达式表示：

$$r = \text{lb} + (\text{ub} - \text{lb}) \times \text{random}()$$

其中，ub 表示范围的上边界，lb 表示范围的下边界。如在[0,4]范围内生成 5 个随机数：

```
import numpy as np
RandValue=np.random.random([1,5])*(4-0)+0
print("生成随机数:",RandValue)
```

运行结果如下：

```
生成随机数: [[0.62003352 0.71927614 2.88029675 2.7225476  1.54699288]]
```

### 6.2.1.2 海鸥优化算法种群初始化函数编写

定义初始化函数名称为 initialization，并利用 6.2.1.1 节中的随机数生成方式，生成初始种群。

```
def initialization(pop,ub,lb,dim):
    ''' 种群初始化函数'''
    '''
    pop:种群数量
    dim:每个个体的维度
    ub:每个维度的变量上边界，维度为[dim]
    lb:每个维度的变量下边界，维度为[dim]
    X:输出的种群，维度为[pop,dim]
    '''
    X=np.zeros([pop,dim])                    #声明空间
    for i in range(pop):
        for j in range(dim):
            X[i,j]=(ub[j]-lb[j])*np.random.random()+lb[j]
                                 #生成区间[lb,ub]内的随机数

    return X
```

举例：设定种群数量为 10，每个个体维度均为 5，每个维度的边界均为[-5,5]，利用初始化函数生成初始种群。

```
pop=10
dim=5
```

```
ub=np.array([5,5,5,5,5])
lb=np.array([-5,-5,-5,-5,-5])
X=initialization(pop,ub,lb,dim)
print("X:",X)
```

运行结果如下：

```
X: [[-0.4915815  -2.34406551 -1.56073567 -3.46721189 -4.30082501]
 [-4.18703662  2.78163513  3.74530427 -1.29273887  4.09972082]
 [ 1.75164321  0.02477537 -3.84041488 -1.34225428 -2.84113499]
 [-3.43783612 -0.173427   -3.16947613 -0.37629277  0.39138373]
 [ 3.38367471 -0.26986522  0.22854243  0.38944921  3.42659968]
 [-0.40001564  4.85727224  3.85740918  1.5099954   3.011702  ]
 [ 0.23657864  4.17504532  0.81225086  2.26101304 -1.03205635]
 [-4.39344271  3.58550577 -4.07026764 -1.51683523 -0.58132366]
 [-1.04744907 -2.33641838  3.15354606  2.94660873 -2.8091005 ]
 [-2.1533344  -4.98878164 -3.93019245  4.59515649 -1.03983607]]
```

## 6.2.2 适应度函数

适应度函数是优化问题的目标函数，根据不同应用设计相应的适应度函数。我们可以将自己设计的适应度函数单独写成一个函数，方便优化算法调用。一般将适应度函数命名为 fun()，这里我们定义一个适应度函数如下：

```
def fun(x):
    '''适应度函数'''
    '''
    x 为输入的一个个体，维度为[1,dim]
    fitness 为输出的适应度值
    '''
    fitness=np.sum(x**2)
    return fitness
```

这里的适应度值就是 x 所有值的平方和，如 x=[1,2]，那么经过适应度函数计算后得到的值为 5。

```
x=np.array([1,2])
fitness=fun(x)
print("fitness:",fitness)
```

## 6.2.3 边界检查和约束函数

边界检查的作用是防止变量超过规定的范围，一般当变量大于上边界时，直接将其置为上边界；当变量小于下边界时，直接将其置为下边界；其他情况变量值不变。逻辑如下：

$$
val = \begin{cases} ub & ,val > ub \\ lb & ,val < lb \\ val & ,其他 \end{cases}
$$

定义边界检查函数为 BorderCheck。

```
def BorderCheck(X,ub,lb,pop,dim):
    '''边界检查函数'''
    '''
    dim:每个个体的维度大小
    X:输入数据，维度为[pop,dim]
    ub:个体的上边界，维度为[dim]
    lb:个体的下边界，维度为[dim]
    pop:种群数量
    '''
    for i in range(pop):
        for j in range(dim):
            if X[i,j]>ub[j]:
                X[i,j]=ub[j]
            if X[i,j]<lb[j]:
                X[i,j]=lb[j]
    return X
```

例如，x=[1,-2,3,-4;1,-2,3,-4]，定义的上边界为[1,1,1,1]，下边界为[-1,-1,-1,-1]，于是经过边界检查和约束后，x 应该为[1,-1,1,-1;1,-1,1,-1]。

```
x=np.array([(1,-2,3,-4),
            (1,-2,3,-4)])
ub=np.array([1,1,1,1])
lb=np.array([-1,-1,-1,-1])
dim=4
pop=2
X=BorderCheck(x,ub,lb,pop,dim)
print("X:",X)
```

运行结果如下：

```
X: [[ 1 -1  1 -1]
 [ 1 -1  1 -1]]
```

## 6.2.4　海鸥优化算法代码

根据 6.1 节海鸥优化算法的基本原理编写海鸥优化算法的整个代码，定义海鸥优化算法的函数名称为 SOA，并将上述的所有子函数均保存到 SOA.py 中。

```
import numpy as np
import copy

def initialization(pop,ub,lb,dim):
    ''' 种群初始化函数'''
    '''
    pop:种群数量
    dim:每个个体的维度
    ub:每个维度的变量上边界，维度为[dim,1]
    lb:每个维度的变量下边界，维度为[dim,1]
    X:输出的种群，维度为[pop,dim]
```

```
            '''
            X=np.zeros([pop,dim])          #声明空间
            for i in range(pop):
                for j in range(dim):
                    X[i,j]=(ub[j]-lb[j])*np.random.random()+lb[j]
                                    #生成区间[lb,ub]内的随机数

            return X

def BorderCheck(X,ub,lb,pop,dim):
    '''边界检查函数'''
    '''
    dim:每个个体的维度大小
    X:输入数据,维度为[pop,dim]
    ub:个体的上边界,维度为[dim,1]
    lb:个体的下边界,维度为[dim,1]
    pop:种群数量
    '''
    for i in range(pop):
        for j in range(dim):
            if X[i,j]>ub[j]:
                X[i,j]=ub[j]
            elif X[i,j]<lb[j]:
                X[i,j]=lb[j]
    return X

def CaculateFitness(X,fun):
    '''计算种群的所有个体的适应度值'''
    pop=X.shape[0]
    fitness=np.zeros([pop,1])
    for i in range(pop):
        fitness[i]=fun(X[i,:])
    return fitness

def SortFitness(Fit):
    '''对适应度值进行排序'''
    '''
    输入为适应度值
    输出为排序后的适应度值和索引
    '''
    fitness=np.sort(Fit,axis=0)
    index=np.argsort(Fit,axis=0)
    return fitness,index

def SortPosition(X,index):
```

```
    '''根据适应度值对位置进行排序'''
    Xnew=np.zeros(X.shape)
    for i in range(X.shape[0]):
        Xnew[i,:]=X[index[i],:]
    return Xnew


def SOA(pop,dim,lb,ub,maxIter,fun):
    '''海鸥优化算法'''
    '''
    输入：
    pop:种群数量
    dim:每个个体的维度
    ub:个体的上边界，维度为[1,dim]
    lb:个体的下边界，维度为[1,dim]
    fun:适应度函数
    maxIter:最大迭代次数
    输出：
    GbestScore:最优解对应的适应度值
    GbestPositon:最优解
    Curve:迭代曲线
    '''
    fc=2 #可调
    X=initialization(pop,ub,lb,dim)            #初始化种群
    fitness=CaculateFitness(X,fun)             #计算适应度值
    fitness,sortIndex=SortFitness(fitness)     #对适应度值进行排序
    X=SortPosition(X,sortIndex)                #对种群进行排序
    GbestScore=copy.copy(fitness[0])
    GbestPositon=np.zeros([1,dim])
    GbestPositon[0,:]=copy.copy(X[0,:])
    Curve=np.zeros([maxIter,1])
    MS=np.zeros([pop,dim])
    CS=np.zeros([pop,dim])
    DS=np.zeros([pop,dim])
    X_new=copy.copy(X)
    for i in range(maxIter):
        print("第"+str(i)+"次迭代")
        Pbest=X[0,:]
        for j in range(pop):
            #计算CS
            A=fc-(i*(fc/maxIter))
            CS[j,:]=X[j,:]*A
            #计算MS
            rd=np.random.random()
            B=2*(A**2)*rd
            MS[j,:]=B*(Pbest-X[j,:])
            #计算DS
```

```
            DS[j,:]=np.abs(CS[j,:]+MS[j,:])
            #局部搜索
            u=1
            v=1
            theta=np.random.random()
            r=u*np.exp(theta*v)
            x=r*np.cos(theta*2*np.pi)
            y=r*np.sin(theta*2*np.pi)
            z=r*theta
            #攻击
            X_new[j,:]=x*y*z*DS[j,:]+Pbest

        X=BorderCheck(X_new,ub,lb,pop,dim)        #边界检测
        fitness=CaculateFitness(X,fun)            #计算适应度值
        fitness,sortIndex=SortFitness(fitness)    #对适应度值进行排序
        X=SortPosition(X,sortIndex)               #对种群进行排序
        if(fitness[0]<=GbestScore):               #更新全局最优解
            GbestScore=copy.copy(fitness[0])
            GbestPositon[0,:]=copy.copy(X[0,:])
        Curve[i]=GbestScore

    return GbestScore,GbestPositon,Curve
```

至此，基本海鸥优化算法的代码编写完成，所有涉及的函数均封装在 SOA.py 中，通过函数 SOA 进行调用。下一节将讲解如何使用上述海鸥优化算法来解决优化问题。

# 6.3 海鸥优化算法的应用案例

## 6.3.1 求解函数极值

问题描述：求解一组 $x_1,x_2$，使得下面函数的值最小。

$$f(x_1,x_2) = x_1^2 + x_2^2$$

其中，$x_1$ 与 $x_2$ 的取值范围均为 $[-10,10]$。

首先，可以利用 Python 绘图的方式来查看我们的搜索空间是什么，其次绘制该函数搜索曲面如图 6.3 所示。

```
import numpy as np
from matplotlib import pyplot as plt
from mpl_toolkits.mplot3d import Axes3D
fig=plt.figure(1)                 #定义 figure
ax=Axes3D(fig)                    #将 figure 变为 3D
x1=np.arange(-10,10,0.2)          #定义 x1，范围为[-10,10]，间隔为 0.2
x2=np.arange(-10,10,0.2)          #定义 x2，范围为[-10,10]，间隔为 0.2
X1,X2=np.meshgrid(x1,x2)          #生成网格
F=X1**2+X2**2                     #计算平方和的值
```

```
#绘制 3D 曲面
ax.plot_surface(X1,X2,F,rstride=1,cstride=1,cmap=plt.get_cmap
('rainbow'))
#rstride:行之间的跨度，cstride:列之间的跨度
#cmap 参数可以控制三维曲面的颜色组合
plt.show()
```

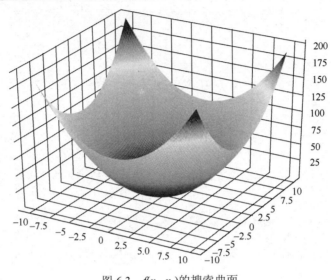

图 6.3　$f(x_1, x_2)$的搜索曲面

利用海鸥优化算法对该问题进行求解，设置海鸥种群数量 pop 为 50，最大迭代次数 maxIter 为 100，由于要求解 $x_1,x_2$，因此设置海鸥个体的维度 dim 为 2，海鸥个体的上边界 ub=[10,10]，海鸥个体的下边界 lb=[−10, −10]。根据问题设计适应度函数 fun 如下：

```
'''适应度函数'''
def fun(X):
    O=X[0]**2+X[1]**2
    return O
```

求解该问题的主函数 main 如下：

```
import numpy as np
from matplotlib import pyplot as plt
import SOA

'''适应度函数'''
def fun(X):
    O=X[0]**2+X[1]**2
    return O

'''利用海鸥优化算法求解 x1^2+x2^2 的最小值'''
'''主函数 '''
#设置参数
pop=50                      #种群数量
maxIter=100                 #最大迭代次数
```

```
dim=2                          #维度
lb=-10*np.ones(dim)            #下边界
ub=10*np.ones(dim)             #上边界
#适应度函数的选择
fobj=fun
GbestScore,GbestPositon,Curve=SOA.SOA(pop,dim,lb,ub,maxIter,fobj)
print('最优适应度值：',GbestScore)
print('最优解[x1,x2]：',GbestPositon)


#绘制适应度函数曲线
plt.figure(1)
plt.plot(Curve,'r-',linewidth=2)
plt.xlabel('Iteration',fontsize='medium')
plt.ylabel("Fitness",fontsize='medium')
plt.grid()
plt.title('SOA',fontsize='large')
plt.show()
```

适应度函数曲线如图 6.4 所示。

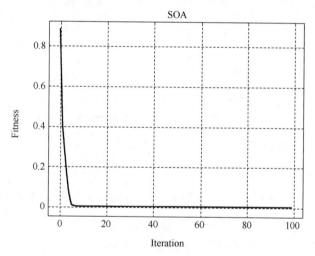

图 6.4　适应度函数曲线

运行结果如下：

```
最优适应度值：[1.78317645e-64]
最优解[x1,x2]：[[ 3.26097191e-33 -1.29492744e-32]]
```

从海鸥优化算法寻优的结果来看，最优解[3.26097191e-33,–1.29492744e-32]非常接近理论最优值[0,0]，表明海鸥优化算法具有寻优能力强的特点。

## 6.3.2　基于海鸥优化算法的压力容器设计

### 6.3.2.1　问题描述

设计压力容器的目标是使压力容器制作（配对、成型和焊接）成本最低，压力容器示意图如图 6.5 所示，压力容器的两端都由封盖封住，头部一端的封盖为半球状。$L$ 是不考虑头部的圆柱体部分的截面长度，$R$ 是圆柱体的内壁半径，$T_s$ 和 $T_h$ 分别表示圆柱体的壁厚和头部的壁厚，$L$、$R$、$T_s$ 和 $T_h$ 即为压力容器设计问题的 4 个优化变量。该问题的目标函数为

$$x = [x_1, x_2, x_3, x_4] = [T_s, T_h, R, L]$$

$$\min f(x) = 0.6224x_1x_3x_4 + 1.7781x_2x_3^2 + 3.1661x_1^2x_4 + 19.84x_1^2x_3$$

约束条件为

$$g_1(x) = -x_1 + 0.0193x_3 \leq 0$$

$$g_2(x) = -x_2 + 0.00954x_3 \leq 0$$

$$g_3(x) = -\pi x_3^2 - 4\pi x_3^3 / 3 + 129600 \leq 0$$

$$g_4(x) = x_4 - 240 \leq 0$$

$$0 \leq x_1 \leq 100, \quad 0 \leq x_2 \leq 100, \quad 10 \leq x_3 \leq 100, \quad 10 \leq x_4 \leq 100$$

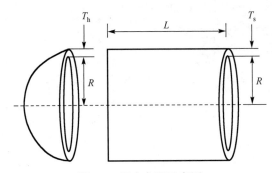

图 6.5　压力容器示意图

### 6.3.2.2　适应度函数设计

在该设计中，我们求解的问题是带约束的问题，其中一个约束条件为

$$0 \leq x_1 \leq 100, \quad 0 \leq x_2 \leq 100, \quad 10 \leq x_3 \leq 100, \quad 10 \leq x_4 \leq 100$$

可以通过海鸥优化算法对寻优的边界进行设置，即设置海鸥个体的上边界 ub=[100,100,100,100]，海鸥个体的下边界 lb=[0,0,10,10]。

其中，需要在适应度函数中对 $g_1(x), g_2(x), g_3(x), g_4(x)$ 进行约束，若 $x_1, x_2, x_3, x_4$ 不满足约束条件，则将该适应度值设置为一个很大的惩罚数，即 $10^{32}$。定义适应度函数 fun 如下：

```python
'''适应度函数'''
def fun(X):
        x1=X[0]  #Ts
        x2=X[1]  #Th
        x3=X[2]  #R
        x4=X[3]  #L

        #约束条件判断
        g1=-x1+0.0193*x3
        g2=-x2+0.00954*x3
        g3=-np.math.pi*x3**2-4*np.math.pi*x3**3/3+1296000
        g4=x4-240
```

```
    if g1<=0 and g2<=0 and g3<=0 and g4<=0:
        #若满足约束条件，则计算适应度值
        fitness=0.6224*x1*x3*x4+1.7781*x2*x3**2+3.1661*x1**2*x4+
19.84*x1**2*x3
    else:
        #若不满足约束条件，则将适应度值设置为一个很大的惩罚数
        fitness=10E32

    return fitness
```

### 6.3.2.3 主函数设计

通过上述分析，可以设置海鸥优化算法参数如下：

海鸥种群数量 pop 为 50，最大迭代次数 maxIter 为 500，海鸥个体的维度 dim 为 4（即 $x_1, x_2, x_3, x_4$），海鸥个体的上边界 ub=[100,100,100,100]，海鸥个体的下边界 lb=[0,0,10,10]。利用海鸥优化算法求解压力容器设计问题的主函数 main 如下：

```
'''基于海鸥优化算法的压力容器设计'''
import numpy as np
from matplotlib import pyplot as plt
import SOA

'''适应度函数'''
def fun(X):
    x1=X[0]  #Ts
    x2=X[1]  #Th
    x3=X[2]  #R
    x4=X[3]  #L
    #约束条件判断
    g1=-x1+0.0193*x3
    g2=-x2+0.00954*x3
    g3=-np.math.pi*x3**2-4*np.math.pi*x3**3/3+1296000
    g4=x4-240
    if g1<=0 and g2<=0 and g3<=0 and g4<=0:
        #若满足约束条件，则计算适应度值
        fitness=0.6224*x1*x3*x4+1.7781*x2*x3**2+3.1661*x1**2*x4+
19.84*x1**2*x3
    else:
        #若不满足约束条件，则将适应度值设置为一个很大的惩罚数
        fitness=10E32

    return fitness

'''主函数 '''
#设置参数
pop=50                        #种群数量
maxIter=500                   #最大迭代次数
dim=4                         #维度
lb=np.array([0,0,10,10])      #下边界
ub=np.array([100,100,100,100]) #上边界
```

```
#适应度函数的选择
fobj=fun
GbestScore,GbestPositon,Curve=SOA.SOA(pop,dim,lb,ub,maxIter,fobj)
print('最优适应度值: ',GbestScore)
print('最优解[Ts,Th,R,L]: ',GbestPositon)

#绘制适应度函数曲线
plt.figure(1)
plt.plot(Curve,'r-',linewidth=2)
plt.xlabel('Iteration',fontsize='medium')
plt.ylabel("Fitness",fontsize='medium')
plt.grid()
plt.title('SOA',fontsize='large')
plt.show()
```

适应度函数曲线如图 6.6 所示。

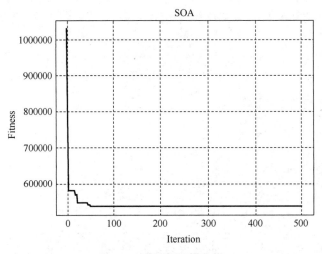

图 6.6 适应度函数曲线

运行结果如下：

最优适应度值: [537160.91251538]
最优解[Ts,Th,R,L]: [[ 1.37888289 65.67649475 67.61435947 11.39615639]]

从收敛曲线来看，压力容器适应度函数值不断减小，表明海鸥优化算法不断地对参数进行优化。最终输出了一组满足约束条件的压力容器参数，对压力容器的设计具有指导意义。

### 6.3.3 基于海鸥优化算法的三杆桁架设计

#### 6.3.3.1 问题描述

在三杆桁架设计问题中，变量 $x_1$，$x_2$ 和 $x_3$ 分别为三个杆的横截面积，又由对称性可知 $x_1 = x_3$。这样，三杆桁架设计的目的可以描述为：通过调整横截面积 $(x_1, x_2)$ 使三杆桁架的体积最小。该三杆桁架在每个桁架构件上均受到应力 $\sigma$ 的约束，如图 6.7 所示。该优化设计具有一个非线性适应度函数、三个非线性不等式约束和两个连续决策变量，即

$$\min f(x) = (2\sqrt{2}x_1 + x_2)l$$

约束条件为

$$g_1(x) = \frac{\sqrt{2}x_1 + x_2}{\sqrt{2}x_1^2 + 2x_1x_2}P - \sigma \le 0$$

$$g_2(x) = \frac{x_2}{(\sqrt{2}x_1^2 + 2x_1x_2)}P - \sigma \le 0$$

$$g_3(x) = \frac{1}{(\sqrt{2}x_2 + x_1)}P - \sigma \le 0$$

$$0.001 \le x_1 \le 1, \quad 0.001 \le x_2 \le 1$$

$$l = 100\text{cm}, \quad P = 2\text{kN}/\text{cm}^2, \quad \sigma = 2\text{kN}/\text{cm}^2$$

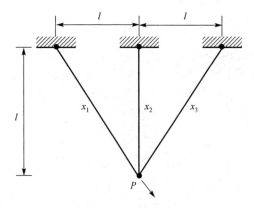

图 6.7　三杆桁架示意图

### 6.3.3.2　适应度函数设计

在该设计中，我们求解的问题是带约束的问题，其中一个约束条件为

$$0.001 \le x_1 \le 1, \quad 0.001 \le x_2 \le 1$$

可以通过海鸥优化算法对寻优的边界进行设置，即设置海鸥个体的上边界 ub=[1,1]，海鸥个体的下边界 lb=[0.001,0.001]。其中，需要在适应度函数中对 $g_1(x), g_2(x), g_3(x)$ 进行约束，若 $x_1, x_2$ 不满足约束条件，则将该适应度值设置为一个很大的惩罚数，即 $10^{32}$。定义适应度函数 fun 如下：

```python
'''适应度函数'''
def fun(X):
    x1=X[0]
    x2=X[1]
    l=100
    P=2
    sigma=2
    #约束条件判断
    g1=(np.sqrt(2)*x1+x2)*P/(np.sqrt(2)*x1**2+2*x1*x2)-sigma
    g2=x2*P/(np.sqrt(2)*x1**2+2*x1*x2)-sigma
```

```
        g3=P/(np.sqrt(2)*x2+x1)-sigma
        if g1<=0 and g2<=0 and g3<=0:
            #若满足约束条件，则计算适应度值
            fitness=(2*np.sqrt(2)*x1+x2)*l
        else:
            #若不满足约束条件，则将适应度值设置为一个很大的惩罚数
            fitness=10E32
    return fitness
```

### 6.3.3.3 主函数设计

通过上述分析，可以设置海鸥优化算法参数如下：

海鸥种群数量 pop 为 30，最大迭代次数 maxIter 为 100，海鸥个体的维度 dim 为 2（即 $x_1,x_2$），海鸥个体的上边界 ub=[1,1]，海鸥个体的下边界 lb=[0.001,0.001]。利用海鸥优化算法求解三杆桁架设计问题的主函数 main 如下：

```
'''基于海鸥优化算法的三杆桁架设计'''
import numpy as np
from matplotlib import pyplot as plt
import SOA

'''适应度函数'''
def fun(X):
    x1=X[0]
    x2=X[1]
    l=100
    P=2
    sigma=2
    #约束条件判断
    g1=(np.sqrt(2)*x1+x2)*P/(np.sqrt(2)*x1**2+2*x1*x2)-sigma
    g2=x2*P/(np.sqrt(2)*x1**2+2*x1*x2)-sigma
    g3=P/(np.sqrt(2)*x2+x1)-sigma
    if g1<=0 and g2<=0 and g3<=0:
        #若满足约束条件，则计算适应度值
        fitness=(2*np.sqrt(2)*x1+x2)*l
    else:
        #若不满足约束条件，则将适应度值设置为一个很大的惩罚数
        fitness=10E32

    return fitness

'''主函数'''
#设置参数
pop=30                          #种群数量
maxIter=100                     #最大迭代次数
dim=2                           #维度
lb=np.array([0.001,0.001])      #下边界
ub=np.array([1,1])              #上边界
```

```
#适应度函数的选择
fobj=fun
GbestScore,GbestPositon,Curve=SOA.SOA(pop,dim,lb,ub,maxIter,fobj)
print('最优适应度值: ',GbestScore)
print('最优解[x1,x2]: ',GbestPositon)

#绘制适应度函数曲线
plt.figure(1)
plt.plot(Curve,'r-',linewidth=2)
plt.xlabel('Iteration',fontsize='medium')
plt.ylabel("Fitness",fontsize='medium')
plt.grid()
plt.title('SOA',fontsize='large')
plt.show()
```

适应度函数曲线如图 6.8 所示。

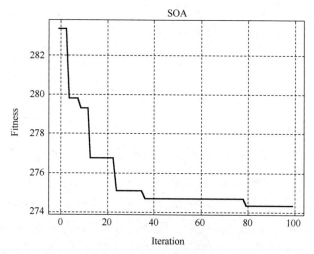

图 6.8　适应度函数曲线

运行结果如下：

```
最优适应度值: [274.31559027]
最优解[x1,x2]: [[0.93385565 0.10181326]]
```

从收敛曲线来看，适应度函数值不断减小，表明海鸥优化算法不断地对参数进行优化。最终输出了一组满足约束条件的参数，对三杆桁架的设计具有指导意义。

## 6.3.4　基于海鸥优化算法的拉压弹簧设计

### 6.3.4.1　问题描述

如图 6.9 所示，设计拉压弹簧的目的是在满足最小挠度、振动频率和剪应力这三者的约束下，使拉压弹簧的重量最小。该问题由 3 个连续的决策变量组成，即弹簧线圈直径（$d$ 或 $x_1$）、弹簧簧圈直径（$D$ 或 $x_2$）和绕线圈数（$P$ 或 $x_3$）。数学模型表示为

$$\min f(x) = (x_3 + 2)x_2 x_1^2$$

约束条件为

$$g_1(x) = 1 - \frac{x_2^3 x_3}{71785 x_1^4} \le 0$$

$$g_2(x) = \frac{4x_2^2 - x_1 x_2}{12566(x_2 x_1^3 - x_1^4)} + \frac{1}{5108 x_1^2} - 1 \le 0$$

$$g_3(x) = 1 - \frac{140.45 x_1}{x_2^2 x_3} \le 0$$

$$g_4(x) = \frac{x_1 + x_2}{1.5} - 1 \le 0$$

$$0.05 \le x_1 \le 2, \ 0.25 \le x_2 < 1.3, \ 2 \le x_3 \le 15$$

图 6.9　拉压弹簧示意图

### 6.3.4.2　适应度函数设计

在该设计中，我们求解的问题是带约束的问题，其中一个约束条件为

$$0.05 \le x_1 \le 2, \ 0.25 \le x_2 < 1.3, \ 2 \le x_3 \le 15$$

可以通过海鸥优化算法对寻优的边界进行设置，即设置海鸥个体的上边界 ub=[2,1.3,15]，海鸥个体的下边界 lb=[0.05,0.25,2]。其中，需要在适应度函数中对 $g_1(x),g_2(x),g_3(x),g_4(x)$ 进行约束，若 $x_1,x_2,x_3$ 不满足约束条件，则将该适应度值设置为一个很大的惩罚数，即 $10^{32}$。定义适应度函数 fun 如下：

```python
'''适应度函数'''
def fun(X):
    x1=X[0]
    x2=X[1]
    x3=X[2]
    #约束条件判断
    g1=1-(x2**3*x3)/(71785*x1**4)
    g2=(4*x2**2-x1*x2)/(12566*(x2*x1**3-x1**4))+1/(5108*x1**2)-1
    g3=1-(140.45*x1)/(x2**2*x3)
    g4=(x1+x2)/1.5-1
    if g1<=0 and g2<=0 and g3<=0 and g4<=0:
        #若满足约束条件，则计算适应度值
        fitness=(x3+2)*x2*x1**2
    else:
        #若不满足约束条件，则将适应度值设置为一个很大的惩罚数
```

```
        fitness=10E32
    return fitness
```

### 6.3.4.3　主函数设计

通过上述分析，可以设置海鸥优化算法参数如下：

海鸥种群数量 pop 为 30，最大迭代次数 maxIter 为 100，海鸥个体的维度 dim 为 3（即 $x_1, x_2, x_3$），海鸥个体的上边界 ub=[2,1.3,15]，海鸥个体的下边界 lb=[0.05,0.25,2]。利用海鸥优化算法求解拉压弹簧设计问题的主函数 main 如下：

```python
'''基于海鸥优化算法的拉压弹簧设计'''
import numpy as np
from matplotlib import pyplot as plt
import SOA

'''适应度函数'''
def fun(X):
    x1=X[0]
    x2=X[1]
    x3=X[2]
    #约束条件判断
    g1=1-(x2**3*x3)/(71785*x1**4)
    g2=(4*x2**2-x1*x2)/(12566*(x2*x1**3-x1**4))+1/(5108*x1**2)-1
    g3=1-(140.45*x1)/(x2**2*x3)
    g4=(x1+x2)/1.5-1
    if g1<=0 and g2<=0 and g3<=0 and g4<=0:
        #若满足约束条件，则计算适应度值
        fitness=(x3+2)*x2*x1**2
    else:
        #若不满足约束条件，则将适应度值设置为一个很大的惩罚数
        fitness=10E32

    return fitness

'''主函数 '''
#设置参数
pop=30 #种群数量
maxIter=100 #最大迭代次数
dim=3 #维度
lb=np.array([0.05,0.25,2]) #下边界
ub=np.array([2,1.3,15])#上边界
#适应度函数的选择
fobj=fun
GbestScore,GbestPositon,Curve=SOA.SOA(pop,dim,lb,ub,maxIter,fobj)
print('最优适应度值：',GbestScore)
print('最优解[x1,x2,x3]: ',GbestPositon)
```

```
#绘制适应度函数曲线
plt.figure(1)
plt.plot(Curve,'r-',linewidth=2)
plt.xlabel('Iteration',fontsize='medium')
plt.ylabel("Fitness",fontsize='medium')
plt.grid()
plt.title('SOA',fontsize='large')
plt.show()
```

适应度函数曲线如图 6.10 所示。

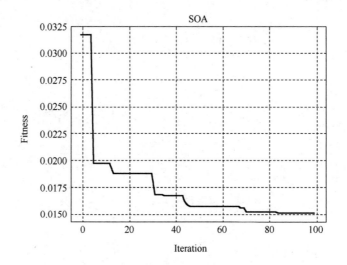

图 6.10　适应度函数曲线

运行结果如下：

```
最优适应度值：[0.0151553]
最优解[x1,x2,x3]：[[0.05495711 0.44037679 9.39442232]]
```

从收敛曲线来看，适应度函数值不断减小，表明海鸥优化算法不断地对参数进行优化。最终输出了一组满足约束条件的参数，对拉压弹簧的设计具有指导意义。

# 参 考 文 献

[1]  GAURAV D,VIJAY K. Seagull optimization algorithm: Theory and its applications for large-scale industrial engineering problems[J]. Knowledge-Based Systems,2019,165(FEB.1):169-196.

[2]  韩毅，徐梓斌，张亮，等. 国外新型智能优化算法——海鸥优化算法[J]. 现代营销（经营版），2019(10):70-71.

[3]  陈愿愿，杨晓，邓小江，等. 海鸥优化算法在四川盆地渝西区块 H 井区页岩气储层最优化测井解释中的应用[J]. 地球科学进展，2020,35(7):761-768.

[4]  潘赢，贾国庆，邰伟伟. SOA 优化 BP 神经网络的水体氨氮预测模型[J]. 佳木斯大学学报（自然科学版），2020,38(2):40-44.

[5]  杨烨. 基于二进制海鸥优化算法的特征选择算法研究[D]. 南昌：江西财经大学，2020.

# 第7章　麻雀搜索算法及其Python实现

## 7.1　麻雀搜索算法的基本原理

麻雀搜索算法（Sparrow Search Algorithm，SSA）是由薛建凯等人于 2020 年提出的一种全新的智能优化算法。麻雀（Sparrow）的突出特征一般是上体呈棕、黑色的斑杂状，腿短粗而强壮，呈圆锥状，嘴峰稍曲，通常是群居的鸟类，并且种类繁多。研究表明：圈养麻雀有两种不同类型，即发现者和加入者。发现者在种群中负责寻找食物并为整个麻雀种群提供觅食区域和方向的信息，而加入者则是利用发现者来获取食物。为了获得食物，麻雀通常可以采用发现者和加入者这两种行为策略进行觅食。麻雀种群中的个体会监视群体中其他个体的行为，并且该种群中的加入者会与高摄取量的同伴争夺食物资源，以提高自己的捕食率。同时，处在种群外围的麻雀更容易受到捕食者的攻击，因此这些外围的麻雀需要不断地调整位置以获得更安全的位置。

将麻雀的以上行为理想化，并制定相应的规则，主要规则如下：

（1）发现者通常拥有较多的食物储备并且在整个种群中负责搜索具有丰富食物的区域，为所有的加入者提供觅食区域和方向的信息。在模型建立过程中，食物储备的多少取决于麻雀个体所对应的适应度值的大小。

（2）麻雀一旦发现了捕食者，麻雀个体开始发出鸣叫作为报警信号。当报警值大于安全值时，发现者会将加入者带到其他安全区域进行觅食。

（3）发现者和加入者的身份是动态变化的。只要能够寻找到更好的食物来源，每只麻雀都可以成为发现者，但是发现者和加入者的数量占整个种群数量的比例是不变的。也就是说，有一只麻雀变成发现者必然有另一只麻雀变成加入者。

（4）加入者获得的食物越少，它们在整个种群中所处的觅食位置就越差。一些饥肠辘辘的加入者更有可能飞往其他区域觅食，以获得更多的食物。

（5）在觅食过程中，加入者总是能够搜索到提供最好食物区域的发现者，然后从最好的食物区域中获取食物或者在该发现者周围觅食。与此同时，一些加入者为了提高自己的捕食率可能会不断地监控发现者进而去争夺食物资源。

（6）当种群外围的麻雀意识到危险时，会迅速向安全区域移动，以获得更安全的位置，位于种群中间的麻雀则会随机移动，以靠近其他麻雀。

### 7.1.1　麻雀种群

设麻雀种群由 $n$ 只麻雀组成，则麻雀种群可以用式（7.1）表示：

$$X = \begin{bmatrix} x_{1,1} & x_{1,2} & \cdots & x_{1,d} \\ x_{2,1} & x_{2,2} & \cdots & x_{2,d} \\ \vdots & \vdots & \ddots & \vdots \\ x_{n,1} & x_{n,2} & \cdots & x_{n,d} \end{bmatrix} \tag{7.1}$$

其中，$n$ 表示麻雀的数量；$d$ 表示待优化问题变量的维数。

## 7.1.2 发现者位置更新

在麻雀搜索算法中，具有较大适应度值的发现者在搜索过程中会优先获取食物。此外，因为发现者负责为整个麻雀种群寻找食物并为所有加入者提供觅食方向的信息，所以发现者可以获得比加入者更大的觅食搜索范围。根据规则中的第（1）条和第（2）条，在每次迭代过程中，发现者的位置更新描述为

$$X_{i,j}^{t+1} = \begin{cases} X_{i,j}^{t} \cdot \exp(-\dfrac{i}{\alpha \cdot \text{iter}_{\max}}) & ,R_2 < \text{ST} \\ X_{i,j}^{t} + Q \cdot \boldsymbol{L} & ,R_2 \geq \text{ST} \end{cases} \tag{7.2}$$

其中，$t$ 表示当前迭代次数；$j$ 表示维度，$j=1,2,3,\cdots,d$；$\text{iter}_{\max}$ 是一个常数，表示最大迭代次数；$X_{i,j}^{t}$ 表示第 $i$ 只麻雀在第 $j$ 维中的位置信息；$\alpha \in (0,1]$ 是一个随机数；$R_2(R_2 \in [0,1])$ 和 $\text{ST}(\text{ST} \in [0.5,1])$ 分别表示预警值和安全值；$Q$ 是服从正态分布的随机数；$\boldsymbol{L}$ 表示一个 $1 \times d$ 的矩阵，其中该矩阵内的所有元素均为 1。

当 $R_2 < \text{ST}$ 时，表示觅食环境周围没有捕食者，发现者可以执行广泛的搜索操作。当 $R_2 \geq \text{ST}$ 时，表示种群中的一些麻雀已经发现了捕食者，并向种群中其他麻雀发出了警报，此时所有麻雀都需要迅速飞到其他安全的区域进行觅食。

## 7.1.3 加入者位置更新

对于加入者而言，它们需要执行规则中的第（4）条和第（5）条。如上所述，在觅食过程中，一些加入者会时刻监视发现者，一旦加入者察觉到发现者已经找到了更好的食物，它们会立即离开当前位置去争夺食物。若加入者赢了，则可以立即获得该发现者的食物；否则需要继续执行规则中的第（5）条。加入者的位置更新描述为

$$X_{i,j}^{t+1} = \begin{cases} Q.\exp(\dfrac{X_{\text{worst}} - X_{i,j}^{t}}{i^2}) & ,i > n/2 \\ X_{p}^{t+1} + |X_{i,j}^{t} - X_{p}^{t+1}| \cdot \boldsymbol{A}^{+} \cdot \boldsymbol{L} & ,\text{其他} \end{cases} \tag{7.3}$$

其中，$i$ 表示加入者的数量；$n$ 表示麻雀总数量；$X_p$ 是目前发现者所占据的最优位置；$X_{\text{worst}}$ 表示当前全局最差的位置；$\boldsymbol{A}$ 表示一个 $1 \times d$ 的矩阵，其中每个元素的随机赋值为 1 或 $-1$，并且 $\boldsymbol{A}^{+} = \boldsymbol{A}^{\text{T}}(\boldsymbol{A}\boldsymbol{A}^{\text{T}})^{-1}$。当 $i > n/2$ 时，适应度值较小的第 $i$ 个加入者没有获得食物，处于十分饥饿的状态，此时需要飞往其他区域进行觅食，以获得更多的食物。

## 7.1.4 遇险应急的麻雀位置更新

在模拟实验中，我们假设这些意识到危险的麻雀占总数量的 10%~20%。这些麻雀的初始位置是在种群中随机产生的。根据规则中的第（6）条，其数学表达式为

$$X_{i,j}^{t+1} = \begin{cases} X_{\text{best}}^t + \beta \, | \, X_{i,j}^t - X_{\text{best}}^t \, | & ,f_i > f_g \\ X_{i,j}^t + K(\dfrac{| \, X_{i,j}^t - X_{\text{worst}}^t \, |}{(f_i - f_w) + \varepsilon}) & ,f_i = f_g \end{cases} \tag{7.4}$$

其中，$X_{\text{best}}$ 是当前的全局最优位置；$\beta$ 作为步长控制参数，是服从均值为 0、方差为 1 的正态分布的随机数；$K \in [-1,1]$ 是一个随机数，表示麻雀移动的方向，同时也是步长控制参数；$f_i$ 是当前麻雀个体的适应度值；$f_g$ 和 $f_w$ 分别是当前全局最大和最小适应度值；$\varepsilon$ 是较小的常数，以避免分母出现零。简单起见，当 $f_i > f_g$ 时，表示麻雀正处于种群的外围，极其容易受到捕食者的攻击；当 $f_i = f_g$ 时，表明处于种群中间的麻雀意识到了危险，需要靠近其他麻雀以尽量降低它们被捕食的风险。

### 7.1.5 麻雀搜索算法流程

麻雀搜索算法的流程图如图 7.1 所示。

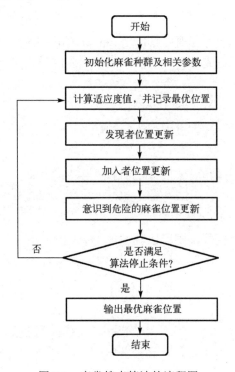

图 7.1　麻雀搜索算法的流程图

麻雀搜索算法步骤如下：

步骤 1：初始化麻雀种群及相关参数。

步骤 2：计算适应度值，并记录最优位置。

步骤 3：发现者位置更新。

步骤 4：加入者位置更新。

步骤 5：意识到危险的麻雀位置更新。

步骤 6：判断是否满足算法停止条件，若满足，则输出最优麻雀位置；否则重复步骤 2~6。

# 7.2 麻雀搜索算法的 Python 实现

## 7.2.1 种群初始化

### 7.2.1.1 Python 相关函数

对于随机数的生成，采用 Python 的 numpy 的随机数生成函数 random()，random()会生成区间[0,1]内的随机数。

```python
import numpy as np
RandValue=np.random.random()
print("生成随机数:",RandValue)
```

运行结果如下：

```
生成随机数: 0.6706965612335988
```

若要一次性生成多个随机数，则可以使用 random([row,col])，其中 row 和 col 分别表示行和列，如 random([3,4])表示生成 3 行 4 列的区间[0,1]内的随机数。

```python
import numpy as np
RandValue=np.random.random([3,4])
print("生成随机数:",RandValue)
```

运行结果如下：

```
生成随机数: [[0.49948056 0.99931964 0.26194131 0.53330869]
 [0.8779833  0.58504491 0.89523532 0.0122117 ]
 [0.34581846 0.94183727 0.25173827 0.09452273]]
```

若要生成指定范围的随机数，则可以利用如下表达式表示：

$$r = lb + (ub - lb) \times random()$$

其中，ub 表示范围的上边界，lb 表示范围的下边界。如在[0,4]范围内生成 5 个随机数：

```python
import numpy as np
RandValue=np.random.random([1,5])*(4-0)+0
print("生成随机数:",RandValue)
```

运行结果如下：

```
生成随机数: [[0.62003352 0.71927614 2.88029675 2.7225476  1.54699288]]
```

### 7.2.1.2 麻雀搜索算法种群初始化函数编写

定义初始化函数名称为 initialization，并利用 7.2.1.1 节中的随机数生成方式，生成初始种群。

```python
def initialization(pop,ub,lb,dim):
    ''' 种群初始化函数'''
    '''
```

```
    pop:种群数量
    dim:每个个体的维度
    ub:每个维度的变量上边界，维度为[dim]
    lb:每个维度的变量下边界，维度为[dim]
    X:输出的种群，维度为[pop,dim]
    '''
    X=np.zeros([pop,dim]) #声明空间
    for i in range(pop):
        for j in range(dim):
            X[i,j]=(ub[j]-lb[j])*np.random.random()+lb[j]
                                #生成区间[lb,ub]内的随机数

    return X
```

举例：设定种群数量为 10，每个个体维度均为 5，每个维度的边界均为[-5,5]，利用初始化函数生成初始种群。

```
pop=10
dim=5
ub=np.array([5,5,5,5,5])
lb=np.array([-5,-5,-5,-5,-5])
X=initialization(pop,ub,lb,dim)
print("X:",X)
```

运行结果如下：

```
X: [[-0.4915815  -2.34406551 -1.56073567 -3.46721189 -4.30082501]
 [-4.18703662  2.78163513  3.74530427 -1.29273887  4.09972082]
 [ 1.75164321  0.02477537 -3.84041488 -1.34225428 -2.84113499]
 [-3.43783612 -0.173427   -3.16947613 -0.37629277  0.39138373]
 [ 3.38367471 -0.26986522  0.22854243  0.38944921  3.42659968]
 [-0.40001564  4.85727224  3.85740918  1.5099954   3.011702  ]
 [ 0.23657864  4.17504532  0.81225086  2.26101304 -1.03205635]
 [-4.39344271  3.58550577 -4.07026764 -1.51683523 -0.58132366]
 [-1.04744907 -2.33641838  3.15354606  2.94660873 -2.8091005 ]
 [-2.1533344  -4.98878164 -3.93019245  4.59515649 -1.03983607]]
```

## 7.2.2 适应度函数

适应度函数是优化问题的目标函数，根据不同应用设计相应的适应度函数。我们可以将自己设计的适应度函数单独写成一个函数，方便优化算法调用。一般将适应度函数命名为 fun()，这里我们定义一个适应度函数如下：

```
def fun(x):
    '''适应度函数'''
    '''
    x 为输入的一个个体，维度为[1,dim]
    fitness 为输出的适应度值
    '''
```

```
fitness=np.sum(x**2)
return fitness
```

这里的适应度值就是 x 所有值的平方和，如 x=[1,2]，那么经过适应度函数计算后得到的值为 5。

```
x=np.array([1,2])
fitness=fun(x)
print("fitness:",fitness)
```

### 7.2.3 边界检查和约束函数

边界检查的作用是防止变量超过规定的范围，一般当变量大于上边界时，直接将其置为上边界；当变量小于下边界时，直接将其置为下边界；其他情况变量值保持不变。逻辑如下：

$$val = \begin{cases} ub & , val > ub \\ lb & , val < lb \\ val & ,其他 \end{cases}$$

定义边界检查函数为 BorderCheck。

```
def BorderCheck(X,ub,lb,pop,dim):
    '''边界检查函数'''
    '''
    dim:每个个体的维度大小
    X:输入数据，维度为[pop,dim]
    ub:个体的上边界，维度为[dim]
    lb:个体的下边界，维度为[dim]
    pop:种群数量
    '''
    for i in range(pop):
        for j in range(dim):
            if X[i,j]>ub[j]:
                X[i,j]=ub[j]
            if X[i,j]<lb[j]:
                X[i,j]=lb[j]
    return X
```

例如，x=[1,-2,3,-4;1,-2,3,-4]，定义的上边界为[1,1,1,1]，下边界为[-1,-1,-1,-1]，于是经过边界检查和约束后，x 应该为[1,-1,1-1;1,-1,1,-1]。

```
x=np.array([(1,-2,3,-4),
            (1,-2,3,-4)])
ub=np.array([1,1,1,1])
lb=np.array([-1,-1,-1,-1])
dim=4
pop=2
X=BorderCheck(x,ub,lb,pop,dim)
print("X:",X)
```

运行结果如下：

```
X: [[ 1 -1  1 -1]
 [ 1 -1  1 -1]]
```

## 7.2.4　麻雀搜索算法代码

根据 7.1 节麻雀搜索算法的基本原理编写麻雀搜索算法的整个代码，定义麻雀搜索算法的函数名称为 SSA，并将上述的所有子函数均保存到 SSA.py 中。

```python
import numpy as np
import copy
import random
def initialization(pop,ub,lb,dim):
    ''' 种群初始化函数'''
    '''
    pop:种群数量
    dim:每个个体的维度
    ub:每个维度的变量上边界，维度为[dim,1]
    lb:每个维度的变量下边界，维度为[dim,1]
    X:输出的种群，维度为[pop,dim]
    '''
    X=np.zeros([pop,dim])    #声明空间
    for i in range(pop):
        for j in range(dim):
            X[i,j]=(ub[j]-lb[j])*np.random.random()+lb[j]
                        #生成区间[lb,ub]内的随机数

    return X


def BorderCheck(X,ub,lb,pop,dim):
    '''边界检查函数'''
    '''
    dim:每个个体的维度大小
    X:输入数据，维度为[pop,dim]
    ub:个体的上边界，维度为[dim,1]
    lb:个体的下边界，维度为[dim,1]
    pop:种群数量
    '''
    for i in range(pop):
        for j in range(dim):
            if X[i,j]>ub[j]:
                X[i,j]=ub[j]
            elif X[i,j]<lb[j]:
                X[i,j]=lb[j]
    return X



def CaculateFitness(X,fun):
```

```python
    '''计算种群的所有个体的适应度值'''
    pop=X.shape[0]
    fitness=np.zeros([pop,1])
    for i in range(pop):
        fitness[i]=fun(X[i,:])
    return fitness


def SortFitness(Fit):
    '''对适应度值进行排序'''
    '''
    输入为适应度值
    输出为排序后的适应度值和索引
    '''
    fitness=np.sort(Fit,axis=0)
    index=np.argsort(Fit,axis=0)
    return fitness,index

def SortPosition(X,index):
    '''根据适应度值对位置进行排序'''
    Xnew=np.zeros(X.shape)
    for i in range(X.shape[0]):
        Xnew[i,:]=X[index[i],:]
    return Xnew


def SSA(pop,dim,lb,ub,Max_iter,fun):
    '''麻雀搜索算法'''
    '''
    输入:
    pop:种群数量
    dim:每个个体的维度
    ub:个体的上边界，维度为[1,dim]
    lb:个体的下边界，维度为[1,dim]
    fun:适应度函数
    maxIter:最大迭代次数
    输出:
    GbestScore:最优解对应的适应度值
    GbestPositon:最优解
    Curve:迭代曲线
    '''
    ST=0.8 #预警值
    PD=0.2 #发现者的比例
    SD=0.1 #意识到有危险的麻雀占麻雀总数的比例
    PDNumber=int(pop*PD)                        #发现者的数量
    SDNumber=int(pop*SD)                        #意识到有危险的麻雀数量
    X=initialization(pop,ub,lb,dim)             #初始化种群
    fitness=CaculateFitness(X,fun)              #计算适应度值
```

```python
fitness,sortIndex=SortFitness(fitness)    #对适应度值进行排序
X=SortPosition(X,sortIndex)               #对种群进行排序
GbestScore=copy.copy(fitness[0])
GbestPositon=np.zeros([1,dim])
GbestPositon[0,:]=copy.copy(X[0,:])
Curve=np.zeros([Max_iter,1])
for t in range(Max_iter):
    print("第"+str(t)+"次迭代")
    BestF=copy.copy(fitness[0])
    Xworst=copy.copy(X[-1,:])
    Xbest=copy.copy(X[0,:])
    '''发现者位置更新'''
    R2=np.random.random()
    for i in range(PDNumber):
        if R2<ST:
            X[i,:]=X[i,:]*np.exp(-i/(np.random.random()*Max_iter))
        else:
            X[i,:]=X[i,:]+np.random.randn()*np.ones([1,dim])

    X=BorderCheck(X,ub,lb,pop,dim) #边界检测
    fitness=CaculateFitness(X,fun) #计算适应度值

    bestII=np.argmin(fitness)
    Xbest=copy.copy(X[bestII,:])
    '''加入者位置更新'''
    for i in range(PDNumber+1,pop):
        if i>(pop-PDNumber)/2+PDNumber:
            X[i,:]=np.random.randn()*np.exp((Xworst-X[i,:])/i**2)
        else:
            #产生-1 和 1 的随机数
            A=np.ones([dim,1])
            for a in range(dim):
                if(np.random.random()>0.5):
                    A[a]=-1
            AA=np.dot(A,np.linalg.inv(np.dot(A.T,A)))
            X[i,:]=X[0,:]+np.abs(X[i,:]-GbestPositon)*AA.T

    X=BorderCheck(X,ub,lb,pop,dim) #边界检测
    fitness=CaculateFitness(X,fun) #计算适应度值
    '''意识到危险的麻雀更新位置'''
    Temp=range(pop)
    RandIndex=random.sample(Temp,pop)
    SDchooseIndex=RandIndex[0:SDNumber]
                        #随机选取对应比例的麻雀作为意识到危险的麻雀
    for i in range(SDNumber):
        if fitness[SDchooseIndex[i]]>BestF:
            X[SDchooseIndex[i],:]=Xbest+np.random.randn()*np.abs
```

```
(X[SDchooseIndex[i],:]-Xbest)
                elif fitness[SDchooseIndex[i]]==BestF:
                    K=2*np.random.random()-1
                    X[SDchooseIndex[i],:]=X[SDchooseIndex[i],:]+K*(np.abs
(  X[SDchooseIndex[i],:]-X[-1,:])/(fitness[SDchooseIndex[i]]-fitness[-1]+1
0E-8))

            X=BorderCheck(X,ub,lb,pop,dim)           #边界检测
            fitness=CaculateFitness(X,fun)           #计算适应度值
            fitness,sortIndex=SortFitness(fitness)   #对适应度值进行排序
            X=SortPosition(X,sortIndex)              #对种群进行排序
            if(fitness[0]<GbestScore):               #更新全局最优
                GbestScore=copy.copy(fitness[0])
                GbestPositon[0,:]=copy.copy(X[0,:])
            Curve[t]=GbestScore

        return GbestScore,GbestPositon,Curve
```

至此，基本麻雀搜索算法的代码编写完成，所有的子函数均封装在 SSA.py 中，通过函数 SSA 对子函数进行调用。下一节将讲解如何使用上述麻雀搜索算法来解决优化问题。

# 7.3 麻雀搜索算法的应用案例

## 7.3.1 求解函数极值

问题描述：求解一组 $x_1,x_2$，使得下面函数的值最小。

$$f(x_1,x_2) = x_1^2 + x_2^2$$

其中，$x_1$ 与 $x_2$ 的取值范围均为[-10,10]。

首先，可以利用 Python 绘图的方式来查看我们的搜索空间是什么，其次绘制该函数搜索曲面如图 7.2 所示。

```
import numpy as np
from matplotlib import pyplot as plt
from mpl_toolkits.mplot3d import Axes3D
fig=plt.figure(1) #定义 figure
ax=Axes3D(fig) #将 figure 变为 3D
x1=np.arange(-10,10,0.2) #定义 x1，范围为[-10,10]，间隔为 0.2
x2=np.arange(-10,10,0.2) #定义 x2，范围为[-10,10]，间隔为 0.2
X1,X2=np.meshgrid(x1,x2) #生成网格
F=X1**2+X2**2 #计算平方和的值
#绘制 3D 曲面
ax.plot_surface(X1,X2,F,rstride=1,cstride=1,cmap=plt.get_cmap
('rainbow'))
#rstride:行之间的跨度，cstride:列之间的跨度
#cmap 参数可以控制三维曲面的颜色组合
plt.show()
```

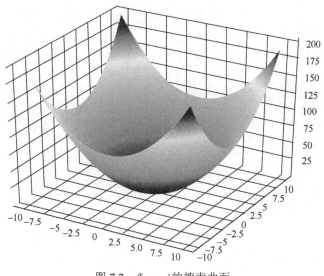

图 7.2 $f(x_1, x_2)$的搜索曲面

利用麻雀搜索算法对该问题进行求解，设置麻雀种群数量 pop 为 50，最大迭代次数 maxIter 为 100，由于要求解 $x_1$, $x_2$，因此设置麻雀个体的维度 dim 为 2，麻雀个体的上边界 ub=[10,10]，麻雀个体的下边界 lb=[−10, −10]。根据问题设计适应度函数 fun 如下：

```
'''适应度函数'''
def fun(X):
    O=X[0]**2+X[1]**2
    return O
```

求解该问题的主函数 main 如下：

```
import numpy as np
from matplotlib import pyplot as plt
import SSA

'''适应度函数'''
def fun(X):
    O=X[0]**2+X[1]**2
    return O


'''利用麻雀搜索算法求解 x1^2+x2^2 的最小值'''
'''主函数 '''
#设置参数
pop=50 #种群数量
maxIter=100 #最大迭代次数
dim=2 #维度
lb=-10*np.ones(dim) #下边界
ub=10*np.ones(dim)#上边界
#适应度函数的选择
fobj=fun
GbestScore,GbestPositon,Curve=SSA.SSA(pop,dim,lb,ub,maxIter,fobj)
```

```
print('最优适应度值: ',GbestScore)
print('最优解[x1,x2]: ',GbestPositon)

#绘制适应度函数曲线
plt.figure(1)
plt.plot(Curve,'r-',linewidth=2)
plt.xlabel('Iteration',fontsize='medium')
plt.ylabel("Fitness",fontsize='medium')
plt.grid()
plt.title('SSA',fontsize='large')
plt.show()
```

适应度函数曲线如图 7.3 所示。

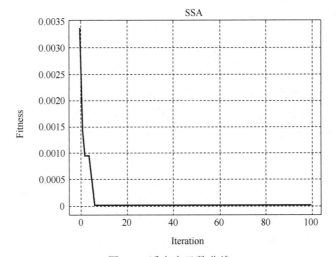

图 7.3　适应度函数曲线

运行结果如下：

```
最优适应度值: [5.73163229e-107]
最优解[x1,x2]: [[5.35333181e-54 5.35333181e-54]]
```

从麻雀搜索算法寻优的结果来看，最优解[5.35333181e-54，5.35333181e-54]非常接近理论最优值[0,0]，表明麻雀搜索算法具有寻优能力强的特点。

## 7.3.2　基于麻雀搜索算法的压力容器设计

### 7.3.2.1　问题描述

设计压力容器的目标是使压力容器制作（配对、成型和焊接）成本最低，压力容器示意图如图 7.4 所示，压力容器的两端都由封盖封住，头部一端的封盖为半球状。$L$ 是不考虑头部的圆柱体部分的截面长度，$R$ 是圆柱体的内壁半径，$T_s$ 和 $T_h$ 分别表示圆柱体的壁厚和头部的壁厚，$L$、$R$、$T_s$ 和 $T_h$ 即为压力容器设计问题的 4 个优化变量。该问题的目标函数为

$$x = [x_1, x_2, x_3, x_4] = [T_s, T_h, R, L]$$

$$\min f(x) = 0.6224x_1x_3x_4 + 1.7781x_2x_3^2 + 3.1661x_1^2x_4 + 19.84x_1^2x_3$$

约束条件为

$$g_1(x) = -x_1 + 0.0193x_3 \leq 0$$

$$g_2(x) = -x_2 + 0.00954x_3 \leq 0$$

$$g_3(x) = -\pi x_3^2 - 4\pi x_3^3/3 + 129600 \leq 0$$

$$g_4(x) = x_4 - 240 \leq 0$$

$$0 \leq x_1 \leq 100, \quad 0 \leq x_2 \leq 100, \quad 10 \leq x_3 \leq 100, \quad 10 \leq x_4 \leq 100$$

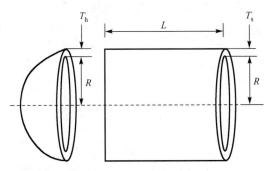

图 7.4　压力容器示意图

### 7.3.2.2　适应度函数设计

在该问题中，我们求解的问题是带约束的问题，其中一个约束条件为

$$0 \leq x_1 \leq 100, \quad 0 \leq x_2 \leq 100, \quad 10 \leq x_3 \leq 100, \quad 10 \leq x_4 \leq 100$$

可以通过麻雀搜索算法对寻优的边界进行设置，即设置麻雀个体的上边界 ub=[100,100,100,100]，麻雀个体的下边界 lb=[0,0,10,10]。

其中，需要在适应度函数中对 $g_1(x), g_2(x), g_3(x), g_4(x)$ 进行约束，若 $x_1, x_2, x_3, x_4$ 不满足约束条件，则将该适应度值设置为一个很大的惩罚数，即 $10^{32}$。定义适应度函数 fun 如下：

```
'''适应度函数'''
def fun(X):
        x1=X[0]  #Ts
        x2=X[1]  #Th
        x3=X[2]  #R
        x4=X[3]  #L

        #约束条件判断
        g1=-x1+0.0193*x3
        g2=-x2+0.00954*x3
        g3=-np.math.pi*x3**2-4*np.math.pi*x3**3/3+1296000
        g4=x4-240
        if g1<=0 and g2<=0 and g3<=0 and g4<=0:
            #若满足约束条件，则计算适应度值
            fitness=0.6224*x1*x3*x4+1.7781*x2*x3**2+3.1661*x1**2*x4+
19.84*x1**2*x3
        else:
            #若不满足约束条件，则将适应度值设置为一个很大的惩罚数
```

```
        fitness=10E32

    return fitness
```

### 7.3.2.3 主函数设计

通过上述分析，可以设置麻雀搜索算法参数如下：

麻雀种群数量 pop 为 50，最大迭代次数 maxIter 为 500，麻雀个体的维度 dim 为 4（即 $x_1, x_2, x_3, x_4$），麻雀个体的上边界 ub=[100,100,100,100]，麻雀个体的下边界 lb=[0,0,10,10]。利用麻雀搜索算法求解压力容器设计问题的主函数 main 如下：

```
'''基于麻雀搜索算法的压力容器设计'''
import numpy as np
from matplotlib import pyplot as plt
import SSA


'''适应度函数'''
def fun(X):
        x1=X[0]  #Ts
        x2=X[1]  #Th
        x3=X[2]  #R
        x4=X[3]  #L
        #约束条件判断
        g1=-x1+0.0193*x3
        g2=-x2+0.00954*x3
        g3=-np.math.pi*x3**2-4*np.math.pi*x3**3/3+1296000
        g4=x4-240
        if g1<=0 and g2<=0 and g3<=0 and g4<=0:
            #若满足约束条件，则计算适应度值
            fitness=0.6224*x1*x3*x4+1.7781*x2*x3**2+3.1661*x1**2*x4+
19.84*x1**2*x3
        else:
            #若不满足约束条件，则将适应度值设置为一个很大的惩罚数
            fitness=10E32

        return fitness


'''主函数 '''
#设置参数
pop=50  #种群数量
maxIter=500  #最大迭代次数
dim=4  #维度
lb=np.array([0,0,10,10])  #下边界
ub=np.array([100,100,100,100])#上边界
#适应度函数的选择
fobj=fun
```

```
GbestScore,GbestPositon,Curve=SSA.SSA(pop,dim,lb,ub,maxIter,fobj)
print('最优适应度值: ',GbestScore)
print('最优解[Ts,Th,R,L]: ',GbestPositon)

#绘制适应度函数曲线
plt.figure(1)
plt.plot(Curve,'r-',linewidth=2)
plt.xlabel('Iteration',fontsize='medium')
plt.ylabel("Fitness",fontsize='medium')
plt.grid()
plt.title('SSA',fontsize='large')
plt.show()
```

适应度函数曲线如图 7.5 所示。

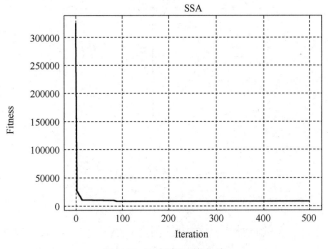

图 7.5　适应度函数曲线

运行结果如下：

```
最优适应度值: [8246.44126369]
最优解[Ts,Th,R,L]: [[ 1.31130732  0.65755881 67.5555025 10.        ]]
```

从收敛曲线来看，压力容器适应度函数值不断减小，表明麻雀搜索算法不断地对参数进行优化。最终输出了一组满足约束条件的压力容器参数，对压力容器的设计具有指导意义。

### 7.3.3　基于麻雀搜索算法的三杆桁架设计

#### 7.3.3.1　问题描述

在三杆桁架设计问题中，变量 $x_1$，$x_2$ 和 $x_3$ 分别为三个杆的横截面积，又由对称性可知 $x_1 = x_3$。这样，三杆桁架设计的目的可以描述为：通过调整横截面积 $(x_1, x_2)$ 使三杆桁架的体积最小。该三杆桁架在每个桁架构件上均受到应力 $\sigma$ 的约束，如图 7.6 所示。该优化设计具有一个非线性适应度函数、三个非线性不等式约束和两个连续决策变量，即

$$\min f(x) = (2\sqrt{2}x_1 + x_2)l$$

约束条件为

$$g_1(x) = \frac{\sqrt{2}x_1 + x_2}{\sqrt{2}x_1^2 + 2x_1x_2}P - \sigma \le 0$$

$$g_2(x) = \frac{x_2}{(\sqrt{2}x_1^2 + 2x_1x_2)}P - \sigma \le 0$$

$$g_3(x) = \frac{1}{(\sqrt{2}x_2 + x_1)}P - \sigma \le 0$$

$$0.001 \le x_1 \le 1, \quad 0.001 \le x_2 \le 1$$

$$l = 100\text{cm}, \quad P = 2\text{kN}/\text{cm}^2, \quad \sigma = 2\text{kN}/\text{cm}^2$$

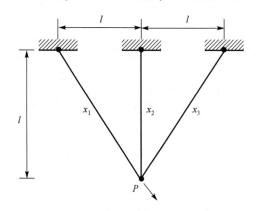

图 7.6　三杆桁架示意图

### 7.3.3.2　适应度函数设计

在该设计中，我们求解的问题是带约束的问题，其中一个约束条件为

$$0.001 \le x_1 \le 1, \quad 0.001 \le x_2 \le 1$$

可以通过麻雀搜索算法对寻优的边界进行设置，即设置麻雀个体的上边界 ub=[1,1]，麻雀个体的下边界 lb=[0.001,0.001]。其中，需要在适应度函数中对 $g_1(x), g_2(x), g_3(x)$ 进行约束，若 $x_1, x_2$ 不满足约束条件，则将该适应度值设置为一个很大的惩罚数，即 $10^{32}$。定义适应度函数 fun 如下：

```
'''适应度函数'''
def fun(X):
    x1=X[0]
    x2=X[1]
    l=100
    P=2
    sigma=2
    #约束条件判断
    g1=(np.sqrt(2)*x1+x2)*P/(np.sqrt(2)*x1**2+2*x1*x2)-sigma
    g2=x2*P/(np.sqrt(2)*x1**2+2*x1*x2)-sigma
    g3=P/(np.sqrt(2)*x2+x1)-sigma
    if g1<=0 and g2<=0 and g3<=0:
```

```
        #若满足约束条件，则计算适应度值
        fitness=(2*np.sqrt(2)*x1+x2)*l
    else:
        #若不满足约束条件，则将适应度值设置为一个很大的惩罚数
        fitness=10E32
    return fitness
```

### 7.3.3.3 主函数设计

通过上述分析，可以设置麻雀搜索算法参数如下：

麻雀种群数量 pop 为 30，最大迭代次数 maxIter 为 100，麻雀个体的维度 dim 为 2（即 $x_1,x_2$），麻雀个体的上边界 ub=[1,1]，麻雀个体的下边界 lb=[0.001,0.001]。利用麻雀搜索算法求解三杆桁架设计问题的主函数 main 如下：

```python
'''基于麻雀搜索算法的三杆桁架设计'''
import numpy as np
from matplotlib import pyplot as plt
import SSA

'''适应度函数'''
def fun(X):
    x1=X[0]
    x2=X[1]
    l=100
    P=2
    sigma=2
    #约束条件判断
    g1=(np.sqrt(2)*x1+x2)*P/(np.sqrt(2)*x1**2+2*x1*x2)-sigma
    g2=x2*P/(np.sqrt(2)*x1**2+2*x1*x2)-sigma
    g3=P/(np.sqrt(2)*x2+x1)-sigma
    if g1<=0 and g2<=0 and g3<=0:
        #若满足约束条件，则计算适应度值
        fitness=(2*np.sqrt(2)*x1+x2)*l
    else:
        #若不满足约束条件，则将适应度值设置为一个很大的惩罚数
        fitness=10E32

    return fitness

'''主函数 '''
#设置参数
pop=30  #种群数量
maxIter=100 #最大迭代次数
dim=2 #维度
lb=np.array([0.001,0.001]) #下边界
ub=np.array([1,1])#上边界
#适应度函数的选择
fobj=fun
GbestScore,GbestPositon,Curve=SSA.SSA(pop,dim,lb,ub,maxIter,fobj)
```

```
print('最优适应度值: ',GbestScore)
print('最优解[x1,x2]: ',GbestPositon)

#绘制适应度函数曲线
plt.figure(1)
plt.plot(Curve,'r-',linewidth=2)
plt.xlabel('Iteration',fontsize='medium')
plt.ylabel("Fitness",fontsize='medium')
plt.grid()
plt.title('SSA',fontsize='large')
plt.show()
```

适应度函数曲线如图 7.7 所示。

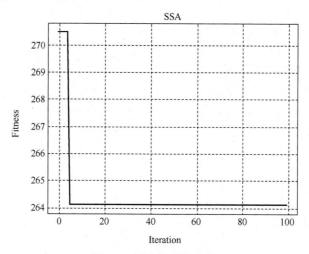

图 7.7 适应度函数曲线

运行结果如下：

```
最优适应度值: [264.10982981]
最优解[x1,x2]: [[0.8053586  0.36320018]]
```

从收敛曲线来看，适应度函数值不断减小，表明麻雀搜索算法不断地对参数进行优化。最终输出了一组满足约束条件的参数，对三杆桁架的设计具有指导意义。

### 7.3.4　基于麻雀搜索算法的拉压弹簧设计

#### 7.3.4.1　问题描述

如图 7.8 所示，设计拉压弹簧的目的是在满足最小挠度、振动频率和剪应力这三者的约束下，使拉压弹簧的重量最小。该问题由 3 个连续的决策变量组成，即弹簧线圈直径（$d$ 或 $x_1$）、弹簧簧圈直径（$D$ 或 $x_2$）和绕线圈数（$P$ 或 $x_3$）。数学模型表示为

$$\min f(x) = (x_3 + 2)x_2 x_1^2$$

约束条件为

$$g_1(x) = 1 - \frac{x_2^3 x_3}{71785 x_1^4} \le 0$$

$$g_2(x) = \frac{4x_2^2 - x_1 x_2}{12566(x_2 x_1^3 - x_1^4)} + \frac{1}{5108 x_1^2} - 1 \le 0$$

$$g_3(x) = 1 - \frac{140.45 x_1}{x_2^2 x_3} \le 0$$

$$g_4(x) = \frac{x_1 + x_2}{1.5} - 1 \le 0$$

$$0.05 \le x_1 \le 2, \ 0.25 \le x_2 < 1.3, \ 2 \le x_3 \le 15$$

图 7.8　拉压弹簧示意图

#### 7.3.4.2　适应度函数设计

在该设计中，我们求解的问题是带约束的问题，其中一个约束条件为

$$0.05 \le x_1 \le 2, \ 0.25 \le x_2 < 1.3, \ 2 \le x_3 \le 15$$

可以通过麻雀搜索算法对寻优的边界进行设置，即设置麻雀个体的上边界 ub=[2,1.3,15]，麻雀个体的下边界 lb=[0.05,0.25,2]。其中，需要在适应度函数中对 $g_1(x), g_2(x), g_3(x), g_4(x)$ 进行约束，若 $x_1, x_2, x_3$ 不满足约束条件，则将该适应度值设置为一个很大的惩罚数，即 $10^{32}$。定义适应度函数 fun 如下：

```python
'''适应度函数'''
def fun(X):
    x1=X[0]
    x2=X[1]
    x3=X[2]
    #约束条件判断
    g1=1-(x2**3*x3)/(71785*x1**4)
    g2=(4*x2**2-x1*x2)/(12566*(x2*x1**3-x1**4))+1/(5108*x1**2)-1
    g3=1-(140.45*x1)/(x2**2*x3)
    g4=(x1+x2)/1.5-1
    if g1<=0 and g2<=0 and g3<=0 and g4<=0:
        #若满足约束条件，则计算适应度值
        fitness=(x3+2)*x2*x1**2
    else:
        #若不满足约束条件，则将适应度值设置为一个很大的惩罚数
        fitness=10E32
    return fitness
```

#### 7.3.4.3　主函数设计

通过上述分析，可以设置麻雀搜索算法参数如下：

麻雀种群数量 pop 为 30，最大迭代次数 maxIter 为 100，麻雀个体的维度 dim 为 3（即 $x_1, x_2, x_3$），麻雀个体的上边界 ub=[2,1.3,15]，麻雀个体的下边界 lb=[0.05,0.25,2]。利用麻雀搜索算法求解拉压弹簧设计问题的主函数 main 如下：

```python
'''基于麻雀搜索算法的拉压弹簧设计'''
import numpy as np
from matplotlib import pyplot as plt
import SSA

'''适应度函数'''
def fun(X):
        x1=X[0]
        x2=X[1]
        x3=X[2]
        #约束条件判断
        g1=1-(x2**3*x3)/(71785*x1**4)
        g2=(4*x2**2-x1*x2)/(12566*(x2*x1**3-x1**4))+1/(5108*x1**2)-1
        g3=1-(140.45*x1)/(x2**2*x3)
        g4=(x1+x2)/1.5-1
        if g1<=0 and g2<=0 and g3<=0 and g4<=0:
                #若满足约束条件，则计算适应度值
                fitness=(x3+2)*x2*x1**2
        else:
                #若不满足约束条件，则将适应度值设置为一个很大的惩罚数
                fitness=10E32

        return fitness

'''主函数'''
#设置参数
pop=30                          #种群数量
maxIter=100                     #最大迭代次数
dim=3                           #维度
lb=np.array([0.05,0.25,2])      #下边界
ub=np.array([2,1.3,15])         #上边界
#适应度函数的选择
fobj=fun
GbestScore,GbestPositon,Curve=SSA.SSA(pop,dim,lb,ub,maxIter,fobj)
print('最优适应度值: ',GbestScore)
print('最优解[x1,x2,x3]: ',GbestPositon)

#绘制适应度函数曲线
plt.figure(1)
plt.plot(Curve,'r-',linewidth=2)
plt.xlabel('Iteration',fontsize='medium')
plt.ylabel("Fitness",fontsize='medium')
plt.grid()
```

```
plt.title('SSA',fontsize='large')
plt.show()
```

适应度函数曲线如图 7.9 所示。

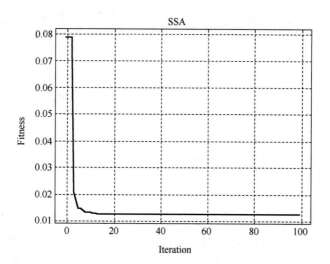

图 7.9 适应度函数曲线

运行结果如下：

```
最优适应度值： [0.01268975]
最优解[x1,x2,x3]： [[ 0.05164206  0.35547209 11.38568093]]
```

从收敛曲线来看，适应度函数值不断减小，表明麻雀搜索算法不断地对参数进行优化。最终输出了一组满足约束条件的参数，对拉压弹簧的设计具有指导意义。

# 参 考 文 献

[1] Xue J ,Shen B . A novel swarm intelligence optimization approach: sparrow search algorithm[J]. Systems ence & Control Engineering An Open Access Journal,2020,8(1):22-34.

[2] 薛建凯. 一种新型的群智能优化技术的研究与应用[D]. 东华大学，2020.

[3] 吕鑫，慕晓冬，张钧，等. 混沌麻雀搜索优化算法[J].北京航空航天大学学报，2021,47(08):1712-1720.

[4] 段玉先，刘昌云.基于 Sobol 序列和纵横交叉策略的麻雀搜索算法[J].计算机应用,2022,42(01):36-43.

[5] 毛清华，张强，毛承成，等.混合正弦余弦算法和 Lévy 飞行的麻雀算法[J].山西大学学报（自然科学版）,2021,44(06):1086-1091.

# 第8章 鲸鱼优化算法及其 Python 实现

## 8.1 鲸鱼优化算法的基本原理

鲸鱼优化算法（Whale Optimization Algorithm,WOA）是由 Seyedali Mirjalili 等人于 2016 年提出的一种全新的智能优化算法。该算法通过模拟鲸鱼寻找猎物、包围猎物、气泡网攻击猎物等捕食行为实现优化搜索的目的。

鲸鱼通常以群居为主。在捕食过程中，鲸鱼在海的表面包围猎物（鱼和虾），同时吐出螺旋形状的气泡来捕食猎物，该捕食行为称为气泡捕食法。气泡捕食法的具体过程为：首先鲸鱼潜入约 15m 水深处，以螺旋形姿势向水面上游动，游动过程中吐出许多大小不等的气泡，使最后吐出的气泡与第一个吐出的气泡同时上升到水面，与此同时，吐出的所有气泡构成了类似于圆柱状或管状的气泡网，气泡网把猎物紧紧地包围起来，并将猎物逼向气泡网的中心，而后鲸鱼便在气泡网内几乎直立地张开大嘴，吞下气泡网中的猎物。鲸鱼的气泡捕食行为如图 8.1 所示。

受到鲸鱼种群独特的气泡捕食行为的启发，鲸鱼优化算法通过寻找猎物、包围猎物、气泡网攻击猎物食三种机制搜寻最优解。

图 8.1 鲸鱼的气泡捕食行为

### 8.1.1 包围猎物

鲸鱼种群在狩猎过程中可以找出猎物的位置，并对猎物进行包围。由于在求解问题之前，解空间中的猎物位置对鲸鱼种群来说是未知的，故在鲸鱼优化算法中，先假设当前种群中最优鲸鱼个体的位置为猎物的位置，种群中其他鲸鱼均向最优鲸鱼的位置包围，其数学模型为

$$D = | C \cdot X^*(t) - X | \tag{8.1}$$

$$X(t+1) = X^*(t) - A \cdot D \tag{8.2}$$

其中，$t$ 为当前迭代次数；$X^*$ 表示当前鲸鱼种群中最优鲸鱼的位置；$X$ 表示当前鲸鱼的位置；$A$ 和 $C$ 为向量，即

$$A = 2ar - a \tag{8.3}$$

$$C = 2r \tag{8.4}$$

上式中，$a$ 为收敛因子，随着鲸鱼种群的捕食迭代，$a$ 值由 2 线性递减至 0；$r$ 表示值在区间 [0,1] 内的随机数向量。图 8.2 描述了式（8.2）对于二维空间的位置更新的基本原理，搜索个体的位置 $(X,Y)$ 可以根据式（8.2）更新为当前最优个体的位置 $(X^*,Y^*)$。在最优个体位置周围的不同位置可以通过调整 $A$ 和 $C$ 来更新最优位置。

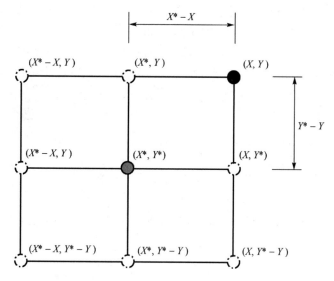

图 8.2 二维位置向量及其下一个可能的位置分布

图 8.3 描述了式（8.2）对于三维空间的位置更新的基本原理。通过随机向量 **r**，鲸鱼个体可以到达图 8.3 求解空间中的任何位置。因此，在式（8.2）中，允许任何鲸鱼个体更新其在当前最优解附近的位置，并模拟包围猎物，可以将同样的概念放大到 $n$ 维求解空间，且搜索个体可以在超立方体中移动到目前为止搜索到的最优位置。

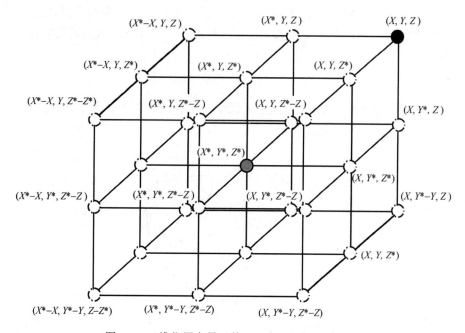

图 8.3 三维位置向量及其下一个可能的位置分布

## 8.1.2 气泡网攻击方式

为了通过数学手段描述鲸鱼种群气泡网捕食行为，鲸鱼优化算法设计了两种不同的机制。第一种是缩小环绕机制，这种机制是通过减小式（8.3）中 $a$ 的值来实现的，其中 $|A|$ 的波动范

围也会因 $a$ 的减小而减小。换一种说法，$|A|$是区间$[-a,a]$内的一个随机值，其中 $a$ 在迭代的过程中从 2 线性减小到 0。当在区间$[-1,1]$中定义$|A|$的随机值时，鲸鱼个体的新位置可以定义在鲸鱼原始位置和当前最优鲸鱼位置之间的某个位置。缩小环绕机制如图 8.4 所示，图 8.4 说明了在 $0 \leq |A| \leq 1$ 的 2D 空间中，鲸鱼种群从$(X,Y)$变换到$(X^*,Y^*)$的可能位置。

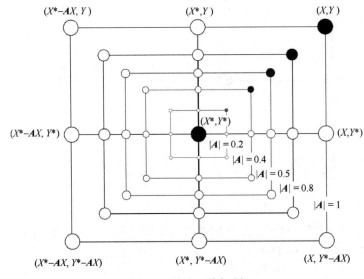

图 8.4　缩小环绕机制

第二种是螺旋更新位置机制，如图 8.5 所示，该方法首先计算位于$(X,Y)$的鲸鱼与位于$(X^*,Y^*)$的猎物之间的距离。在鲸鱼和猎物之间，利用一个螺旋方程来模仿与鲸鱼有关的螺旋形运动，即

$$X(t+1) = D' \cdot e^{bl} \cdot \cos(2\pi l) + X^*(t) \tag{8.5}$$

其中，$D' = |X^*(t) - X(t)|$表示第 $t$ 次迭代中最优鲸鱼个体与当前鲸鱼个体之间的距离；$b$ 是一个常数；$l$ 是区间$[-1,1]$内的一个随机数。

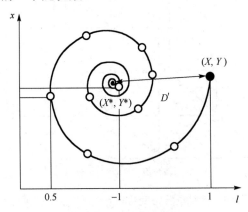

图 8.5　螺旋更新位置机制

鲸鱼在一个缩小的圆圈内，沿着一条螺旋形的路径围绕猎物游动。为了得到模拟这种行为的模型，假设在优化过程中有 50%的概率在缩小环绕机制和螺旋更新位置机制之间进行随机选择以更新鲸鱼个体的位置，其数学模型为

$$X(t+1) = \begin{cases} X^*(t) - \boldsymbol{A} \cdot D & ,p < 0.5 \\ D' \cdot \mathrm{e}^{bl} \cdot \cos(2\pi l) + X^*(t) & ,p \geq 0.5 \end{cases} \quad (8.6)$$

其中，$p$ 是一个区间[0,1]内的随机数。

### 8.1.3　寻找猎物

在鲸鱼寻找猎物过程中，随着迭代过程的进行可以利用矩阵 $\boldsymbol{A}$ 的变化进行全局勘探。实际上，鲸鱼会根据彼此的位置随机勘探求解空间。因此，当$|\boldsymbol{A}|>1$ 或$|\boldsymbol{A}|<-1$ 时，该算法进行局部开发操作以更新鲸鱼位置，远离当前个体。与局部开发相反，在全局勘探阶段，鲸鱼个体的位置是在随机选择的鲸鱼个体基础上更新的，而不是目前发现的最优鲸鱼个体。这种机制将重点放在勘探上，所以当$|\boldsymbol{A}|>1$ 时，鲸鱼优化算法进行全局勘探操作。在寻找猎物阶段，由于猎物位置对于鲸鱼种群来说是未知的，因此鲸鱼需要通过集体合作的方式来获取猎物位置。鲸鱼将种群中的随机个体位置作为导航目标来寻找食物，其数学模型描述为

$$D = |\boldsymbol{C} \cdot X_{\mathrm{rand}} - X| \quad (8.7)$$

$$X(t+1) = X_{\mathrm{rand}} - \boldsymbol{A} \cdot D \quad (8.8)$$

其中，$X_{\mathrm{rand}}$ 表示当前鲸鱼种群中随机选取的鲸鱼个体位置，鲸鱼优化算法的全局勘探机制如图 8.6 所示，图中描述了当$|\boldsymbol{A}|>1$ 时特定解周围的鲸鱼可能位置。

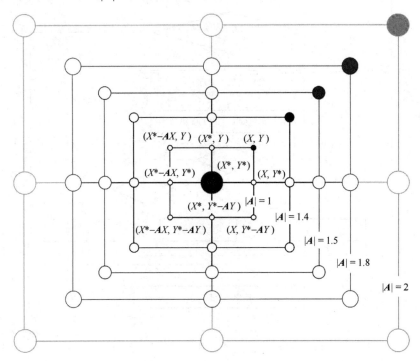

图 8.6　鲸鱼优化算法的全局勘探机制

鲸鱼优化算法从一组随机鲸鱼种群的位置开始执行。在每次迭代时，鲸鱼个体利用随机选择的位置信息或迭代到当前为止获得的适应度值最大的鲸鱼个体位置信息更新自身位置。随着参数 $a$ 从 2 线性减小到 0，实现算法全局勘探阶段与局部开发阶段的转变。当$|\boldsymbol{A}|>1$ 时，在种群中随机选择一条鲸鱼，当$|\boldsymbol{A}|<1$ 时，选择目前适应度值最大的鲸鱼来更新当前鲸鱼个体

的位置。给定 $p$ 的值，鲸鱼优化算法有能力在缩小环绕机制和螺旋更新位置机制之间互相转换。最后，鲸鱼优化算法满足一个终止条件即可终止。从理论上看，因为鲸鱼优化算法包括全局勘探阶段和局部开发阶段，所以可将该算法看作一个全局优化器。此外，鲸鱼优化算法的超立方体模型在最优解的附近定义了一个搜索空间，允许其他搜索个体在该区域内利用当前的最优位置。通过搜索矩阵 $A$ 的自适应变化，使鲸鱼优化算法在全局勘探阶段和局部开发阶段之间实现平稳过渡；通过减小 $|A|$，将部分迭代分配给全局勘探阶段，其余部分专门用于局部开发阶段。

## 8.1.4 鲸鱼优化算法流程

鲸鱼优化算法的流程图如图 8.7 所示。

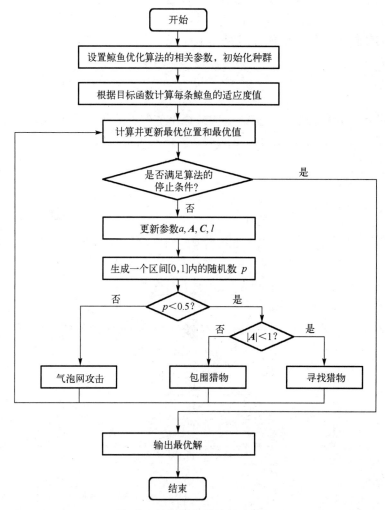

图 8.7 鲸鱼优化算法的流程图

鲸鱼优化算法的步骤如下：

步骤 1：设置鲸鱼优化算法的相关参数，初始化种群。

步骤 2：根据目标函数计算每条鲸鱼的适应度值。

步骤 3：计算并更新最优位置和最优值。

步骤 4：判断算法是否满足算法的停止条件，若满足，则跳转到步骤 9；否则执行步骤 5。

步骤 5：更新参数 $a$ , $A$, $C$, $l$。

步骤 6：生成一个区间[0,1]内的随机数 $p$。

步骤 7：判断 $p$ 是否小于 0.5，若 $p$ 不小于 0.5，则根据式（8.5）更新鲸鱼位置，跳转到步骤 3；否则执行步骤 8；

步骤 8：判断|$A$|是否小于 1，若不小于 1，则根据式（8.8）更新鲸鱼位置；否则根据式（8.2）更新鲸鱼位置，跳转到步骤 3。

步骤 9：输出最优解。

# 8.2 鲸鱼优化算法的 Python 实现

## 8.2.1 种群初始化

### 8.2.1.1 Python 相关函数

对于随机数的生成，采用 Python 的 numpy 的随机数生成函数 random()，random()会生成区间[0,1]内的随机数。

```
import numpy as np
RandValue=np.random.random()
print("生成随机数:",RandValue)
```

运行结果如下：

```
生成随机数: 0.6706965612335988
```

若要一次性生成多个随机数，则可以使用 random([row,col])，其中 row 和 col 分别表示行和列，如 random([3,4])表示生成 3 行 4 列的区间[0,1]内的随机数。

```
import numpy as np
RandValue=np.random.random([3,4])
print("生成随机数:",RandValue)
```

运行结果如下：

```
生成随机数: [[0.49948056 0.99931964 0.26194131 0.53330869]
 [0.8779833  0.58504491 0.89523532 0.0122117 ]
 [0.34581846 0.94183727 0.25173827 0.09452273]]
```

若要生成指定范围的随机数，则可以利用如下表达式表示：

$$r = \mathrm{lb} + (\mathrm{ub} - \mathrm{lb}) \times \mathrm{random}()$$

其中，ub 表示范围的上边界，lb 表示范围的下边界。如在区间[0,4]内生成 5 个随机数：

```
import numpy as np
RandValue=np.random.random([1,5])*(4-0)+0
print("生成随机数:",RandValue)
```

运行结果如下：

```
生成随机数：[[0.62003352 0.71927614 2.88029675 2.7225476 1.54699288]]
```

#### 8.2.1.2 鲸鱼优化算法种群初始化函数编写

定义初始化函数名称为 initialization，并利用 8.2.1.1 节中的随机数生成方式，生成初始种群。

```python
def initialization(pop,ub,lb,dim):
    ''' 种群初始化函数'''
    '''
    pop:种群数量
    dim:每个个体的维度
    ub:每个维度的变量上边界，维度为[dim]
    lb:每个维度的变量下边界，维度为[dim]
    X:输出的种群，维度为[pop,dim]
    '''
    X=np.zeros([pop,dim])                    #声明空间
    for i in range(pop):
        for j in range(dim):
            X[i,j]=(ub[j]-lb[j])*np.random.random()+lb[j]
                                  #生成区间[lb,ub]内的随机数

    return X
```

举例：设定种群数量为 10，每个个体维度均为 5，每个维度的边界均为[-5,5]，利用初始化函数生成初始种群。

```python
pop=10
dim=5
ub=np.array([5,5,5,5,5])
lb=np.array([-5,-5,-5,-5,-5])
X=initialization(pop,ub,lb,dim)
print("X:",X)
```

运行结果如下：

```
X: [[-0.4915815  -2.34406551 -1.56073567 -3.46721189 -4.30082501]
 [-4.18703662  2.78163513  3.74530427 -1.29273887  4.09972082]
 [ 1.75164321  0.02477537 -3.84041488 -1.34225428 -2.84113499]
 [-3.43783612 -0.173427   -3.16947613 -0.37629277  0.39138373]
 [ 3.38367471 -0.26986522  0.22854243  0.38944921  3.42659968]
 [-0.40001564  4.85727224  3.85740918  1.5099954   3.011702  ]
 [ 0.23657864  4.17504532  0.81225086  2.26101304 -1.03205635]
 [-4.39344271  3.58550577 -4.07026764 -1.51683523 -0.58132366]
 [-1.04744907 -2.33641838  3.15354606  2.94660873 -2.8091005 ]
 [-2.1533344  -4.98878164 -3.93019245  4.59515649 -1.03983607]]
```

## 8.2.2　适应度函数

适应度函数是优化问题的目标函数，根据不同应用设计相应的适应度函数。我们可以将自己设计的适应度函数单独写成一个函数，方便优化算法调用。一般将适应度函数命名为fun()，这里我们定义一个适应度函数如下：

```
def fun(x):
    '''适应度函数'''
    '''
    x 为输入的一个个体，维度为[1,dim]
    fitness 为输出的适应度值
    '''
    fitness=np.sum(x**2)
    return fitness
```

这里的适应度值就是 x 所有值的平方和，如 x=[1,2]，那么经过适应度函数计算后得到的值为 5。

```
x=np.array([1,2])
fitness=fun(x)
print("fitness:",fitness)
```

## 8.2.3　边界检查和约束函数

边界检查的作用是防止变量超过规定的范围，一般当变量大于上边界时，直接将其置为上边界；当变量小于下边界时，直接将其置为下边界；其他情况变量值保持不变。逻辑如下：

$$val = \begin{cases} ub & ,val > ub \\ lb & ,val < lb \\ val & ,其他 \end{cases}$$

定义边界检查函数为 BorderCheck。

```
def BorderCheck(X,ub,lb,pop,dim):
    '''边界检查函数'''
    '''
    dim:每个个体的维度大小
    X:输入数据，维度为[pop,dim]
    ub:个体的上边界，维度为[dim]
    lb:个体的下边界，维度为[dim]
    pop:种群数量
    '''
    for i in range(pop):
        for j in range(dim):
            if X[i,j]>ub[j]:
                X[i,j]=ub[j]
            if X[i,j]<lb[j]:
                X[i,j]=lb[j]
    return X
```

例如，x=[1,-2,3,-4;1,-2,3,-4]，定义的上边界为[1,1,1,1]，下边界为[-1,-1,-1,-1]，于是经过边界检查和约束后，x 应该为[1,-1,1-1;1,-1,1,-1]。

```
x=np.array([(1,-2,3,-4),
            (1,-2,3,-4)])
ub=np.array([1,1,1,1])
lb=np.array([-1,-1,-1,-1])
dim=4
pop=2
X=BorderCheck(x,ub,lb,pop,dim)
print("X:",X)
```

运行结果如下：

```
X: [[ 1 -1  1 -1]
    [ 1 -1  1 -1]]
```

## 8.2.4  鲸鱼优化算法代码

根据 8.1 节鲸鱼优化算法的基本原理，编写鲸鱼优化算法的整个代码，定义鲸鱼优化算法的函数名称为 WOA，并将所有子函数均保存到 WOA.py 中。

```
import numpy as np
import random
import math
import copy

def initialization(pop,ub,lb,dim):
    ''' 种群初始化函数'''
    '''
    pop:种群数量
    dim:每个个体的维度
    ub:每个维度的变量上边界，维度为[dim,1]
    lb:每个维度的变量下边界，维度为[dim,1]
    X:输出的种群，维度为[pop,dim]
    '''
    X=np.zeros([pop,dim])      #声明空间
    for i in range(pop):
        for j in range(dim):
            X[i,j]=(ub[j]-lb[j])*np.random.random()+lb[j]
                                 #生成区间[lb,ub]内的随机数

    return X

def BorderCheck(X,ub,lb,pop,dim):
    '''边界检查函数'''
    '''
    dim:每个个体的维度大小
    X:输入数据，维度为[pop,dim]
    ub:个体的上边界，维度为[dim,1]
    lb:个体的下边界，维度为[dim,1]
```

```
        pop:种群数量
        '''
        for i in range(pop):
            for j in range(dim):
                if X[i,j]>ub[j]:
                    X[i,j]=ub[j]
                elif X[i,j]<lb[j]:
                    X[i,j]=lb[j]
        return X

def CaculateFitness(X,fun):
    '''计算种群的所有个体的适应度值'''
    pop=X.shape[0]
    fitness=np.zeros([pop,1])
    for i in range(pop):
        fitness[i]=fun(X[i,:])
    return fitness

def SortFitness(Fit):
    '''对适应度值进行排序'''
    '''
    输入为适应度值
    输出为排序后的适应度值和索引
    '''
    fitness=np.sort(Fit,axis=0)
    index=np.argsort(Fit,axis=0)
    return fitness,index

def SortPosition(X,index):
    '''根据适应度值对位置进行排序'''
    Xnew=np.zeros(X.shape)
    for i in range(X.shape[0]):
        Xnew[i,:]=X[index[i],:]
    return Xnew

def WOA(pop,dim,lb,ub,maxIter,fun):
    '''鲸鱼优化算法'''
    '''
    输入:
    pop:种群数量
    dim:每个个体的维度
    ub:个体的上边界，维度为[1,dim]
    lb:个体的下边界，维度为[1,dim]
    fun:适应度函数
    maxIter:最大迭代次数
    输出:
    GbestScore:最优解对应的适应度值
    GbestPositon:最优解
    Curve:迭代曲线
    '''
```

```python
        X=initialization(pop,ub,lb,dim)                    #初始化种群
        fitness=CaculateFitness(X,fun)                     #计算适应度值
        fitness,sortIndex=SortFitness(fitness)             #对适应度值进行排序
        X=SortPosition(X,sortIndex)                        #对种群进行排序
        GbestScore=copy.copy(fitness[0])                   #记录最优适应度值
        GbestPositon=np.zeros([1,dim])
        GbestPositon[0,:]=copy.copy(X[0,:])                #记录最优解
        Curve=np.zeros([maxIter,1])
        for t in range(maxIter):
            print('第'+str(t)+'次迭代')
            Leader=X[0,:]                                  #领头鲸鱼
            a=2-t*(2/maxIter)                              #线性下降权重 2~0
            for i in range(pop):
                r1=random.random()
                r2=random.random()

                A=2*a*r1-a
                C=2*r2
                b=1
                l=2*random.random()-1                      #区间[-1,1]内的随机数

                for j in range(dim):
                    p=random.random()
                    if p<0.5:
                        if np.abs(A)>=1:                    #寻找猎物
                            rand_leader_index=min(int(np.floor(pop*random.
random()+1)),pop-1)                                        #随机选择一个个体
                            X_rand=X[rand_leader_index,:]
                            D_X_rand=np.abs(C*X_rand[j]-X[i,j])
                            X[i,j]=X_rand[j]-A*D_X_rand
                        elif np.abs(A)<1:                  #包围猎物
                            D_Leader=np.abs(C*Leader[j]-X[i,j])
                            X[i,j]=Leader[j]-A*D_Leader
                    elif p>=0.5:                           #气泡网攻击
                        distance2Leader=np.abs(Leader[j]-X[i,j])
                        X[i,j]=distance2Leader*np.exp(b*l)*np.cos(l*2*math.
pi)+Leader[j]

            X=BorderCheck(X,ub,lb,pop,dim)                 #边界检测
            fitness=CaculateFitness(X,fun)                 #计算适应度值
            fitness,sortIndex=SortFitness(fitness)         #对适应度值进行排序
            X=SortPosition(X,sortIndex)                    #对种群进行排序
            if fitness[0]<=GbestScore:                     #更新全局最优解
                GbestScore=copy.copy(fitness[0])
                GbestPositon[0,:]=copy.copy(X[0,:])
            Curve[t]=GbestScore

    return GbestScore,GbestPositon,Curve
```

至此，基本鲸鱼优化算法的代码编写完成，所有的子函数均封装在 WOA.py 中，通过函数 WOA 对子函数进行调用。下一节将讲解如何使用上述鲸鱼优化算法来解决优化问题。

# 8.3 鲸鱼优化算法的应用案例

## 8.3.1 求解函数极值

问题描述：求解一组 $x_1, x_2$，使得下面函数的值最小。

$$f(x_1, x_2) = x_1^2 + x_2^2$$

其中，$x_1$ 与 $x_2$ 的取值范围均为 $[-10, 10]$。

首先，可以利用 Python 绘图的方式来查看我们的搜索空间是什么，其次绘制该函数搜索曲面如图 8.8 所示。

```python
import numpy as np
from matplotlib import pyplot as plt
from mpl_toolkits.mplot3d import Axes3D
fig=plt.figure(1) #定义figure
ax=Axes3D(fig) #将figure变为3D
x1=np.arange(-10,10,0.2) #定义x1，范围为[-10,10]，间隔为0.2
x2=np.arange(-10,10,0.2) #定义x2，范围为[-10,10]，间隔为0.2
X1,X2=np.meshgrid(x1,x2) #生成网格
F=X1**2+X2**2 #计算平方和的值
#绘制3D曲面
ax.plot_surface(X1,X2,F,rstride=1,cstride=1,cmap=plt.get_cmap
('rainbow'))
#rstride:行之间的跨度，cstride:列之间的跨度
#cmap参数可以控制三维曲面的颜色组合
plt.show()
```

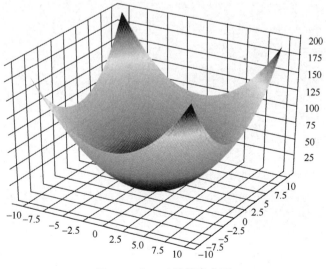

图 8.8　$f(x_1, x_2)$的搜索曲面

利用鲸鱼优化算法对该问题进行求解，设置鲸鱼种群数量 pop 为 50，最大迭代次数 maxIter 为 100，由于要求解 $x_1, x_2$，因此设置鲸鱼个体的维度 dim 为 2，鲸鱼个体的上边界 ub=[10,10]，鲸鱼个体的下边界 lb=[-10,-10]。根据问题设计适应度函数 fun 如下：

```python
'''适应度函数'''
def fun(X):
    O=X[0]**2+X[1]**2
    return O
```

求解该问题的主函数 main 如下：

```python
import numpy as np
from matplotlib import pyplot as plt
import WOA

'''适应度函数'''
def fun(X):
    O=X[0]**2+X[1]**2
    return O


'''利用鲸鱼优化算法求解 x1^2+x2^2 的最小值'''
'''主函数 '''
#设置参数
pop=50 #种群数量
maxIter=100 #最大迭代次数
dim=2 #维度
lb=-10*np.ones(dim) #下边界
ub=10*np.ones(dim)#上边界
#适应度函数的选择
fobj=fun
GbestScore,GbestPositon,Curve=WOA.WOA(pop,dim,lb,ub,maxIter,fobj)
print('最优适应度值: ',GbestScore)
print('最优解[x1,x2]: ',GbestPositon)


#绘制适应度函数曲线
plt.figure(1)
plt.plot(Curve,'r-',linewidth=2)
plt.xlabel('Iteration',fontsize='medium')
plt.ylabel("Fitness",fontsize='medium')
plt.grid()
plt.title('WOA',fontsize='large')
plt.show()
```

适应度函数曲线如图 8.9 所示。

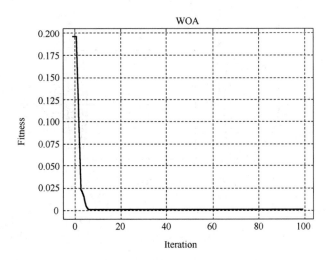

图 8.9　适应度函数曲线

运行结果如下：

最优适应度值：[8.62305716e-46]
最优解[x1,x2]：[[-9.36966849e-24 -2.78301101e-23]]

从鲸鱼优化算法寻优的结果来看，最优解[-9.36966849e-24,-2.78301101e-23]非常接近理论最优值[0,0]，表明鲸鱼优化算法具有寻优能力强的特点。

## 8.3.2　基于鲸鱼优化算法的压力容器设计

### 8.3.2.1　问题描述

设计压力容器的目标是使压力容器制作（配对、成型和焊接）成本最低，压力容器示意图如图 8.10 所示，压力容器的两端都由封盖封住，头部一端的封盖为半球状。$L$ 是不考虑头部的圆柱体部分的截面长度，$R$ 是圆柱体的内壁半径，$T_s$ 和 $T_h$ 分别表示圆柱体的壁厚和头部的壁厚，$L$、$R$、$T_s$ 和 $T_h$ 即为压力容器设计问题的 4 个优化变量。该问题的目标函数为

$$x = [x_1, x_2, x_3, x_4] = [T_s, T_h, R, L]$$

$$\min f(x) = 0.6224x_1x_3x_4 + 1.7781x_2x_3^2 + 3.1661x_1^2x_4 + 19.84x_1^2x_3$$

约束条件为

$$g_1(x) = -x_1 + 0.0193x_3 \le 0$$

$$g_2(x) = -x_2 + 0.00954x_3 \le 0$$

$$g_3(x) = -\pi x_3^2 - 4\pi x_3^3 / 3 + 129600 \le 0$$

$$g_4(x) = x_4 - 240 \le 0$$

$$0 \le x_1 \le 100, \quad 0 \le x_2 \le 100, \quad 10 \le x_3 \le 100, \quad 10 \le x_4 \le 100$$

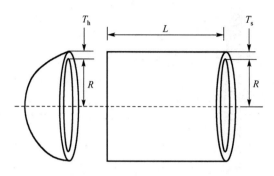

图 8.10　压力容器示意图

### 8.3.2.2　适应度函数设计

在该设计中，我们求解的问题是带约束的问题，其中一个约束条件为

$$0 \le x_1 \le 100, \quad 0 \le x_2 \le 100, \quad 10 \le x_3 \le 100, \quad 10 \le x_4 \le 100$$

可以通过鲸鱼优化算法对寻优的边界进行设置，即设置鲸鱼个体的上边界 ub=[100,100, 100,100]，鲸鱼个体的下边界 lb=[0,0,10,10]。其中，需要在适应度函数中对 $g_1(x), g_2(x), g_3(x), g_4(x)$ 进行约束，若 $x_1, x_2, x_3, x_4$ 不满足约束条件，则将该适应度值设置为一个很大的惩罚数，即 $10^{32}$。定义适应度函数 fun 如下：

```python
'''适应度函数'''
def fun(X):
        x1=X[0] #Ts
        x2=X[1] #Th
        x3=X[2] #R
        x4=X[3] #L

        #约束条件判断
        g1=-x1+0.0193*x3
        g2=-x2+0.00954*x3
        g3=-np.math.pi*x3**2-4*np.math.pi*x3**3/3+1296000
        g4=x4-240
        if g1<=0 and g2<=0 and g3<=0 and g4<=0:
            #若满足约束条件，则计算适应度值
            fitness=0.6224*x1*x3*x4+1.7781*x2*x3**2+3.1661*x1**2*x4+
19.84*x1**2*x3
        else:
            #若不满足约束条件，则将适应度值设置为一个很大的惩罚数
            fitness=10E32

        return fitness
```

### 8.3.2.3　主函数设计

通过上述分析，可以设置鲸鱼优化算法参数如下：

鲸鱼种群数量 pop 为 50，最大迭代次数 maxIter 为 500，鲸鱼个体的维度 dim 为 4（即 $x_1, x_2, x_3, x_4$），鲸鱼个体的上边界 ub=[100,100,100,100]，鲸鱼个体的下边界 lb=[0,0,10,10]。利用鲸鱼优化算法求解压力容器的主函数 main 如下：

```python
'''基于鲸鱼优化算法的压力容器设计'''
import numpy as np
from matplotlib import pyplot as plt
import WOA


'''适应度函数'''
def fun(X):
        x1=X[0]  #Ts
        x2=X[1]  #Th
        x3=X[2]  #R
        x4=X[3]  #L
        #约束条件判断
        g1=-x1+0.0193*x3
        g2=-x2+0.00954*x3
        g3=-np.math.pi*x3**2-4*np.math.pi*x3**3/3+1296000
        g4=x4-240
        if g1<=0 and g2<=0 and g3<=0 and g4<=0:
            #若满足约束条件，则计算适应度值
            fitness=0.6224*x1*x3*x4+1.7781*x2*x3**2+3.1661*x1**2*x4+
19.84*x1**2*x3
        else:
            #若不满足约束条件，则将适应度值设置为一个很大的惩罚数
            fitness=10E32

        return fitness


'''主函数 '''
#设置参数
pop=50  #种群数量
maxIter=500  #最大迭代次数
dim=4  #维度
lb=np.array([0,0,10,10])  #下边界
ub=np.array([100,100,100,100])#上边界
#适应度函数选择
fobj=fun
GbestScore,GbestPositon,Curve=WOA.WOA(pop,dim,lb,ub,maxIter,fobj)
print('最优适应度值：',GbestScore)
print('最优解[Ts,Th,R,L]: ',GbestPositon)


#绘制适应度函数曲线
plt.figure(1)
plt.plot(Curve,'r-',linewidth=2)
plt.xlabel('Iteration',fontsize='medium')
plt.ylabel("Fitness",fontsize='medium')
plt.grid()
plt.title('WOA',fontsize='large')
plt.show()
```

适应度函数曲线如图 8.11 所示。

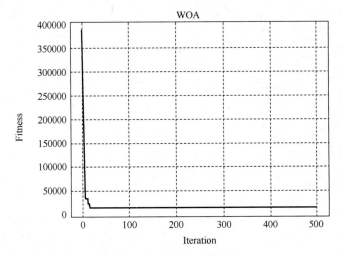

图 8.11 适应度函数曲线

运行结果如下：

```
最优适应度值: [14574.84539835]
最优解[Ts,Th,R,L]: [[ 1.42575799  1.22607409  70.37555345  13.6344471 ]]
```

从收敛曲线来看，压力容器适应度函数值不断减小，表明鲸鱼优化算法不断地对参数进行优化。最终输出了一组满足约束条件的压力容器参数，对压力容器的设计具有指导意义。

### 8.3.3 基于鲸鱼优化算法的三杆桁架设计

#### 8.3.3.1 问题描述

在三杆桁架设计问题中，变量 $x_1$，$x_2$ 和 $x_3$ 分别为三个杆的横截面积，又由对称性可知 $x_1 = x_3$。这样，三杆桁架设计的目的可以描述为：通过调整横截面积 $(x_1, x_2)$ 使三杆桁架的体积最小。该三杆桁架在每个桁架构件上均受到应力 $\sigma$ 的约束，如图 8.12 所示。该优化设计具有一个非线性适应度函数、三个非线性不等式约束和两个连续决策变量，即

$$\min f(x) = (2\sqrt{2}x_1 + x_2)l$$

约束条件为

$$g_1(x) = \frac{\sqrt{2}x_1 + x_2}{\sqrt{2}x_1^2 + 2x_1x_2}P - \sigma \leq 0$$

$$g_2(x) = \frac{x_2}{(\sqrt{2}x_1^2 + 2x_1x_2)}P - \sigma \leq 0$$

$$g_3(x) = \frac{1}{(\sqrt{2}x_2 + x_1)}P - \sigma \leq 0$$

$$0.001 \leq x_1 \leq 1, \quad 0.001 \leq x_2 \leq 1$$

$$l = 100\text{cm}, \quad P = 2\text{kN} / \text{cm}^2, \quad \sigma = 2\text{kN} / \text{cm}^2$$

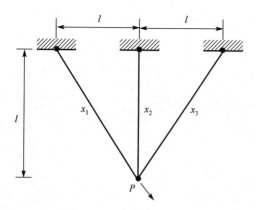

图 8.12 三杆桁架示意图

### 8.3.3.2 适应度函数设计

在该设计中，我们求解的问题是带约束的问题，其中一个约束条件为

$$0.001 \le x_1 \le 1, \quad 0.001 \le x_2 \le 1$$

可以通过鲸鱼优化算法对寻优的边界进行设置，即设置鲸鱼个体的上边界为 ub=[1,1]，鲸鱼个体的下边界为 lb=[0.001,0.001]。其中，需要在适应度函数中对 $g_1(x),g_2(x),g_3(x)$ 进行约束，若 $x_1,x_2$ 不满足约束条件，则将该适应度值设置为一个很大的惩罚数，即 $10^{32}$。定义适应度函数 fun 如下：

```python
'''适应度函数'''
def fun(X):
    x1=X[0]
    x2=X[1]
    l=100
    P=2
    sigma=2
    #约束条件判断
    g1=(np.sqrt(2)*x1+x2)*P/(np.sqrt(2)*x1**2+2*x1*x2)-sigma
    g2=x2*P/(np.sqrt(2)*x1**2+2*x1*x2)-sigma
    g3=P/(np.sqrt(2)*x2+x1)-sigma
    if g1<=0 and g2<=0 and g3<=0:
        #若满足约束条件，则计算适应度值
        fitness=(2*np.sqrt(2)*x1+x2)*l
    else:
        #若不满足约束条件，则将适应度值设置为一个很大的惩罚数
        fitness=10E32
    return fitness
```

### 8.3.3.3 主函数设计

通过上述分析，可以设置鲸鱼优化算法参数如下：

鲸鱼种群数量 pop 为 30，最大迭代次数 maxIter 为 100，鲸鱼个体的维度 dim 为 2（即 $x_1,x_2$），鲸鱼个体的上边界 ub=[1,1]，鲸鱼个体的下边界 lb=[0.001,0.001]。利用鲸鱼优化算法求解三杆桁架设计问题的主函数 main 如下：

```python
'''基于鲸鱼优化算法的三杆桁架设计'''
import numpy as np
from matplotlib import pyplot as plt
import WOA

'''适应度函数'''
def fun(X):
        x1=X[0]
        x2=X[1]
        l=100
        P=2
        sigma=2
        #约束条件判断
        g1=(np.sqrt(2)*x1+x2)*P/(np.sqrt(2)*x1**2+2*x1*x2)-sigma
        g2=x2*P/(np.sqrt(2)*x1**2+2*x1*x2)-sigma
        g3=P/(np.sqrt(2)*x2+x1)-sigma
        if g1<=0 and g2<=0 and g3<=0:
            #若满足约束条件，则计算适应度值
            fitness=(2*np.sqrt(2)*x1+x2)*l
        else:
            #若不满足约束条件，则将适应度值设置为一个很大的惩罚数
            fitness=10E32

        return fitness

'''主函数 '''
#设置参数
pop=30                           #种群数量
maxIter=100                      #最大迭代次数
dim=2                            #维度
lb=np.array([0.001,0.001])       #下边界
ub=np.array([1,1])              #上边界
#适应度函数的选择
fobj=fun
GbestScore,GbestPositon,Curve=WOA.WOA(pop,dim,lb,ub,maxIter,fobj)
print('最优适应度值: ',GbestScore)
print('最优解[x1,x2]: ',GbestPositon)

#绘制适应度函数曲线
plt.figure(1)
plt.plot(Curve,'r-',linewidth=2)
plt.xlabel('Iteration',fontsize='medium')
plt.ylabel("Fitness",fontsize='medium')
plt.grid()
plt.title('WOA',fontsize='large')
plt.show()
```

适应度函数曲线如图 8.13 所示。

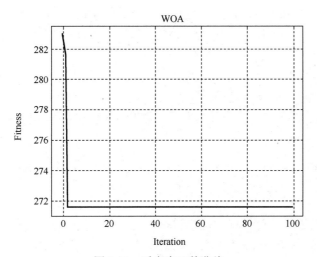

图 8.13　适应度函数曲线

运行结果如下：

```
最优适应度值：[271.58503903]
最优解[x1,x2]：[[0.83491173 0.35436342]]
```

从收敛曲线来看，适应度函数值不断减小，表明鲸鱼优化算法不断地对参数进行优化。最终输出了一组满足约束条件的参数，对三杆桁架的设计具有指导意义。

## 8.3.4　基于鲸鱼优化算法的拉压弹簧设计

### 8.3.4.1　问题描述

如图 8.14 所示，设计拉压弹簧的目的是在满足最小挠度、振动频率和剪应力这三者的约束下，使拉压弹簧的重量最小。该问题由 3 个连续的决策变量组成，即弹簧线圈直径（$d$ 或 $x_1$）、弹簧簧圈直径（$D$ 或 $x_2$）和绕线圈数（$P$ 或 $x_3$）。数学模型表示为

$$\min f(x) = (x_3 + 2)x_2 x_1^2$$

约束条件为

$$g_1(x) = 1 - \frac{x_2^3 x_3}{71785 x_1^4} \leq 0$$

$$g_2(x) = \frac{4x_2^2 - x_1 x_2}{12566(x_2 x_1^3 - x_1^4)} + \frac{1}{5108 x_1^2} - 1 \leq 0$$

$$g_3(x) = 1 - \frac{140.45 x_1}{x_2^2 x_3} \leq 0$$

$$g_4(x) = \frac{x_1 + x_2}{1.5} - 1 \leq 0$$

$$0.05 \leq x_1 \leq 2, \ 0.25 \leq x_2 < 1.3, \ 2 \leq x_3 \leq 15$$

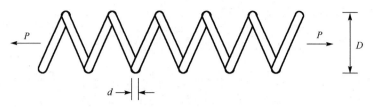

图 8.14 拉压弹簧示意图

### 8.3.4.2 适应度函数设计

在该设计中，我们求解的问题是带约束的问题，其中一个约束条件为

$$0.05 \leq x_1 \leq 2, \ 0.25 \leq x_2 < 1.3, \ 2 \leq x_3 \leq 15$$

可以通过鲸鱼优化算法对寻优的边界进行设置，即设置鲸鱼个体的上边界 ub=[2,1.3,15]，鲸鱼个体的下边界 lb=[0.05,0.25,2]。其中，需要在适应度函数中对 $g_1(x), g_2(x), g_3(x), g_4(x)$ 进行约束，若 $x_1, x_2, x_3$ 不满足约束条件，则将该适应度值设置为一个很大的惩罚数，即 $10^{32}$。定义适应度函数 fun 如下：

```python
'''适应度函数'''
def fun(X):
    x1=X[0]
    x2=X[1]
    x3=X[2]
    #约束条件判断
    g1=1-(x2**3*x3)/(71785*x1**4)
    g2=(4*x2**2-x1*x2)/(12566*(x2*x1**3-x1**4))+1/(5108*x1**2)-1
    g3=1-(140.45*x1)/(x2**2*x3)
    g4=(x1+x2)/1.5-1
    if g1<=0 and g2<=0 and g3<=0 and g4<=0:
        #若满足约束条件，则计算适应度值
        fitness=(x3+2)*x2*x1**2
    else:
        #若不满足约束条件，则将适应度值设置为一个很大的惩罚数
        fitness=10E32
    return fitness
```

### 8.3.4.3 主函数设计

通过上述分析，可以设置鲸鱼优化算法参数如下：

鲸鱼种群数量 pop 为 30，最大迭代次数 maxIter 为 100，鲸鱼个体的维度 dim 为 3（即 $x_1, x_2, x_3$），鲸鱼个体的上边界 ub=[2,1.3,15]，鲸鱼个体的下边界 lb=[0.05,0.25,2]。利用鲸鱼优化算法求解拉压弹簧设计问题的主函数 main 如下：

```python
'''基于鲸鱼优化算法的拉压弹簧设计'''
import numpy as np
from matplotlib import pyplot as plt
import WOA
```

```python
'''适应度函数'''
def fun(X):
    x1=X[0]
    x2=X[1]
    x3=X[2]
    #约束条件判断
    g1=1-(x2**3*x3)/(71785*x1**4)
    g2=(4*x2**2-x1*x2)/(12566*(x2*x1**3-x1**4))+1/(5108*x1**2)-1
    g3=1-(140.45*x1)/(x2**2*x3)
    g4=(x1+x2)/1.5-1
    if g1<=0 and g2<=0 and g3<=0 and g4<=0:
        #若满足约束条件，则计算适应度值
        fitness=(x3+2)*x2*x1**2
    else:
        #若不满足约束条件，则将适应度值设置为一个很大的惩罚数
        fitness=10E32


    return fitness

'''主函数 '''
#设置参数
pop=30                          #种群数量
maxIter=100                     #最大迭代次数
dim=3                           #维度
lb=np.array([0.05,0.25,2])     #下边界
ub=np.array([2,1.3,15])        #上边界
#适应度函数的选择
fobj=fun
GbestScore,GbestPositon,Curve=WOA.WOA(pop,dim,lb,ub,maxIter,fobj)
print('最优适应度值：',GbestScore)
print('最优解[x1,x2,x3]：',GbestPositon)

#绘制适应度函数曲线
plt.figure(1)
plt.plot(Curve,'r-',linewidth=2)
plt.xlabel('Iteration',fontsize='medium')
plt.ylabel("Fitness",fontsize='medium')
plt.grid()
plt.title('WOA',fontsize='large')
plt.show()
```

适应度函数曲线如图 8.15 所示。

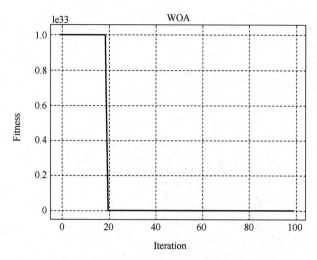

图 8.15　适应度函数曲线

运行结果如下：

最优适应度值：[0.01631819]
最优解[x1,x2,x3]：[[0.06243968 0.62876587 4.65674113]]

从收敛曲线来看，适应度函数值不断减小，表明鲸鱼优化算法不断地对参数进行优化。最终输出了一组满足约束条件的参数，对拉压弹簧的设计具有指导意义。

# 参 考 文 献

[1] SEYEDALI M, ANDREW L. The Whale Optimization Algorithm[J]. Advances in Engineering Software,2016,95:51-67.

[2] 李鑫. 改进的鲸鱼优化算法研究[D]. 阜新：辽宁工程技术大学，2021.

[3] 刘婷. 鲸鱼优化算法的改进及其应用研究[D]. 西安：西安理工大学，2020.

[4] 宋菲. 鲸鱼优化算法的改进及其应用[D]. 成都：成都信息工程大学，2019.

[5] 徐航，张达敏，王依柔，等. 混合策略改进鲸鱼优化算法[J]. 计算机工程与设计，2020,41 (12):3397-3404.

[6] 徐航，张达敏，王依柔，等. 基于高斯映射和小孔成像学习策略的鲸鱼优化算法[J]. 计算机应用研究，2020,37(11):3271-3275.

[7] 徐航，张达敏，王依柔，等. 基于自适应决策算子的鲸鱼优化算法[J]. 智能计算机与应用，2020,10(09):6-11.

[8] 王坚浩，张亮，史超，等. 基于混沌搜索策略的鲸鱼优化算法[J]. 控制与决策，2019,34(09):1893-1900.

# 第 9 章 黄金正弦算法及其 Python 实现

## 9.1 黄金正弦算法的基本原理

黄金正弦算法（Golden Sine Algorithm，GSA）是由 Erkan Tanyildizi 等人于 2017 年提出的一种全新的智能优化算法。该算法的灵感来源是数学中的正弦函数，利用正弦函数结合黄金分割比例进行迭代寻优。黄金正弦算法具有鲁棒性强、全局收敛快和寻优精度高等特点。

### 9.1.1 正弦函数

正弦函数用 sin 表示，其函数值的范围是[-1,1]。正弦函数是一个周期函数，以规定的间隔重复定义范围内的数值，函数周期是 $2\pi$。正弦函数和单位圆有着特殊的关系。正弦函数上的坐标是相对于以原点为中心，半径为 1 的单位圆上的点的 $y$ 轴坐标，遍历正弦函数的点即相当于寻遍单位圆上的所有点。正弦函数对单位圆的扫描类似于算法对搜索空间的勘探。正弦函数与单位圆的关系如图 9.1 所示。

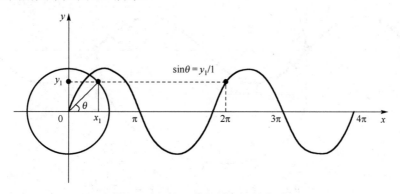

图 9.1 正弦函数与单位圆的关系

### 9.1.2 黄金分割

古希腊数学家欧多克索斯于公元前 4 世纪首先研究了黄金分割比例，并将其发展为比例理论的雏形。欧几里得于公元前 300 年编写《几何原本》时参考了欧多克索斯的比例理论，更为详细地论证了黄金分割比例，这本书是有资料记载的最早的黄金分割论著之一。由于按黄金分割比例设计的造型更具美感，可以在整体和各个部分之间观察到最和谐的维度，因此黄金分割比例得以被广泛地应用于艺术领域。假设线段分为 $p$ 和 $q$ 两部分，黄金分割比例为

$$\tau = \frac{p}{q} = \frac{p+q}{p} \tag{9.1}$$

可以将式（9.1）拆分为（9.2）和式（9.3）

$$\tau = 1 + \frac{q}{p} \tag{9.2}$$

$$\tau = 1 + \frac{1}{\tau} \tag{9.3}$$

求解式（9.3）可得到黄金分割比例为

$$\tau = \frac{\sqrt{5}-1}{2} \approx 0.618 \tag{9.3}$$

　　黄金分割比例不需要梯度信息，且每步只需要一次迭代缩进。同时，黄金分割比例每次的缩进步长是固定的。因此，将正弦函数与黄金分割比例结合可以更快地找到单个单峰函数的最大值或者最小值。黄金正弦算法在正弦路线更新位置的过程中加入黄金分割比例，使算法能不断缩小搜索空间。搜索个体只在产生良好结果的搜索空间内进行搜索，而不是在整个搜索空间内进行搜索，这样在很大程度上提高了算法的收敛性和寻优精度。图 9.2 是正弦函数与黄金分割比例结合的模型。

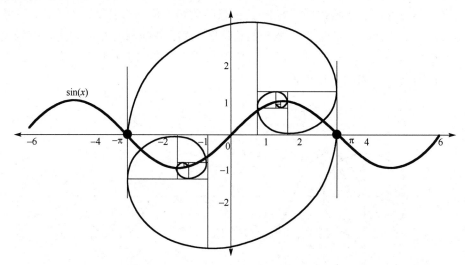

图 9.2　正弦函数与黄金分割比例结合的模型

### 9.1.3　初始化

　　黄金正弦算法在搜索空间内随机生成初始种群，即

$$V_i = \text{rand} \times (\text{ub} - \text{lb}) + \text{lb} \tag{9.4}$$

其中，$V_i$ 为第 $i$ 个个体的初始值；ub 和 lb 分别为搜索空间的上、下限值。

### 9.1.4　黄金分割系数计算

　　黄金正弦算法在位置更新过程中引入黄金分割系数 $x_1$ 和 $x_2$，使"全局勘探"和"局部开发"达到良好的平衡，这些系数缩小了搜索空间，使个体趋近最优值。$x_1$ 和 $x_2$ 分别为

$$x_1 = a \times (1-t) + b \times t \tag{9.5}$$

$$x_2 = a \times t + b \times (1-t) \tag{9.6}$$

其中，$a$ 与 $b$ 分别为黄金分割比率的搜索初始值，一般 $a = -\pi$，$b = \pi$，$t$ 为黄金分割比率。

## 9.1.5 位置更新

随着迭代次数的增加，黄金正弦算法通过式（9.7）进行位置更新。

$$V_i^{t+1} = V_i^t \left| \sin(r_1) \right| - r_2 \sin(r_1) \left| x_1 D_i^t - x_2 V_i^t \right| \tag{9.7}$$

其中，$V_i^{t+1}$ 为第 $i$ 个个体第 $t+1$ 次迭代位置；$V_i^t$ 为第 $i$ 个个体第 $t$ 次迭代位置；$D_i^t$ 为第 $i$ 个个体第 $t$ 次迭代最优位置；$r_1$ 为区间 $[0, 2\pi]$ 内的随机数；$r_2$ 为区间 $[0, \pi]$ 内的随机数；$x_1$ 和 $x_2$ 为黄金分割系数。

## 9.1.6 黄金分割系数更新

在位置更新后，黄金分割系数会根据更新后的位置的好坏，以及 $x_1$ 和 $x_2$ 之间的差异，采用不同的更新方式。若更新后的解优于当前最优解，则采用式（9.8）~式（9.10）对黄金分割系数进行更新。

$$b = x_2 \tag{9.8}$$

$$x_2 = x_1 \tag{9.9}$$

$$x_1 = a + (1-t) \times (b-a) \tag{9.10}$$

反之，则采用式（9.11）~式（9.13）对黄金分割系数进行更新。

$$a = x_1 \tag{9.11}$$

$$x_1 = x_2 \tag{9.12}$$

$$x_2 = a + t \times (b-a) \tag{9.13}$$

上述更新完成后，判断 $x_1$ 和 $x_2$ 是否相等，若 $x_1$ 和 $x_2$ 相等，则需要随机重置 $x_1$ 和 $x_2$，具体表达式为

$$a = -\pi \times \text{rand} \tag{9.14}$$

$$b = \pi \times \text{rand} \tag{9.15}$$

$$x_1 = a + (1-t) \times (b-a) \tag{9.16}$$

$$x_2 = a + t \times (b-a) \tag{9.17}$$

## 9.1.7 黄金正弦算法流程

黄金正弦算法的流程图如图 9.3 所示。

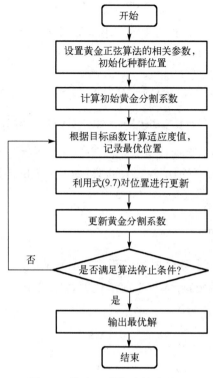

图 9.3 黄金正弦算法的流程图

黄金正弦算法的步骤如下：

步骤 1：设置黄金正弦算法的相关参数，初始化种群位置。

步骤 2：计算初始黄金分割系数。

步骤 3：根据目标函数计算适应度值，记录最优位置。

步骤 4：利用式（9.7）对位置进行更新。

步骤 5：更新黄金分割系数。

步骤 6：判断是否满足算法停止条件，若满足，则输出最优解；若不满足，则重复步骤 3～6。

# 9.2 黄金正弦算法的 Python 实现

## 9.2.1 种群初始化

### 9.2.1.1 Python 相关函数

对于随机数的生成，采用 Python 的 numpy 的随机数生成函数 random()，random() 会生成区间[0,1]内的随机数。

```
import numpy as np
RandValue=np.random.random()
print("生成随机数:",RandValue)
```

运行结果如下：

生成随机数：0.6706965612335988

若要一次性生成多个随机数，则可以使用 random([row,col])，其中 row 和 col 分别表示行和列，如 random([3,4])表示生成 3 行 4 列的区间[0,1]内的随机数。

```
import numpy as np
RandValue=np.random.random([3,4])
print("生成随机数:",RandValue)
```

运行结果如下：

生成随机数：[[0.49948056 0.99931964 0.26194131 0.53330869]
 [0.8779833  0.58504491 0.89523532 0.0122117 ]
 [0.34581846 0.94183727 0.25173827 0.09452273]]

若要生成指定范围的随机数，则可以利用如下表达式表示：

$$r = \text{lb} + (\text{ub} - \text{lb}) \times \text{random}()$$

其中，ub 表示范围的上边界，lb 表示范围的下边界。如在区间[0,4]内生成 5 个随机数：

```
import numpy as np
RandValue=np.random.random([1,5])*(4-0)+0
print("生成随机数:",RandValue)
```

运行结果如下：

生成随机数：[[0.62003352 0.71927614 2.88029675 2.7225476  1.54699288]]

#### 9.2.1.2 黄金正弦算法种群初始化函数编写

定义初始化函数名称为 initialization，并利用 9.2.1.1 节中的随机数生成方式，生成初始种群。

```
def initialization(pop,ub,lb,dim):
    ''' 种群初始化函数'''
    '''
    pop:种群数量
    dim:每个个体的维度
    ub:每个维度的变量上边界,维度为[dim]
    lb:每个维度的变量下边界,维度为[dim]
    X:输出的种群,维度为[pop,dim]
    '''
    X=np.zeros([pop,dim]) #声明空间
    for i in range(pop):
        for j in range(dim):
            X[i,j]=(ub[j]-lb[j])*np.random.random()+lb[j]
                                #生成区间[lb,ub]内的随机数
    return X
```

举例：设定种群数量为 10，每个个体维度均为 5，每个维度的边界均为[-5,5]，利用初始化函数生成初始种群。

```
pop=10
dim=5
ub=np.array([5,5,5,5,5])
lb=np.array([-5,-5,-5,-5,-5])
X=initialization(pop,ub,lb,dim)
print("X:",X)
```

运行结果如下：

```
X: [[-0.4915815  -2.34406551 -1.56073567 -3.46721189 -4.30082501]
 [-4.18703662  2.78163513  3.74530427 -1.29273887  4.09972082]
 [ 1.75164321  0.02477537 -3.84041488 -1.34225428 -2.84113499]
 [-3.43783612 -0.173427   -3.16947613 -0.37629277  0.39138373]
 [ 3.38367471 -0.26986522  0.22854243  0.38944921  3.42659968]
 [-0.40001564  4.85727224  3.85740918  1.5099954   3.011702  ]
 [ 0.23657864  4.17504532  0.81225086  2.26101304 -1.03205635]
 [-4.39344271  3.58550577 -4.07026764 -1.51683523 -0.58132366]
 [-1.04744907 -2.33641838  3.15354606  2.94660873 -2.8091005 ]
 [-2.1533344  -4.98878164 -3.93019245  4.59515649 -1.03983607]]
```

## 9.2.2 适应度函数

适应度函数是优化问题的目标函数，根据不同应用设计相应的适应度函数。我们可以将自己设计的适应度函数单独写成一个函数，方便优化算法调用。一般将适应度函数命名为 fun()，这里我们定义一个适应度函数如下：

```
def fun(x):
    '''适应度函数'''
    '''
    x 为输入的一个个体，维度为[1,dim]
    fitness 为输出的适应度值
    '''
    fitness=np.sum(x**2)
    return fitness
```

这里的适应度值就是 x 所有值的平方和，如 x=[1,2]，那么经过适应度函数计算后得到的值为 5。

```
x=np.array([1,2])
fitness=fun(x)
print("fitness:",fitness)
```

## 9.2.3 边界检查和约束函数

边界检查的作用是防止变量超过规定的范围，一般当变量大于上边界时，直接将其置为上边界；当变量小于下边界时，直接将其置为下边界；其他情况变量值不变。逻辑如下：

$$val = \begin{cases} ub & , val > ub \\ lb & , val < lb \\ val & ,其他 \end{cases}$$

定义边界检查函数为 BorderCheck。

```
def BorderCheck(X,ub,lb,pop,dim):
    '''边界检查函数'''
    '''
    dim:每个个体数据的维度大小
    X:输入数据,维度为[pop,dim]
    ub:个体数据上边界,维度为[dim]
    lb:个体数据下边界,维度为[dim]
    pop:种群数量
    '''
    for i in range(pop):
        for j in range(dim):
            if X[i,j]>ub[j]:
                X[i,j]=ub[j]
            if X[i,j]<lb[j]:
                X[i,j]=lb[j]
    return X
```

例如,x=[1,-2,3,-4;1,-2,3,-4],定义的上边界为[1,1,1,1],下边界为[-1,-1,-1,-1],于是经过边界检查和约束后,x 应该为[1,-1,1-1;1,-1,1,-1]。

```
x=np.array([(1,-2,3,-4),
            (1,-2,3,-4)])
ub=np.array([1,1,1,1])
lb=np.array([-1,-1,-1,-1])
dim=4
pop=2
X=BorderCheck(x,ub,lb,pop,dim)
print("X:",X)
```

运行结果如下:

```
X: [[ 1 -1  1 -1]
 [ 1 -1  1 -1]]
```

## 9.2.4  黄金正弦算法代码

根据 9.1 节黄金正弦算法的基本原理编写黄金正弦算法的整个代码,定义黄金正弦算法的函数名称为 GSA,并将所有子函数均保存到 GSA.py 中。

```
import numpy as np
import math
import copy


def initialization(pop,ub,lb,dim):
    ''' 种群初始化函数'''
```

```
    '''
    pop:种群数量
    dim:每个个体的维度
    ub:每个维度的变量上边界，维度为[dim,1]
    lb:每个维度的变量下边界，维度为[dim,1]
    X:输出的种群，维度为[pop,dim]
    '''
    X=np.zeros([pop,dim])      #声明空间
    for i in range(pop):
        for j in range(dim):
            X[i,j]=(ub[j]-lb[j])*np.random.random()+lb[j]
                            #生成区间[lb,ub]内的随机数

    return X

def BorderCheck(X,ub,lb,pop,dim):
    '''边界检查函数'''
    '''
    dim:每个个体数据的维度大小
    X:输入数据，维度为[pop,dim]
    ub:个体数据上边界，维度为[dim,1]
    lb:个体数据下边界，维度为[dim,1]
    pop:种群数量
    '''
    for i in range(pop):
        for j in range(dim):
            if X[i,j]>ub[j]:
                X[i,j]=ub[j]
            elif X[i,j]<lb[j]:
                X[i,j]=lb[j]
    return X


def CaculateFitness(X,fun):
    '''计算种群的所有个体的适应度值'''
    pop=X.shape[0]
    fitness=np.zeros([pop,1])
    for i in range(pop):
        fitness[i]=fun(X[i,:])
    return fitness


def SortFitness(Fit):
    '''对适应度值进行排序'''
    '''
    输入为适应度值
    输出为排序后的适应度值和索引
```

```
    '''
    fitness=np.sort(Fit,axis=0)
    index=np.argsort(Fit,axis=0)
    return fitness,index

def SortPosition(X,index):
    '''根据适应度值对位置进行排序'''
    Xnew=np.zeros(X.shape)
    for i in range(X.shape[0]):
        Xnew[i,:]=X[index[i],:]
    return Xnew

def GSA(pop,dim,lb,ub,maxIter,fun):
    '''黄金正弦算法'''
    '''
    输入:
    pop:种群数量
    dim:每个个体的维度
    ub:个体上边界信息，维度为[1,dim]
    lb:个体下边界信息，维度为[1,dim]
    fun:适应度函数
    maxIter:最大迭代次数
    输出:
    GbestScore:最优解对应的适应度值
    GbestPositon:最优解
    Curve:迭代曲线
    '''
    a=-math.pi
    b=math.pi
    gold=(np.sqrt(5)-1)/2          #黄金分割率
    x1=a+(1-gold)*(b-a)            #黄金分割系数 x1
    x2=a+gold*(b-a)               #黄金分割系数 x2
    X=initialization(pop,ub,lb,dim)            #初始化种群
    fitness=CaculateFitness(X,fun)             #计算适应度值
    fitness,sortIndex=SortFitness(fitness)     #对适应度值进行排序
    X=SortPosition(X,sortIndex)                #对种群进行排序
    GbestScore=copy.copy(fitness[0])
    GbestPositon=np.zeros([1,dim])
    GbestPositon[0,:]=copy.copy(X[0,:])        #记录最优位置
    Curve=np.zeros([maxIter,1])
    for t in range(maxIter):
        print('第'+str(t)+'次迭代')
        #根据位置更新公式更新位置
        for i in range(pop):
            r=np.random.random()
            r1=2*math.pi*r
            r2=r*math.pi
```

```
        for j in range(dim):
            X[i,j]=X[i,j]*np.abs(np.sin(r1))     -r2*np.sin(r1)*np.abs
(x1*GbestPositon[0,j]-x2*X[i,j])

        X=BorderCheck(X,ub,lb,pop,dim)          #边界检测
        fitness=CaculateFitness(X,fun)          #计算适应度值
        #更新黄金分割系数
        for i in range(pop):
            if fitness[i]<GbestScore:           #当前解优于最优解
                GbestScore=fitness[i]
                GbestPositon[0,:]=copy.copy(X[i,:])
                b=x2
                x2=x1
                x1=a +(1-gold)*(b-a)
            else:
                a=x1
                x1=x2
                x2=a+gold*(b-a)

            if x1==x2:#若黄金分割系数相同，则随机重置黄金分割系数
                a=-math.pi*np.random.random()
                b=math.pi*np.random.random()
                x1=a+(1-gold)*(b-a)
                x2=a+gold*(b-a)

        fitness,sortIndex=SortFitness(fitness)  #对适应度值进行排序
        X=SortPosition(X,sortIndex)  #对种群进行排序
        if(fitness[0]<=GbestScore):  #更新全局最优
            GbestScore=copy.copy(fitness[0])
            GbestPositon[0,:]=copy.copy(X[0,:])
        Curve[t]=GbestScore

    return GbestScore,GbestPositon,Curve
```

至此，基本黄金正弦算法的代码编写完成，所有的子函数均封装在 GSA.py 中，通过函数 GSA 对子函数进行调用。下一节将讲解如何使用上述黄金正弦算法来解决优化问题。

# 9.3  黄金正弦算法的应用案例

## 9.3.1  求解函数极值

问题描述：求解一组 $x_1, x_2$，使得下面函数的值最小。

$$f(x_1, x_2) = x_1^2 + x_2^2$$

其中，$x_1$ 与 $x_2$ 的取值范围均为[-10,10]。

首先，可以利用 Python 绘图的方式来查看我们的搜索空间是什么，其次绘制该函数搜索曲面如图 9.4 所示。

```
import numpy as np
from matplotlib import pyplot as plt
from mpl_toolkits.mplot3d import Axes3D
fig=plt.figure(1)            #定义 figure
ax=Axes3D(fig)               #将 figure 变为 3D
x1=np.arange(-10,10,0.2)     #定义 x1, 范围为[-10,10], 间隔为 0.2
x2=np.arange(-10,10,0.2)     #定义 x2, 范围为[-10,10], 间隔为 0.2
X1,X2=np.meshgrid(x1,x2)     #生成网格
F=X1**2+X2**2  #计算平方和的值
#绘制 3D 曲面
ax.plot_surface(X1,X2,F,rstride=1,cstride=1,cmap=plt.get_cmap
('rainbow'))
#rstride:行之间的跨度, cstride:列之间的跨度
#cmap 参数可以控制三维曲面的颜色组合
plt.show()
```

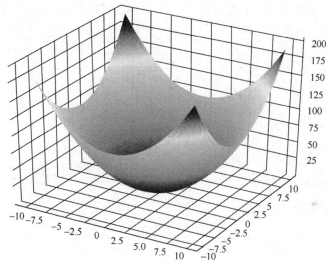

图 9.4　$f(x_1, x_2)$的搜索曲面

利用黄金正弦算法对该问题进行求解，设置种群数量 pop 为 50，最大迭代次数 maxIter 为 100，由于要求解 $x_1$ 和 $x_2$，因此设置个体的维度 dim 为 2，个体上边界 ub=[10,10]，个体下边界 lb=[-10,-10]。根据问题设计适应度函数 fun 如下：

```
'''适应度函数'''
def fun(X):
        O=X[0]**2+X[1]**2
        return O
```

求解该问题的主函数 main 如下：

```
import numpy as np
from matplotlib import pyplot as plt
import GSA

'''适应度函数'''
```

```
def fun(X):
    O=X[0]**2+X[1]**2
    return O


'''利用黄金正弦算法求解 x1^2+x2^2 的最小值'''
'''主函数 '''
#设置参数
pop=50                    #种群数量
maxIter=100               #最大迭代次数
dim=2                     #维度
lb=-10*np.ones(dim)       #下边界
ub=10*np.ones(dim)        #上边界
#适应度函数的选择
fobj=fun
GbestScore,GbestPositon,Curve=GSA.GSA(pop,dim,lb,ub,maxIter,fobj)
print('最优适应度值: ',GbestScore)
print('最优解[x1,x2]: ',GbestPositon)


#绘制适应度函数曲线
plt.figure(1)
plt.plot(Curve,'r-',linewidth=2)
plt.xlabel('Iteration',fontsize='medium')
plt.ylabel("Fitness",fontsize='medium')
plt.grid()
plt.title('GSA',fontsize='large')
plt.show()
```

适应度函数曲线如图 9.5 所示。

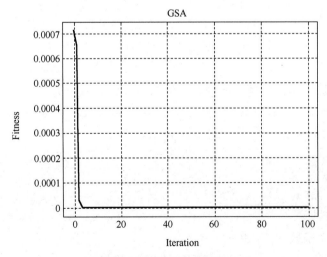

图 9.5　适应度函数曲线

运行结果如下：

```
最优适应度值: [3.13435999e-71]
最优解[x1,x2]: [[3.34770746e-36 4.48736611e-36]]
```

从黄金正弦算法寻优的结果来看，最优解[3.34770746e-36,4.48736611e-36]非常接近理论最优值[0,0]，表明黄金正弦算法具有寻优能力强的特点。

### 9.3.2 基于黄金正弦算法的压力容器设计

#### 9.3.2.1 问题描述

设计压力容器的目标是使压力容器制作（配对、成型和焊接）成本最低，压力容器示意图如图 9.6 所示，压力容器的两端都由封盖封住，头部一端的封盖为半球状。$L$ 是不考虑头部的圆柱体部分的截面长度，$R$ 是圆柱体的内壁半径，$T_s$ 和 $T_h$ 分别表示圆柱体的壁厚和头部的壁厚，$L$、$R$、$T_s$ 和 $T_h$ 即为压力容器设计问题的 4 个优化变量。该问题的目标函数为

$$x = [x_1, x_2, x_3, x_4] = [T_s, T_h, R, L]$$

$$\min f(x) = 0.6224x_1 x_3 x_4 + 1.7781x_2 x_3^2 + 3.1661x_1^2 x_4 + 19.84x_1^2 x_3$$

约束条件为

$$g_1(x) = -x_1 + 0.0193x_3 \le 0$$

$$g_2(x) = -x_2 + 0.00954x_3 \le 0$$

$$g_3(x) = -\pi x_3^2 - 4\pi x_3^3 / 3 + 129600 \le 0$$

$$g_4(x) = x_4 - 240 \le 0$$

$$0 \le x_1 \le 100, \quad 0 \le x_2 \le 100, \quad 10 \le x_3 \le 100, \quad 10 \le x_4 \le 100$$

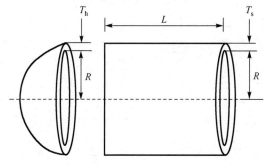

图 9.6　压力容器示意图

#### 9.3.2.2 适应度函数设计

在该设计中，我们求解的问题是带约束的问题，其中一个约束条件为

$$0 \le x_1 \le 100, \quad 0 \le x_2 \le 100, \quad 10 \le x_3 \le 100, \quad 10 \le x_4 \le 100$$

可以通过黄金正弦算法对寻优的边界进行设置，即设置个体的上边界为 ub=[100,100,100,100]，个体的下边界为 lb=[0,0,10,10]。其中，需要在适应度函数中对 $g_1(x), g_2(x), g_3(x), g_4(x)$ 进行约束，若 $x_1, x_2, x_3, x_4$ 不满足约束条件，则将该适应度值设置为一个很大的惩罚数，即 $10^{32}$。定义适应度函数 fun 如下：

```python
'''适应度函数'''
def fun(X):
        x1=X[0] #Ts
        x2=X[1] #Th
        x3=X[2] #R
        x4=X[3] #L


        #约束条件判断
        g1=-x1+0.0193*x3
        g2=-x2+0.00954*x3
        g3=-np.math.pi*x3**2-4*np.math.pi*x3**3/3+1296000
        g4=x4-240
        if g1<=0 and g2<=0 and g3<=0 and g4<=0:
            #若满足约束条件，则计算适应度值
            fitness=0.6224*x1*x3*x4+1.7781*x2*x3**2+3.1661*x1**2*x4+
19.84*x1**2*x3
        else:
            #若不满足约束条件，则将适应度值设置为一个很大的惩罚数
            fitness=10E32

        return fitness
```

### 9.3.2.3 主函数设计

通过上述分析，可以设置黄金正弦算法参数如下：

种群数量 pop 为 50，最大迭代次数 maxIter 为 500，个体的维度 dim 为 4（即 $x_1$，$x_2$，$x_3$，$x_4$），个体的上边界 ub=[100,100,100,100]，个体的下边界 lb=[0,0,10,10]。利用黄金正弦算法求解压力容器设计问题的主函数 main 如下：

```python
'''基于黄金正弦算法的压力容器设计'''
import numpy as np
from matplotlib import pyplot as plt
import GSA

'''适应度函数'''
def fun(X):
        x1=X[0] #Ts
        x2=X[1] #Th
        x3=X[2] #R
        x4=X[3] #L
        #约束条件判断
        g1=-x1+0.0193*x3
        g2=-x2+0.00954*x3
        g3=-np.math.pi*x3**2-4*np.math.pi*x3**3/3+1296000
        g4=x4-240
        if g1<=0 and g2<=0 and g3<=0 and g4<=0:
            #若满足约束条件，则计算适应度值
            fitness=0.6224*x1*x3*x4+1.7781*x2*x3**2+3.1661*x1**2*x4+
19.84*x1**2*x3
```

```
            else:
                #若不满足约束条件，则将适应度值设置为一个很大的惩罚数
                fitness=10E32

        return fitness

    '''主函数 '''
    #设置参数
    pop=50                              #种群数量
    maxIter=500                         #最大迭代次数
    dim=4                               #维度
    lb=np.array([0,0,10,10])            #下边界
    ub=np.array([100,100,100,100])      #上边界
    #适应度函数的选择
    fobj=fun
    GbestScore,GbestPositon,Curve=GSA.GSA(pop,dim,lb,ub,maxIter,fobj)
    print('最优适应度值：',GbestScore)
    print('最优解[Ts,Th,R,L]：',GbestPositon)


    #绘制适应度函数曲线
    plt.figure(1)
    plt.plot(Curve,'r-',linewidth=2)
    plt.xlabel('Iteration',fontsize='medium')
    plt.ylabel("Fitness",fontsize='medium')
    plt.grid()
    plt.title('GSA',fontsize='large')
    plt.show()
```

适应度函数曲线如图 9.7 所示。

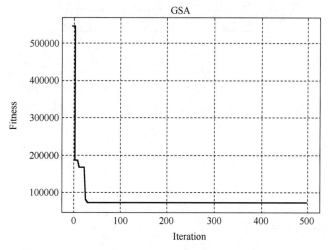

图 9.7　适应度函数曲线

运行结果如下：

```
最优适应度值：[70768.20358815]
最优解[Ts,Th,R,L]：[[ 1.33253989  8.00102238  67.38895295  61.56833058]]
```

从收敛曲线来看，压力容器适应度函数值不断减小，表明黄金正弦算法不断地对参数进行优化。最终输出了一组满足约束条件的压力容器参数，对压力容器的设计具有指导意义。

### 9.3.3 基于黄金正弦算法的三杆桁架设计

#### 9.3.3.1 问题描述

在三杆桁架设计问题中，变量 $x_1$, $x_2$ 和 $x_3$ 分别为三个杆的横截面积，又由对称性可知 $x_1 = x_3$。这样，三杆桁架设计的目的可以描述为：通过调整横截面积 $(x_1, x_2)$ 使三杆桁架的体积最小。该三杆桁架在每个桁架构件上均受到应力 $\sigma$ 的约束，如图 9.8 所示。该优化设计具有一个非线性适应度函数、三个非线性不等式约束和两个连续决策变量，即

$$\min f(x) = (2\sqrt{2}x_1 + x_2)l$$

约束条件为

$$g_1(x) = \frac{\sqrt{2}x_1 + x_2}{\sqrt{2}x_1^2 + 2x_1x_2}P - \sigma \leq 0$$

$$g_2(x) = \frac{x_2}{(\sqrt{2}x_1^2 + 2x_1x_2)}P - \sigma \leq 0$$

$$g_3(x) = \frac{1}{(\sqrt{2}x_2 + x_1)}P - \sigma \leq 0$$

$$0.001 \leq x_1 \leq 1, \quad 0.001 \leq x_2 \leq 1$$

$$l = 100\text{cm}, \quad P = 2\text{kN}/\text{cm}^2, \quad \sigma = 2\text{kN}/\text{cm}^2$$

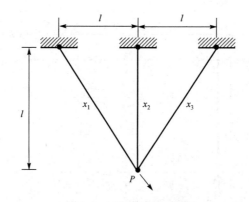

图 9.8　三杆桁架示意图

#### 9.3.3.2 适应度函数设计

在该设计中，我们求解的问题是带约束的问题，其中一个约束条件为

$$0.001 \leq x_1 \leq 1, \quad 0.001 \leq x_2 \leq 1$$

可以通过黄金正弦算法对寻优的边界进行设置，即设置个体的上边界 ub=[1,1]，个体的下边界 lb=[0.001,0.001]。其中，需要在适应度函数中对 $g_1(x), g_2(x), g_3(x)$ 进行约束，若 $x_1, x_2$ 不

满足约束条件，则将该适应度值设置为一个很大的惩罚数，即 $10^{32}$。定义适应度函数 fun 如下：

```
'''适应度函数'''
def fun(X):
        x1=X[0]
        x2=X[1]
        l=100
        P=2
        sigma=2
        #约束条件判断
        g1=(np.sqrt(2)*x1+x2)*P/(np.sqrt(2)*x1**2+2*x1*x2)-sigma
        g2=x2*P/(np.sqrt(2)*x1**2+2*x1*x2)-sigma
        g3=P/(np.sqrt(2)*x2+x1)-sigma
        if g1<=0 and g2<=0 and g3<=0:
            #若满足约束条件，则计算适应度值
            fitness=(2*np.sqrt(2)*x1+x2)*l
        else:
            #若不满足约束条件，则将适应度值设置为一个很大的惩罚数
            fitness=10E32
        return fitness
```

### 9.3.3.3　主函数设计

通过上述分析，可以设置黄金正弦算法参数如下：

种群数量 pop 为 30，最大迭代次数 maxIter 为 100，个体的维度 dim 为 2（即 $x_1,x_2$），个体的上边界 ub=[1,1]，个体的下边界 lb=[0.001,0.001]。利用黄金正弦算法求解三杆桁架设计问题的主函数 main 如下：

```
'''基于黄金正弦算法的三杆桁架设计'''
import numpy as np
from matplotlib import pyplot as plt
import GSA

'''适应度函数'''
def fun(X):
        x1=X[0]
        x2=X[1]
        l=100
        P=2
        sigma=2
        #约束条件判断
        g1=(np.sqrt(2)*x1+x2)*P/(np.sqrt(2)*x1**2+2*x1*x2)-sigma
        g2=x2*P/(np.sqrt(2)*x1**2+2*x1*x2)-sigma
        g3=P/(np.sqrt(2)*x2+x1)-sigma
        if g1<=0 and g2<=0 and g3<=0:
            #若满足约束条件，则计算适应度值
            fitness=(2*np.sqrt(2)*x1+x2)*l
        else:
```

```
                    #若不满足约束条件，则将适应度值设置为一个很大的惩罚数
                    fitness=10E32


          return fitness


'''主函数'''
#设置参数
pop=30                          #种群数量
maxIter=100                     #最大迭代次数
dim=2                           #维度
lb=np.array([0.001,0.001])      #下边界
ub=np.array([1,1])              #上边界
#适应度函数的选择
fobj=fun
GbestScore,GbestPositon,Curve=GSA.GSA(pop,dim,lb,ub,maxIter,fobj)
print('最优适应度值：',GbestScore)
print('最优解[x1,x2]：',GbestPositon)


#绘制适应度函数曲线
plt.figure(1)
plt.plot(Curve,'r-',linewidth=2)
plt.xlabel('Iteration',fontsize='medium')
plt.ylabel("Fitness",fontsize='medium')
plt.grid()
plt.title('GSA',fontsize='large')
plt.show()
```

适应度函数曲线如图 9.9 所示：

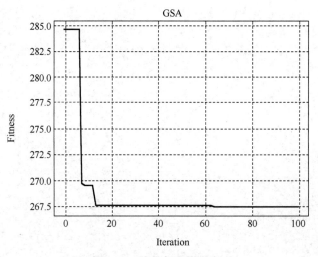

图 9.9　适应度函数曲线

运行结果如下：

```
最优适应度值：[267.47584157]
最优解[x1,x2]：[[0.72709564 0.61822139]]
```

从收敛曲线来看，适应度函数值不断减小，表明黄金正弦算法不断地对参数进行优化。最终输出了一组满足约束条件的参数，对三杆桁架的设计具有指导意义。

### 9.3.4 基于黄金正弦算法的拉压弹簧设计

#### 9.3.4.1 问题描述

如图 9.10 所示，拉压弹簧设计的目的是在满足最小挠度、振动频率和剪应力这三者的约束下，最小化拉压弹簧的重量。该问题由三个连续的决策变量组成，即弹簧线圈直径（$d$ 或 $x_1$）、弹簧簧圈直径（$D$ 或 $x_2$）和绕线圈数（$P$ 或 $x_3$）。数学模型为

$$\min f(x) = (x_3 + 2)x_2 x_1^2$$

约束条件为

$$g_1(x) = 1 - \frac{x_2^3 x_3}{71785 x_1^4} \le 0$$

$$g_2(x) = \frac{4x_2^2 - x_1 x_2}{12566(x_2 x_1^3 - x_1^4)} + \frac{1}{5108 x_1^2} - 1 \le 0$$

$$g_3(x) = 1 - \frac{140.45 x_1}{x_2^2 x_3} \le 0$$

$$g_4(x) = \frac{x_1 + x_2}{1.5} - 1 \le 0$$

$$0.05 \le x_1 \le 2, \ 0.25 \le x_2 < 1.3, \ 2 \le x_3 \le 15$$

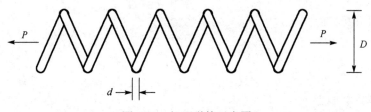

图 9.10 拉压弹簧示意图

#### 9.3.4.2 适应度函数设计

在该设计中，我们求解的问题是带约束的问题，其中一个约束条件为

$$0.05 \le x_1 \le 2, \ 0.25 \le x_2 < 1.3, \ 2 \le x_3 \le 15$$

可以通过黄金正弦算法对寻优的边界进行设置，即设置个体的上边界 ub=[2,1.3,15]，个体的下边界 lb=[0.05,0.25,2]。其中，需要在适应度函数中对 $g_1(x),g_2(x),g_3(x),g_4(x)$ 进行约束，若 $x_1,x_2,x_3$ 不满足约束条件，则将该适应度值设置为一个很大的惩罚数，即 $10^{32}$。定义适应度函数 fun 如下：

```
'''适应度函数'''
def fun(X):
```

```
x1=X[0]
x2=X[1]
x3=X[2]
#约束条件判断
g1=1-(x2**3*x3)/(71785*x1**4)
g2=(4*x2**2-x1*x2)/(12566*(x2*x1**3-x1**4))+1/(5108*x1**2)-1
g3=1-(140.45*x1)/(x2**2*x3)
g4=(x1+x2)/1.5-1
if g1<=0 and g2<=0 and g3<=0 and g4<=0:
    #若满足约束条件，则计算适应度值
    fitness=(x3+2)*x2*x1**2
else:
    #若不满足约束条件，则将适应度值设置为一个很大的惩罚数
    fitness=10E32
return fitness
```

### 9.3.4.3　主函数设计

通过上述分析，可以设置黄金正弦算法参数如下：

种群数量 pop 为 30，最大迭代次数 maxIter 为 100，个体的维度 dim 为 3（即 $x_1, x_2, x_3$），个体的上边界 ub=[2,1.3,15]，个体的下边界 lb=[0.05,0.25,2]。利用黄金正弦算法求解拉压弹簧设计问题的主函数 main 如下：

```
'''基于黄金正弦算法的拉压弹簧设计'''
import numpy as np
from matplotlib import pyplot as plt
import GSA

'''适应度函数'''
def fun(X):
    x1=X[0]
    x2=X[1]
    x3=X[2]
    #约束条件判断
    g1=1-(x2**3*x3)/(71785*x1**4)
    g2=(4*x2**2-x1*x2)/(12566*(x2*x1**3-x1**4))+1/(5108*x1**2)-1
    g3=1-(140.45*x1)/(x2**2*x3)
    g4=(x1+x2)/1.5-1
    if g1<=0 and g2<=0 and g3<=0 and g4<=0:
        #若满足约束条件，则计算适应度值
        fitness=(x3+2)*x2*x1**2
    else:
        #若不满足约束条件，则将适应度值设置为一个很大的惩罚数
        fitness=10E32

    return fitness
```

```
'''主函数 '''
#设置参数
pop=30                          #种群数量
maxIter=100                     #最大迭代次数
dim=3                           #维度
lb=np.array([[0.05,0.25,2])     #下边界
ub=np.array([[2,1.3,15])        #上边界
#适应度函数选择
fobj=fun
GbestScore,GbestPositon,Curve=GSA.GSA(pop,dim,lb,ub,maxIter,fobj)
print('最优适应度值: ',GbestScore)
print('最优解[x1,x2,x3]: ',GbestPositon)


#绘制适应度函数曲线
plt.figure(1)
plt.plot(Curve,'r-',linewidth=2)
plt.xlabel('Iteration',fontsize='medium')
plt.ylabel("Fitness",fontsize='medium')
plt.grid()
plt.title('GSA',fontsize='large')
plt.show()
```

适应度函数曲线如图 9.11 所示。

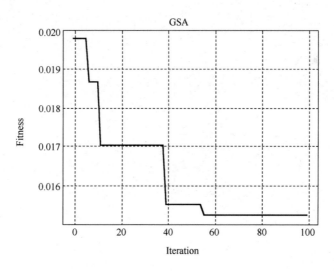

图 9.11  适应度函数曲线

运行结果如下：

```
最优适应度值: [0.01523554]
最优解[x1,x2,x3]: [[0.05960423 0.57803483 5.41907538]]
```

从收敛曲线来看，适应度函数值不断减小，表明黄金正弦算法不断地对参数进行优化。最终输出了一组满足约束条件的参数，对拉压弹簧的设计具有指导意义。

# 参 考 文 献

[1] TANYILDIZI E ,DEMIR G. Golden Sine Algorithm: A Novel Math-Inspired Algorithm[J]. Advances in Electrical & Computer Engineering,2017,17(2):71-78.

[2] 周有荣，李娜，周发辉. 黄金正弦算法在水文地质参数优化中的应用[J]. 人民珠江，2020,41(06): 117-120,128.

[3] 肖子雅，刘升. 精英反向黄金正弦鲸鱼算法及其工程优化研究[J]. 电子学报，2019,47(10):2177-2186.

[4] 张季. 基于非线性权重和黄金正弦算子的改进灰狼算法及其应用[D]. 鞍山：辽宁科技大学，2021.

[5] 肖子雅，刘升. 黄金正弦混合原子优化算法[J]. 微电子学与计算机，2019,36(06):21-25,30.

# 第 10 章　教与学优化算法及其 Python 实现

## 10.1　教与学优化算法的基本原理

教与学优化（Teaching-Learning Based Optimization，TLBO）算法是由印度学者 Rao 等人于 2011 年提出的一种全新的智能优化算法,其原理是教师利用班级学生平均水平之间的差异性来引导学生学习，之后学生之间也要相互学习，进而提高整个班级的成绩，达到优化的目的。

假设对于同一门课程，分别指派教师 Teacher$_A$ 和 Teacher$_B$ 去两个不同班级完成这门课程的教学任务,此处假设两个班级的学生平均水平相同。假设在两名教师分别完成这门课程的教学任务之后，Teacher$_A$ 和 Teacher$_B$ 所带班级学生的成绩分别如图 10.1 中的曲线 1 和曲线 2 所示，这里假设学生的成绩服从高斯分布。由图 10.1 可以看出，两名教师教学的水平有明显差异，Teacher$_B$ 的教学水平优于 Teacher$_A$ 的教学水平，两个班级学生水平的差异将会体现在各自班级学生成绩的均值上，也就是说，一名优秀的教师可以将班级学生成绩的均值提高很多。如图 10.2 所示，在一名教师向一个班级的学生传授知识后，班级的成绩均值由 $M_A$ 提高到了 $M_B$，由于学生学习成绩的提高，原来的教师已经不能够胜任以后的教学任务了，因此教师由 Teacher$_A$ 变为 Teacher$_B$。学生将在 Teacher$_B$ 的带领下继续提高学习成绩，学生成绩将在这样一个重复的过程中达到最大值。这一过程就被抽象为教与学优化算法中的教学过程。学生除了在课堂上向教师学习，课下也会互相交流学习，向比自己优秀的学生请教，取长补短，也能达到提高成绩的目的，这就形成了教与学优化算法中的学习过程。通过这样两个过程的不断循环，学生的成绩将会不断提高，每名学生所代表的一个解也将会不断被更新和优化，直到达到最优解时算法停止。这一过程就是教与学优化算法的基本原理。

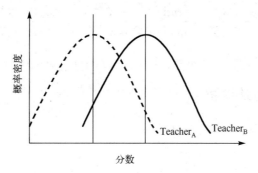

图 10.1　两名教师的教学效果图

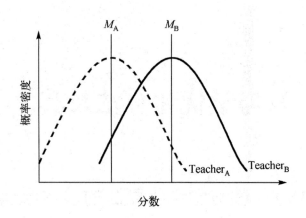

图 10.2　教学阶段完成后不同班级的成绩分布

　　在教与学优化算法中，班级的所有学生个体构成了一个种群，所要学习的每门课程均表示一个维度变量，每名学生的学习成绩就是一个目标函数值，教师则代表当前班级中学习成绩最好的个体。具体定义如下：在优化问题 $\min\{f(X)|\ X \in S\}$ 中，$S$ 表示状态空间，学生个数 NP 表示空间中候选解的个数，即种群规模，其中 $X = (x_1, x_2, \cdots, x_d)$，课程数目 $d$ 表示维度，第 $i$ 个学生 $X_i = (x_{i,1}, x_{i,2}, \cdots, x_{i,d})$ $(i = 1, 2, \cdots, \text{NP})$ 表示解空间中第 $i$ 个搜索个体。

### 10.1.1　教学阶段

　　学生通过向教师学习来提高自己的学习成绩，数学公式为

$$X_i^{\text{new}} = X_i^{\text{old}} + \text{rand} \times (X_{\text{teacher}} - \beta \times X_{\text{mean}}) \tag{10.1}$$

其中，$X_i^{\text{new}}$ 和 $X_i^{\text{old}}$ 分别表示学生的新位置和当前位置，若 $X_i^{\text{new}}$ 优于 $X_i^{\text{old}}$，则用 $X_i^{\text{new}}$ 更新，否则不更新；rand 是区间[0,1]内的一个随机数；$\beta = \text{round}(1 + \text{rand}(0,1))$ 为教学因子，round 表示四舍五入，可将教学因子 $\beta$ 随机确定为 1 或 2；$X_{\text{mean}}$ 表示学生的平均位置。

### 10.1.2　学习阶段

　　学生 $X_i$ 与另一名随机选择的学生 $X_j$ 相互学习，比较其对应的目标函数值，让学习差的学生向学习好的学生进行学习，进而提高学习成绩。学习过程可以表示为

$$X_i^{\text{new}} = \begin{cases} X_i^{\text{old}} + \text{rand}\,(X_i^{\text{old}} - X_j^{\text{old}}) & f(X_i) < f(X_j) \\ X_i^{\text{old}} + \text{rand}\,(X_j^{\text{old}} - X_i^{\text{old}}) & f(X_i) > f(X_j) \end{cases} \tag{10.2}$$

其中，rand 是区间[0,1]内的一个随机数，$f(X_i)$ 和 $f(X_j)$ 分别表示学生 $X_i$ 与 $X_j$ 的适应度值。

### 10.1.3　教与学优化算法流程

　　教与学优化算法的流程图如图 10.3 所示。

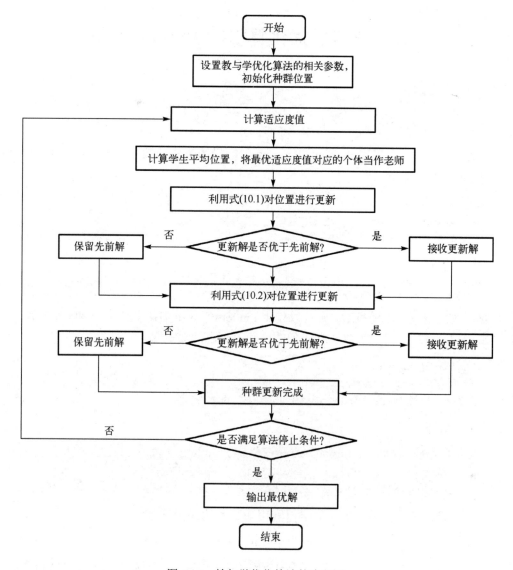

图 10.3　教与学优化算法的流程图

教与学优化算法的步骤如下：

步骤 1：设置教与学优化算法的相关参数，初始化种群位置。

步骤 2：计算适应度值。

步骤 3：计算学生平均位置，将最优适应度值对应的个体当成教师。

步骤 4：利用式（10.1）对位置进行更新。

步骤 5：判断更新解是否优于先前解，若优于，则接收更新解；否则保留先前解。

步骤 6：利用式（10.2）对位置进行更新。

步骤 7：判断更新解是否优于先前解，若优于，则接收更新解；否则保留先前解。

步骤 8：判断是否满足算法停止条件，若满足，则输出最优解；否则重复步骤 2~8；

# 10.2 教与学优化算法的 Python 实现

## 10.2.1 种群初始化

### 10.2.1.1 Python 相关函数

对于随机数的生成，采用 Python 的 numpy 的随机数生成函数 random()，random()会生成区级[0,1]内的随机数。

```
import numpy as np
RandValue=np.random.random()
print("生成随机数:",RandValue)
```

运行结果如下：

```
生成随机数: 0.6706965612335988
```

若要一次性生成多个随机数，则可以使用 random([row,col])，其中 row 和 col 分别表示行和列，如 random([3,4])表示生成 3 行 4 列的区间[0,1]内的随机数。

```
import numpy as np
RandValue=np.random.random([3,4])
print("生成随机数:",RandValue)
```

运行结果如下：

```
生成随机数: [[0.49948056 0.99931964 0.26194131 0.53330869]
 [0.8779833  0.58504491 0.89523532 0.0122117 ]
 [0.34581846 0.94183727 0.25173827 0.09452273]]
```

若要生成指定范围的随机数，则可以利用如下表达式表示：

$$r = \text{lb} + (\text{ub} - \text{lb}) \times \text{random}()$$

其中，ub 表示范围的上边界，lb 表示范围的下边界。如在区间[0,4]内生成 5 个随机数：

```
import numpy as np
RandValue=np.random.random([1,5])*(4-0)+0
print("生成随机数:",RandValue)
```

运行结果如下：

```
生成随机数: [[0.62003352 0.71927614 2.88029675 2.7225476  1.54699288]]
```

### 10.2.1.2 教与学优化算法种群初始化函数编写

定义初始化函数名称为 initialization。利用 10.2.1.1 节中的随机数生成方式，生成初始种群。

```
def initialization(pop,ub,lb,dim):
    ''' 种群初始化函数'''
    '''
    pop:种群数量
    dim:每个个体的维度
```

```
    ub:每个维度的变量上边界，维度为[dim]
    lb:每个维度的变量下边界，维度为[dim]
    X:输出的种群，维度为[pop,dim]
    '''
    X=np.zeros([pop,dim])        #声明空间
    for i in range(pop):
        for j in range(dim):
            X[i,j]=(ub[j]-lb[j])*np.random.random()+lb[j]
                                 #生成区间[lb,ub]内的随机数

    return X
```

举例：设定种群数量为 10，每个个体维度均为 5，每个维度的边界均为[-5,5]，利用初始化函数生成初始种群。

```
pop=10
dim=5
ub=np.array([5,5,5,5,5])
lb=np.array([-5,-5,-5,-5,-5])
X=initialization(pop,ub,lb,dim)
print("X:",X)
```

运行结果如下：

```
X: [[-0.4915815  -2.34406551 -1.56073567 -3.46721189 -4.30082501]
 [-4.18703662  2.78163513  3.74530427 -1.29273887  4.09972082]
 [ 1.75164321  0.02477537 -3.84041488 -1.34225428 -2.84113499]
 [-3.43783612 -0.173427   -3.16947613 -0.37629277  0.39138373]
 [ 3.38367471 -0.26986522  0.22854243  0.38944921  3.42659968]
 [-0.40001564  4.85727224  3.85740918  1.5099954   3.011702  ]
 [ 0.23657864  4.17504532  0.81225086  2.26101304 -1.03205635]
 [-4.39344271  3.58550577 -4.07026764 -1.51683523 -0.58132366]
 [-1.04744907 -2.33641838  3.15354606  2.94660873 -2.8091005 ]
 [-2.1533344  -4.98878164 -3.93019245  4.59515649 -1.03983607]]
```

## 10.2.2 适应度函数

适应度函数是优化问题的目标函数，根据不同应用设计相应的适应度函数。我们可以将自己设计的适应度函数单独写成一个函数，方便优化算法调用。一般将适应度函数命名为 fun()，这里我们定义一个适应度函数如下：

```
def fun(x):
    '''适应度函数'''
    '''
    x 为输入的一个个体，维度为[1,dim]
    fitness 为输出的适应度值
    '''
    fitness=np.sum(x**2)
    return fitness
```

这里的适应度值就是 x 所有值的平方和，如 x=[1,2]，那么经过适应度函数计算后得到的值为 5。

```
x=np.array([1,2])
fitness=fun(x)
print("fitness:",fitness)
```

### 10.2.3 边界检查和约束函数

边界检查的作用是防止变量超过规定的范围，一般当变量大于上边界时，直接将其置为上边界；当变量小于下边界时，直接将其置为下边界；其他情况变量值不变。逻辑如下：

$$val = \begin{cases} ub & ,val > ub \\ lb & ,val < lb \\ val & ,其他 \end{cases}$$

定义边界检查函数为 BorderCheck。

```
def BorderCheck(X,ub,lb,pop,dim):
    '''边界检查函数'''
    '''
    dim:每个个体数据的维度大小
    X:输入数据，维度为[pop,dim]
    ub:个体数据上边界，维度为[dim]
    lb:个体数据下边界，维度为[dim]
    pop:种群数量
    '''
    for i in range(pop):
        for j in range(dim):
            if X[i,j]>ub[j]:
                X[i,j]=ub[j]
            if X[i,j]<lb[j]:
                X[i,j]=lb[j]
    return X
```

例如，x=[1,-2,3,-4;1,-2,3,-4]，定义的上边界为[1,1,1,1]，下边界为[-1,-1,-1,-1]，于是经过边界检查和约束后，x 应该为[1,-1,1-1;1,-1,1,-1]。

```
x=np.array([(1,-2,3,-4),
            (1,-2,3,-4)])
ub=np.array([1,1,1,1])
lb=np.array([-1,-1,-1,-1])
dim=4
pop=2
X=BorderCheck(x,ub,lb,pop,dim)
print("X:",X)
```

运行结果如下：

```
X: [[ 1 -1  1 -1]
 [ 1 -1  1 -1]]
```

## 10.2.4 教与学优化算法代码

根据 10.1 节教与学优化算法的基本原理编写教与学优化算法的整个代码，定义教与学优化算法的函数名称为 TLBO，并将所有子函数均保存到 TLBO.py 中。

```python
import numpy as np
import random
import copy

def initialization(pop,ub,lb,dim):
    ''' 种群初始化函数'''
    '''
    pop:种群数量
    dim:每个个体的维度
    ub:每个维度的变量上边界，维度为[dim,1]
    lb:每个维度的变量下边界，维度为[dim,1]
    X:输出的种群，维度为[pop,dim]
    '''
    X=np.zeros([pop,dim])              #声明空间
    for i in range(pop):
        for j in range(dim):
            X[i,j]=(ub[j]-lb[j])*np.random.random()+lb[j]
                                #生成区间[lb,ub]内的随机数

    return X

def BorderCheck(X,ub,lb,pop,dim):
    '''边界检查函数'''
    '''
    dim:每个个体数据的维度大小
    X:输入数据，维度为[pop,dim]
    ub:个体数据上边界，维度为[dim,1]
    lb:个体数据下边界，维度为[dim,1]
    pop:种群数量
    '''
    for i in range(pop):
        for j in range(dim):
            if X[i,j]>ub[j]:
                X[i,j]=ub[j]
            elif X[i,j]<lb[j]:
                X[i,j]=lb[j]
    return X


def CaculateFitness(X,fun):
    '''计算种群的所有个体的适应度值'''
    pop=X.shape[0]
    fitness=np.zeros([pop,1])
```

```python
        for i in range(pop):
            fitness[i]=fun(X[i,:])
        return fitness


    def SortFitness(Fit):
        '''对适应度值进行排序'''
        '''
        输入为适应度值
        输出为排序后的适应度值和索引
        '''
        fitness=np.sort(Fit,axis=0)
        index=np.argsort(Fit,axis=0)
        return fitness,index

    def SortPosition(X,index):
        '''根据适应度值对位置进行排序'''
        Xnew=np.zeros(X.shape)
        for i in range(X.shape[0]):
            Xnew[i,:]=X[index[i],:]
        return Xnew


    def TLBO(pop,dim,lb,ub,maxIter,fun):
        '''教与学优化算法'''
        '''
        输入:
        pop:种群数量
        dim:每个个体的维度
        ub:个体上边界信息，维度为[1,dim]
        lb:个体下边界信息，维度为[1,dim]
        fun:适应度函数
        maxIter:最大迭代次数
        输出:
        GbestScore:最优解对应的适应度值
        GbestPositon:最优解
        Curve:迭代曲线
        '''

        X=initialization(pop,ub,lb,dim)          #初始化种群
        fitness=CaculateFitness(X,fun)           #计算适应度值
        GbestScore=np.min(fitness)               #寻找最优适应度值
        indexBest=np.argmin(fitness)             #最优适应度值对应的索引
        GbestPositon=np.zeros([1,dim])
        GbestPositon[0,:]=copy.copy(X[indexBest,:])#记录最优解
        Curve=np.zeros([maxIter,1])
        for t in range(maxIter):
            print(['第'+str(t)+'次迭代'])
            for i in range(pop):
```

```
        #教阶段
        Xmean=np.mean(X)                              #计算平均位置
        indexBest=np.argmin(fitness)                  #寻找最优位置
        Xteacher=copy.copy(X[indexBest,:])            #教师的位置，即最优位置
        beta=random.randint(0,1)#教学因子
        Xnew=X[i,:]+np.random.random(dim)*(Xteacher-beta*Xmean)
                                                      #教阶段的位置更新

        #边界检查
        for j in range(dim):
            if Xnew[j]>ub[j]:
                Xnew[j]=ub[j]
            if Xnew[j]<lb[j]:
                Xnew[j]=lb[j]
        #计算新位置的适应度值
        fitnessNew=fun(Xnew);
        #若新位置更优，则更新先前解
        if fitnessNew<fitness[i]:
            X[i,:]=copy.copy(Xnew)
            fitness[i]=copy.copy(fitnessNew)
        #学阶段
        p=random.randint(0,dim-1)#随机选择一个索引
        while i==p:#确保随机选择的索引不等于当前索引
            p=random.randint(0,dim-1)
        #学阶段的位置更新
        if fitness[i]<fitness[p]:
            Xnew=X[i,:]+np.random.random(dim)*(X[i,:]-X[p,:])
        else:
            Xnew=X[i,:]-np.random.random(dim)*(X[i,:]-X[p,:])
        #边界检查
        for j in range(dim):
            if Xnew[j]>ub[j]:
                Xnew[j]=ub[j]
            if Xnew[j]<lb[j]:
                Xnew[j]=lb[j]
        #若新位置更优，则更新先前解
        fitnessNew=fun(Xnew)
        #若新位置更优，则更新先前解
        if fitnessNew<fitness[i]:
            X[i,:]=copy.copy(Xnew)
            fitness[i]=fitnessNew

    fitness=CaculateFitness(X,fun)                    #计算适应度值
    indexBest=np.argmin(fitness)
    if fitness[indexBest]<=GbestScore:                #更新全局最优
        GbestScore=copy.copy(fitness[indexBest])
        GbestPositon[0,:]=copy.copy(X[indexBest,:])
    Curve[t]=GbestScore

return GbestScore,GbestPositon,Curve
```

至此，基本教与学优化算法的代码编写完成，所有函数均封装在 TLBO.py 中，通过函数 TLBO 对子函数进行调用。下一节将讲解如何使用上述教与学优化算法来解决优化问题。

# 10.3 教与学优化算法的应用案例

## 10.3.1 求解函数极值

问题描述：求解一组 $x_1,x_2$，使得下面函数的值最小。

$$f(x_1,x_2) = x_1^2 + x_2^2$$

其中，$x_1$ 与 $x_2$ 的取值范围均为[−10,10]。

首先，可以利用 Python 绘图的方式来查看我们的搜索空间是什么，其次绘制该函数搜索曲面如图 10.4 所示。

```python
import numpy as np
from matplotlib import pyplot as plt
from mpl_toolkits.mplot3d import Axes3D
fig=plt.figure(1)  #定义 figure
ax=Axes3D(fig)  #将 figure 变为 3D
x1=np.arange(-10,10,0.2)  #定义 x1，范围为[-10,10]，间隔为 0.2
x2=np.arange(-10,10,0.2)  #定义 x2，范围为[-10,10]，间隔为 0.2
X1,X2=np.meshgrid(x1,x2)  #生成网格
F=X1**2+X2**2  #计算平方和的值
#绘制 3D 曲面
ax.plot_surface(X1,X2,F,rstride=1,cstride=1,cmap=plt.get_cmap
('rainbow'))
#rstride:行之间的跨度，cstride:列之间的跨度
#cmap 参数可以控制三维曲面的颜色组合
plt.show()
```

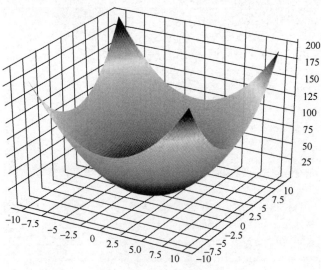

图 10.4  $f(x_1, x_2)$ 的搜索曲面

利用教与学优化算法对该问题进行求解，设置种群数量 pop 为 50，最大迭代次数 maxIter 为 100，由于要求解 $x_1$，$x_2$，因此设置个体的维度 dim 为 2，个体的上边界 ub=[10,10]，个体的下边界 lb=[−10, −10]。根据问题设计适应度函数 fun 如下：

```python
'''适应度函数'''
def fun(X):
    O=X[0]**2+X[1]**2
    return O
```

求解该问题的主函数 main 如下：

```python
import numpy as np
from matplotlib import pyplot as plt
import TLBO

'''适应度函数'''
def fun(X):
    O=X[0]**2+X[1]**2
    return O


'''利用教与学优化算法求解 x1^2+x2^2 的最小值'''
'''主函数 '''
#设置参数
pop=50 #种群数量
maxIter=100 #最大迭代次数
dim=2 #维度
lb=-10*np.ones(dim) #下边界
ub=10*np.ones(dim)#上边界
#适应度函数的选择
fobj=fun
GbestScore,GbestPositon,Curve=TLBO.TLBO(pop,dim,lb,ub,maxIter,fobj)
print('最优适应度值：',GbestScore)
print('最优解[x1,x2]：',GbestPositon)


#绘制适应度函数曲线
plt.figure(1)
plt.plot(Curve,'r-',linewidth=2)
plt.xlabel('Iteration',fontsize='medium')
plt.ylabel("Fitness",fontsize='medium')
plt.grid()
plt.title('TLBO',fontsize='large')
plt.show()
```

适应度函数曲线如图 10.5 所示。

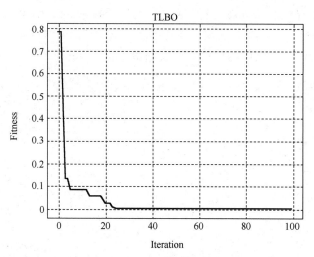

图 10.5 适应度函数曲线

运行结果如下：

```
最优适应度值：[8.31429294e-06]
最优解[x1,x2]：[[-0.00019202  0.00287705]]
```

从教与学优化算法寻优的结果来看，最优解[-0.00019202,0.00287705]非常接近理论最优值[0,0]，表明教与学优化算法具有寻优能力强的特点。

### 10.3.2 基于教与学优化算法的压力容器设计

#### 10.3.2.1 问题描述

设计压力容器的目标是使压力容器制作（配对、成型和焊接）成本最低，压力容器示意图如图 10.6 所示，压力容器的两端都由封盖封住，头部一端的封盖为半球状。$L$ 是不考虑头部的圆柱体部分的截面长度，$R$ 是圆柱体的内壁半径，$T_s$ 和 $T_h$ 分别表示圆柱体的壁厚和头部的壁厚，$L$、$R$、$T_s$ 和 $T_h$ 即为压力容器设计问题的 4 个优化变量。该问题的目标函数为

$$x = [x_1, x_2, x_3, x_4] = [T_s, T_h, R, L]$$

$$\min f(x) = 0.6224x_1x_3x_4 + 1.7781x_2x_3^2 + 3.1661x_1^2x_4 + 19.84x_1^2x_3$$

约束条件为

$$g_1(x) = -x_1 + 0.0193x_3 \leq 0$$

$$g_2(x) = -x_2 + 0.00954x_3 \leq 0$$

$$g_3(x) = -\pi x_3^2 - 4\pi x_3^3 / 3 + 129600 \leq 0$$

$$g_4(x) = x_4 - 240 \leq 0$$

$$0 \leq x_1 \leq 100, \quad 0 \leq x_2 \leq 100, \quad 10 \leq x_3 \leq 100, \quad 10 \leq x_4 \leq 100$$

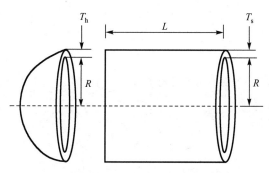

图 10.6　压力容器示意图

### 10.3.2.2　适应度函数设计

在该问题中，我们求解的问题是带约束的问题，其中一个约束条件为

$$0 \le x_1 \le 100, \quad 0 \le x_2 \le 100, \quad 10 \le x_3 \le 100, \quad 10 \le x_4 \le 100$$

可以通过教与学优化算法对寻优的边界进行设置，即设置个体的上边界 ub=[100,100, 100,100]，个体的下边界 lb=[0,0,10,10]。其中，需要在适应度函数中对 $g_1(x), g_2(x), g_3(x), g_4(x)$ 进行约束，若 $x_1, x_2, x_3, x_4$ 不满足约束条件，则将该适应度值设置为一个很大的惩罚数，即 $10^{32}$。定义适应度函数 fun 如下：

```
'''适应度函数'''
def fun(X):
        x1=X[0] #Ts
        x2=X[1] #Th
        x3=X[2] #R
        x4=X[3] #L


        #约束条件判断
        g1=-x1+0.0193*x3
        g2=-x2+0.00954*x3
        g3=-np.math.pi*x3**2-4*np.math.pi*x3**3/3+1296000
        g4=x4-240
        if g1<=0 and g2<=0 and g3<=0 and g4<=0:
            #若满足约束条件，则计算适应度值
            fitness=0.6224*x1*x3*x4+1.7781*x2*x3**2+3.1661*x1**2*x4+
19.84*x1**2*x3

        else:
            #若不满足约束条件，则将适应度值设置为一个很大的惩罚数
            fitness=10E32

        return fitness
```

### 10.3.2.3　主函数设计

通过上述分析，可以设置教与学优化算法参数如下：

　　种群数量 pop 为 50，最大迭代次数 maxIter 为 500，个体的维度 dim 为 4（即 $x_1, x_2, x_3, x_4$），个体的上边界 ub=[100,100,100,100]，个体的下边界 lb=[0,0,10,10]。利用教与学优化算法求解压力容器设计问题的主函数 main 如下：

```python
'''基于教与学优化算法的压力容器设计'''
import numpy as np
from matplotlib import pyplot as plt
import TLBO

'''适应度函数'''
def fun(X):
        x1=X[0] #Ts
        x2=X[1] #Th
        x3=X[2] #R
        x4=X[3] #L
        #约束条件判断
        g1=-x1+0.0193*x3
        g2=-x2+0.00954*x3
        g3=-np.math.pi*x3**2-4*np.math.pi*x3**3/3+1296000
        g4=x4-240
        if g1<=0 and g2<=0 and g3<=0 and g4<=0:
            #若满足约束条件，则计算适应度值
            fitness=0.6224*x1*x3*x4+1.7781*x2*x3**2+3.1661*x1**2*x4+
19.84*x1**2*x3
        else:
            #若不满足约束条件，则将适应度值设置为一个很大的惩罚数
            fitness=10E32

        return fitness

'''主函数 '''
#设置参数
pop=50 #种群数量
maxIter=500 #最大迭代次数
dim=4 #维度
lb=np.array([0,0,10,10]) #下边界
ub=np.array([100,100,100,100])#上边界
#适应度函数的选择
fobj=fun
GbestScore,GbestPositon,Curve=TLBO.TLBO(pop,dim,lb,ub,maxIter,fobj)
print('最优适应度值: ',GbestScore)
print('最优解[Ts,Th,R,L]: ',GbestPositon)

#绘制适应度函数曲线
plt.figure(1)
plt.plot(Curve,'r-',linewidth=2)
plt.xlabel('Iteration',fontsize='medium')
plt.ylabel("Fitness",fontsize='medium')
plt.grid()
```

```
plt.title('TLBO',fontsize='large')
plt.show()
```

适应度函数曲线如图 10.7 所示。

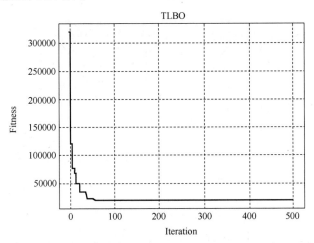

图 10.7 适应度函数曲线

运行结果如下：

```
最优适应度值：[20291.69634807]
最优解[Ts,Th,R,L]：[[ 2.34223586  0.85886322 69.44400707 45.26394777]]
```

从收敛曲线来看，压力容器适应度函数值不断减小，表明教与学优化算法不断地对参数进行优化。最终输出了一组满足约束条件的压力容器参数，对压力容器的设计具有指导意义。

### 10.3.3 基于教与学优化算法的三杆桁架设计

#### 10.3.3.1 问题描述

在三杆桁架设计问题中，变量 $x_1$，$x_2$ 和 $x_3$ 分别为三个杆的横截面积，又由对称性可知 $x_1 = x_3$。这样，三杆桁架设计的目的可以描述为：通过调整横截面积 $(x_1, x_2)$ 使三杆桁架的体积最小。该三杆桁架在每个桁架构件上均受到应力 $\sigma$ 的约束，如图 10.8 所示。该优化设计具有一个非线性适应度函数、三个非线性不等式约束和两个连续决策变量，即

$$\min f(x) = (2\sqrt{2}x_1 + x_2)l$$

约束条件为

$$g_1(x) = \frac{\sqrt{2}x_1 + x_2}{\sqrt{2}x_1^2 + 2x_1x_2}P - \sigma \le 0$$

$$g_2(x) = \frac{x_2}{(\sqrt{2}x_1^2 + 2x_1x_2)}P - \sigma \le 0$$

$$g_3(x) = \frac{1}{(\sqrt{2}x_2 + x_1)}P - \sigma \le 0$$

$$0.001 \le x_1 \le 1, \quad 0.001 \le x_2 \le 1$$

$$l = 100\text{cm}, \quad P = 2\text{kN}/\text{cm}^2, \quad \sigma = 2\text{kN}/\text{cm}^2$$

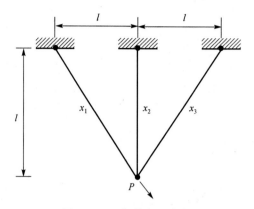

图 10.8 三杆桁架示意图

### 10.3.3.2 适应度函数设计

在该设计中，我们求解的问题是带约束的问题，其中一个约束条件为

$$0.001 \le x_1 \le 1, \quad 0.001 \le x_2 \le 1$$

可以通过教与学优化算法对寻优的边界进行设置，即设置个体的上边界 ub=[1,1]，个体的下边界 lb=[0.001,0.001]。其中，需要在适应度函数中对 $g_1(x), g_2(x), g_3(x)$ 进行约束，若 $x_1, x_2$ 不满足约束条件，则将该适应度值设置为一个很大的惩罚数，即 $10^{32}$。定义适应度函数 fun 如下：

```
'''适应度函数'''
def fun(X):
    x1=X[0]
    x2=X[1]
    l=100
    P=2
    sigma=2
    #约束条件判断
    g1=(np.sqrt(2)*x1+x2)*P/(np.sqrt(2)*x1**2+2*x1*x2)-sigma
    g2=x2*P/(np.sqrt(2)*x1**2+2*x1*x2)-sigma
    g3=P/(np.sqrt(2)*x2+x1)-sigma
    if g1<=0 and g2<=0 and g3<=0:
        #若满足约束条件，则计算适应度值
        fitness=(2*np.sqrt(2)*x1+x2)*l
    else:
        #若不满足约束条件，则将适应度值设置为一个很大的惩罚数
        fitness=10E32
    return fitness
```

### 10.3.3.3　主函数设计

通过上述分析，可以设置教与学优化算法参数如下：

种群数量 pop 为 30，最大迭代次数 maxIter 为 100，个体的维度 dim 为 2（即 $x_1,x_2$），个体的上边界 ub=[1,1]，个体的下边界 lb=[0.001,0.001]。利用教与学优化算法求解三杆桁架设计问题的主函数 main 如下：

```python
'''基于教与学优化算法的三杆桁架设计'''
import numpy as np
from matplotlib import pyplot as plt
import TLBO

'''适应度函数'''
def fun(X):
    x1=X[0]
    x2=X[1]
    l=100
    P=2
    sigma=2
    #约束条件判断
    g1=(np.sqrt(2)*x1+x2)*P/(np.sqrt(2)*x1**2+2*x1*x2)-sigma
    g2=x2*P/(np.sqrt(2)*x1**2+2*x1*x2)-sigma
    g3=P/(np.sqrt(2)*x2+x1)-sigma
    if g1<=0 and g2<=0 and g3<=0:
        #若满足约束条件，则计算适应度值
        fitness=(2*np.sqrt(2)*x1+x2)*l
    else:
        #若不满足约束条件，则将适应度值设置为一个很大的惩罚数
        fitness=10E32

    return fitness

'''主函数 '''
#设置参数
pop=30  #种群数量
maxIter=100 #最大迭代次数
dim=2 #维度
lb=np.array([0.001,0.001]) #下边界
ub=np.array([1,1])#上边界
#适应度函数的选择
fobj=fun
GbestScore,GbestPositon,Curve=TLBO.TLBO(pop,dim,lb,ub,maxIter,fobj)
print('最优适应度值: ',GbestScore)
print('最优解[x1,x2]: ',GbestPositon)

#绘制适应度函数曲线
plt.figure(1)
plt.plot(Curve,'r-',linewidth=2)
```

```
plt.xlabel('Iteration',fontsize='medium')
plt.ylabel("Fitness",fontsize='medium')
plt.grid()
plt.title('TLBO',fontsize='large')
plt.show()
```

适应度函数曲线如图 10.9 所示。

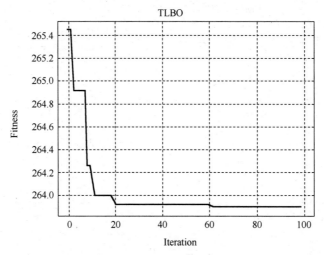

图 10.9　适应度函数曲线

运行结果如下：

```
最优适应度值：[263.90038594]
最优解[x1,x2]：[[0.78638997 0.41475715]]
```

　　从收敛曲线来看，适应度函数值不断减小，表明教与学优化算法不断地对参数进行优化。最终输出了一组满足约束条件的参数，对三杆桁架的设计具有指导意义。

### 10.3.4　基于教与学优化算法的拉压弹簧设计

#### 10.3.4.1　问题描述

　　如图 10.10 所示，拉压弹簧设计的目的是在满足最小挠度、振动频率和剪应力的约束下，最小化拉压弹簧的重量。该问题由三个连续的决策变量组成，即弹簧线圈直径（$d$ 或 $x_1$）、弹簧簧圈直径（$D$ 或 $x_2$）和绕线圈数（$P$ 或 $x_3$）。数学模型表示为

$$\min f(x) = (x_3 + 2)x_2 x_1^2$$

约束条件为

$$g_1(x) = 1 - \frac{x_2^3 x_3}{71785 x_1^4} \le 0$$

$$g_2(x) = \frac{4x_2^2 - x_1 x_2}{12566(x_2 x_1^3 - x_1^4)} + \frac{1}{5108 x_1^2} - 1 \le 0$$

$$g_3(x) = 1 - \frac{140.45x_1}{x_2^2 x_3} \le 0$$

$$g_4(x) = \frac{x_1 + x_2}{1.5} - 1 \le 0$$

$$0.05 \le x_1 \le 2, \ 0.25 \le x_2 < 1.3, \ 2 \le x_3 \le 15$$

图 10.10 拉压弹簧示意图

### 10.3.4.2 适应度函数设计

在该设计中，我们求解的问题是带约束的问题，其中一个约束条件为

$$0.05 \le x_1 \le 2, \ 0.25 \le x_2 < 1.3, \ 2 \le x_3 \le 15$$

可以通过教与学优化算法对寻优的边界进行设置，即设置个体的上边界为 ub=[2,1.3,15]，个体的下边界为 lb=[0.05,0.25,2]。其中，需要在适应度函数中对 $g_1(x),g_2(x),g_3(x),g_4(x)$ 进行约束，若 $x_1,x_2,x_3$ 不满足约束条件，则将该适应度值设置为一个很大的惩罚数，即 $10^{32}$。定义适应度函数 fun 如下：

```python
'''适应度函数'''
def fun(X):
    x1=X[0]
    x2=X[1]
    x3=X[2]
    #约束条件判断
    g1=1-(x2**3*x3)/(71785*x1**4)
    g2=(4*x2**2-x1*x2)/(12566*(x2*x1**3-x1**4))+1/(5108*x1**2)-1
    g3=1-(140.45*x1)/(x2**2*x3)
    g4=(x1+x2)/1.5-1
    if g1<=0 and g2<=0 and g3<=0 and g4<=0:
        #若满足约束条件，则计算适应度值
        fitness=(x3+2)*x2*x1**2
    else:
        #若不满足约束条件，则将适应度值设置为一个很大的惩罚数
        fitness=10E32
    return fitness
```

### 10.3.4.3 主函数设计

通过上述分析，可以设置教与学优化算法参数如下：

种群数量 pop 为 30，最大迭代次数 maxIter 为 100，个体的维度 dim 为 3（即 $x_1, x_2, x_3$），个体的上边界 ub=[2,1.3,15]，个体的下边界 lb=[0.05,0.25,2]。利用教与学优化算法求解拉压弹簧设计问题的主函数 main 如下：

```python
'''基于教与学优化算法的拉压弹簧设计'''
import numpy as np
from matplotlib import pyplot as plt
import TLBO

'''适应度函数'''
def fun(X):
        x1=X[0]
        x2=X[1]
        x3=X[2]
        #约束条件判断
        g1=1-(x2**3*x3)/(71785*x1**4)
        g2=(4*x2**2-x1*x2)/(12566*(x2*x1**3-x1**4))+1/(5108*x1**2)-1
        g3=1-(140.45*x1)/(x2**2*x3)
        g4=(x1+x2)/1.5-1
        if g1<=0 and g2<=0 and g3<=0 and g4<=0:
                #若满足约束条件，则计算适应度值
                fitness=(x3+2)*x2*x1**2
        else:
                #若不满足约束条件，则将适应度值设置为一个很大的惩罚数
                fitness=10E32

        return fitness

'''主函数'''
#设置参数
pop=30 #种群数量
maxIter=100 #最大迭代次数
dim=3 #维度
lb=np.array([0.05,0.25,2]) #下边界
ub=np.array([2,1.3,15])#上边界
#适应度函数的选择
fobj=fun
GbestScore,GbestPositon,Curve=TLBO.TLBO(pop,dim,lb,ub,maxIter,fobj)
print('最优适应度值: ',GbestScore)
print('最优解[x1,x2,x3]: ',GbestPositon)

#绘制适应度函数曲线
plt.figure(1)
plt.plot(Curve,'r-',linewidth=2)
plt.xlabel('Iteration',fontsize='medium')
plt.ylabel("Fitness",fontsize='medium')
plt.grid()
```

```
plt.title('TLBO',fontsize='large')
plt.show()
```

适应度函数曲线如图 10.11 所示。

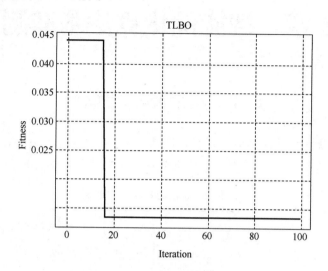

图 10.11  适应度函数曲线

运行结果如下：

最优适应度值：[0.01322775]
最优解[x1,x2,x3]：[[ 0.05      0.31124109 15.      ]]

从收敛曲线来看，适应度函数值不断减小，表明教与学优化算法不断地对参数进行优化。最终输出了一组满足约束条件的参数，对拉压弹簧的设计具有指导意义。

# 参 考 文 献

[1]  RAO R V,SAVSANI V J,VAKHARIA D P. Teaching–Learning-Based Optimization: An optimization method for continuous non-linear large scale problems[J]. Information Sciences,2012,183(1):1-15.

[2]  周凯. 改进的教与学优化算法及其应用[D]. 南昌：江西理工大学，2021.

[3]  麻利新. 基于教与学算法的风-火-蓄电力系统优化调度[D]. 银川：宁夏大学，2020.

[4]  曾恋捷. 基于教与学优化算法的结构可靠性分析方法[D]. 广州：暨南大学，2020.

[5]  靳安钊. 教与学优化算法研究[D]. 西安：西安电子科技大学，2018.

# 第11章 智能优化算法基准测试集

## 11.1 基准测试集简介

为了测试智能优化算法的性能，研究者们总结了典型的智能优化算法基准测试集，其中常用的基准测试函数有 23 个，将其分别命名为 F1~F23，如表 11.1 所示。

表 11.1 常用的基准测试函数

| 名称 | 函数表达式 | 维度 | 变量范围值 | 全局最优值 |
|------|-----------|------|-----------|-----------|
| F1 | $f_1(x) = \sum_{i=1}^{n} x_i^2$ | 30 | [−100,100] | 0 |
| F2 | $f_2(x) = \sum_{i=1}^{n} \|x_i\| + \prod_{i=1}^{n} \|x_i\|$ | 30 | [−10,10] | 0 |
| F3 | $f_3(x) = \sum_{i=1}^{n} (\sum_{j-1}^{i} x_j)^2$ | 30 | [−100,100] | 0 |
| F4 | $f_4(x) = \max_i\{\|x_i\|, 1 \leq i \leq n\}$ | 30 | [−10,10] | 0 |
| F5 | $f_5(x) = \sum_{i=1}^{n-1} (100(x_{i+1} - x_i^2)^2 + (x_i - 1)^2)$ | 30 | [−30,30] | 0 |
| F6 | $f_6(x) = \sum_{i=1}^{n} (x_i + 0.5)^2$ | 30 | [−100,100] | 0 |
| F7 | $f_7(x) = \sum_{i=1}^{n} ix_i^4 + \mathrm{random}[0,1)$ | 30 | [−1.28,1.28] | 0 |
| F8 | $f_8(x) = \sum_{i=1}^{n} -x_i \sin(\sqrt{\|x_i\|})$ | 30 | [−500,500] | −418.9829×30 |
| F9 | $f_9(x) = \sum_{i=1}^{n} (x_1^2 - 10\cos(2\pi x_i) + 10)$ | 30 | [−5.12,5.12] | 0 |
| F10 | $f_{10}(x) = -20\exp\left(-0.2\sqrt{\dfrac{1}{n}\sum_{i=1}^{n} x_i^2}\right) -$ $\exp\left(\dfrac{1}{n}\sum_{i=1}^{n} \cos(2\pi x_i)\right) + 20 + \mathrm{e}$ | 30 | [−32,32] | 0 |
| F11 | $f_{11}(x) = \dfrac{1}{4000}\sum_{i=1}^{n} x_i^2 - \prod_{i=1}^{n} \cos\left(\dfrac{x_i}{\sqrt{i}}\right) + 1$ | 30 | [−600,600] | 0 |

续表

| 名称 | 函数表达式 | 维度 | 变量范围值 | 全局最优值 |
|---|---|---|---|---|
| F12 | $f_{12}(x) = \dfrac{\pi}{n}(10\sin(\pi y_1) + \sum\limits_{i=1}^{n-1}(y_i-1)^2(1+10\sin^2(\pi y_{i+1})) +$ $(y_n-1)^2) + \sum\limits_{i=1}^{n}u(x_i,10,100,4)$ $y_i = 1 + \dfrac{x_i+1}{4}$ $u(x_i,a,k,m) = \begin{cases} k(x_i-a)^m & ,x_i > a \\ 0 & ,-a < x_i < a \\ k(-x_i-a)^m & ,x_i < -a \end{cases}$ | 30 | [−50,50] | 0 |
| F13 | $f_{13}(x) = 0.1(\sin^2(3\pi x_1) + \sum\limits_{i=1}^{n}(x_i-1)^2(1+\sin^2(3\pi x_i+1)) \cdot$ $(x_n-1)^2 1 + (\sin^2(2\pi x_n))) + \sum\limits_{i=1}^{n}u(x_i,5,100,4)$ | 30 | [−50,50] | 0 |
| F14 | $f_{14}(x) = \left(\dfrac{1}{500} + \sum\limits_{j=1}^{25}\dfrac{1}{j+\sum\limits_{i=1}^{2}(x_i-a_{ij})^6}\right)^{-1}$ | 2 | [−65,65] | 1 |
| F15 | $f_{15}(x) = \sum\limits_{i=1}^{11}\left(a_i - \dfrac{x_1(b_i^2+b_i x_2)}{b_i^2+b_i x_3+x_4}\right)^2$ | 4 | [−5,5] | 0.0003 |
| F16 | $f_{16}(x) = 4x_1^2 - 2.1x_1^4 + \dfrac{1}{3}x_1^6 + x_1 x_2 - 4x_2^2 + 4x_2^4$ | 2 | [−5,5] | −1.0316 |
| F17 | $f_{17}(x) = (x_2 - \dfrac{5.1}{4\pi^2}x_1^2 + \dfrac{5}{\pi}x_1 - 6)^2$ $+ 10(1-\dfrac{1}{8\pi})\cos x_1 + 10$ | 2 | [−5,5] | 0.398 |
| F18 | $f_{18}(x) = (1+(x_1+x_2+1)^2 \cdot (19-14x_1+3x_1^2-14x_2+$ $6x_1 x_2 + 3x_2^2)) \cdot (30+(2x_1-3x_2)^2 \cdot$ $(18-32x_1+12x_1^2+48x_2-36x_1 x_2+27x_2^2))$ | 2 | [−2,2] | 3 |
| F19 | $f_{19}(x) = -\sum\limits_{i=1}^{4}c_i\exp\left(-\sum\limits_{j=1}^{3}a_{ij}(x_j-p_{ij})^2\right)$ | 3 | [1,3] | −3.86 |
| F20 | $f_{20}(x) = -\sum\limits_{i=1}^{4}c_i\exp\left(-\sum\limits_{j=1}^{6}a_{ij}(x_j-p_{ij})^2\right)$ | 6 | [0,1] | −3.32 |
| F21 | $f_{21}(x) = -\sum\limits_{i=1}^{5}((X-a_i)(X-a_i)^{\mathrm{T}}+c_i)^{-1}$ | 4 | [0,10] | −10.1532 |
| F22 | $f_{22}(x) = -\sum\limits_{i=1}^{7}((X-a_i)(X-a_i)^{\mathrm{T}}+c_i)^{-1}$ | 4 | [0,10] | −10.4028 |
| F23 | $f_{23}(x) = -\sum\limits_{i=1}^{10}((X-a_i)(X-a_i)^{\mathrm{T}}+c_i)^{-1}$ | 4 | [0,10] | −10.5363 |

## 11.2　基准测试函数绘图与测试函数代码编写

### 11.2.1　函数 F1

函数 F1 的基本信息如下：

| 名称 | 函数表达式 | 维度 | 变量范围值 | 全局最优值 |
|------|-----------|------|-----------|-----------|
| F1 | $f_1(x) = \sum_{i=1}^{n} x_i^2$ | 30 | [−100,100] | 0 |

当维度为二维时，函数 F1 搜索曲面如图 11.1 所示。

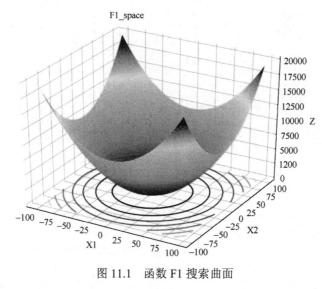

图 11.1　函数 F1 搜索曲面

函数 F1 的 Python 代码如下：

```
def F1(X):
    Results=np.sum(X**2)
    return Results
```

绘制函数 F1 搜索曲面的 Python 代码如下：

```
'''F1 绘图函数'''
import numpy as np
from matplotlib import pyplot as plt
from mpl_toolkits.mplot3d import Axes3D

def F1(X):
    Results=np.sum(X**2)
    return Results

def F1Plot():
    fig=plt.figure(1)         #定义 figure
    ax=Axes3D(fig)            #将 figure 变为 3D
```

```
    x1=np.arange(-100,100,2) #定义 x1，范围为[-100,100]，间隔为 2
    x2=np.arange(-100,100,2) #定义 x2，范围为[-100,100]，间隔为 2
    X1,X2=np.meshgrid(x1,x2) #生成网格
    nSize=x1.shape[0]
    Z=np.zeros([nSize,nSize])
    for i in range(nSize):
        for j in range(nSize):
            X=[X1[i,j],X2[i,j]]      #构造 F1 的输入
            X=np.array(X)            #将格式由 list 转换为 array
            Z[i,j]=F1(X)             #计算 F1 的值
    #绘制 3D 曲面
    #rstride:行之间的跨度，cstride:列之间的跨度
    #cmap 参数可以控制三维曲面的颜色组合
    ax.plot_surface(X1,X2,Z,rstride=1,cstride=1,cmap=plt.get_cmap
('rainbow'))
    ax.contour(X1,X2,Z,zdir='z',offset=0)#绘制等高线
    ax.set_xlabel('X1')#x 轴说明
    ax.set_ylabel('X2')#y 轴说明
    ax.set_zlabel('Z') #z 轴说明
    ax.set_title('F1_space')
    plt.show()
F1Plot()
```

## 11.2.2  函数 F2

函数 F2 的基本信息如下：

| 名称 | 函数表达式 | 维度 | 变量范围值 | 全局最优值） |
|------|-----------|------|-----------|-------------|
| F2 | $f_2(x) = \sum_{i=1}^{n} |x_i| + \prod_{i=1}^{n} |x_i|$ | 30 | $[-10,10]$ | 0 |

当维度为二维时，函数 F2 搜索曲面如图 11.2 所示。

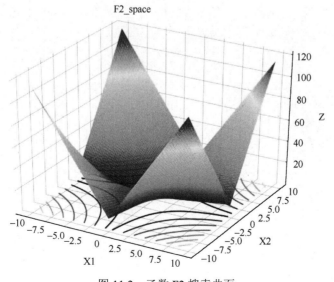

图 11.2  函数 F2 搜索曲面

函数 F2 的 Python 代码如下：

```
def F2(X):
    Results=np.sum(np.abs(X))+np.prod(np.abs(X))
    return Results
```

绘制函数 F2 搜索曲面的 Python 代码如下：

```
'''F2 绘图函数'''
import numpy as np
from matplotlib import pyplot as plt
from mpl_toolkits.mplot3d import Axes3D

def F2(X):
    Results=np.sum(np.abs(X))+np.prod(np.abs(X))
    return Results

def F2Plot():
    fig=plt.figure(1)           #定义 figure
    ax=Axes3D(fig)              #将 figure 变为 3D
    x1=np.arange(-10,10,0.2)    #定义 x1，范围为[-10,10]，间隔为 0.2
    x2=np.arange(-10,10,0.2)    #定义 x2，范围为[-10,10]，间隔为 0.2
    X1,X2=np.meshgrid(x1,x2)    #生成网格
    nSize=x1.shape[0]
    Z=np.zeros([nSize,nSize])
    for i in range(nSize):
        for j in range(nSize):
            X=[X1[i,j],X2[i,j]]      #构造 F2 的输入
            X=np.array(X)            #将格式由 list 转换为 array
            Z[i,j]=F2(X)             #计算 F2 的值
    #绘制 3D 曲面
    #rstride:行之间的跨度，cstride:列之间的跨度
    #cmap 参数可以控制三维曲面的颜色组合
    ax.plot_surface(X1,X2,Z,rstride=1,cstride=1,cmap=plt.get_cmap
('rainbow'))
    ax.contour(X1,X2,Z,zdir='z',offset=0)#绘制等高线
    ax.set_xlabel('X1')         #x 轴说明
    ax.set_ylabel('X2')         #y 轴说明
    ax.set_zlabel('Z')          #z 轴说明
    ax.set_title('F2_space')
    plt.show()

F2Plot()
```

## 11.2.3　函数 F3

函数 F3 的基本内容如下：

| 名称 | 函数表达式（ | 维度） | 变量范围值 | 全局最优值 |
|------|------|------|------|------|
| F3 | $f_3(x)=\sum_{i=1}^{n}(\sum_{j=1}^{i}x_j)^2$ | 30 | [-100,100] | 0 |

当维度为二维时，函数 F3 搜索曲面如图 11.3 所示。

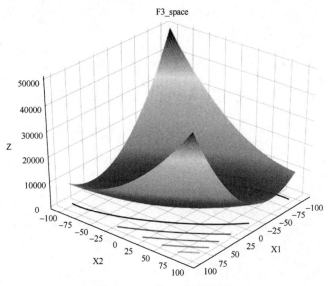

图 11.3　函数 F3 搜索曲面

函数 F3 的 Python 代码如下：

```python
def F3(X):
    dim=X.shape[0]
    Results=0
    for i in range(dim):
        Results=Results+np.sum(X[0:i+1])**2
    return Results
```

绘制函数 F3 搜索曲面的 Python 代码如下：

```python
'''F3 绘图函数'''
import numpy as np
from matplotlib import pyplot as plt
from mpl_toolkits.mplot3d import Axes3D

def F3(X):
    dim=X.shape[0]
    Results=0
    for i in range(dim):
        Results=Results+np.sum(X[0:i+1])**2

    return Results

def F3Plot():
    fig=plt.figure(1)          #定义 figure
    ax=Axes3D(fig)             #将 figure 变为 3D
```

```
x1=np.arange(-100,100,2)  #定义 x1，范围为[-100,100]，间隔为 2
x2=np.arange(-100,100,2)  #定义 x2，范围为[-100,100]，间隔为 2
X1,X2=np.meshgrid(x1,x2)  #生成网格
nSize=x1.shape[0]
Z=np.zeros([nSize,nSize])
for i in range(nSize):
    for j in range(nSize):
        X=[X1[i,j],X2[i,j]]       #构造 F3 输入
        X=np.array(X)             #将格式由 list 转换为 array
        Z[i,j]=F3(X)              #计算 F3 的值
#绘制 3D 曲面
#rstride:行之间的跨度，cstride:列之间的跨度
#cmap 参数可以控制三维曲面的颜色组合
ax.plot_surface(X1,X2,Z,rstride=1,cstride=1,cmap=plt.get_cmap
('rainbow'))
ax.contour(X1,X2,Z,zdir='z',offset=0)#绘制等高线
ax.set_xlabel('X1')#x 轴说明
ax.set_ylabel('X2')#y 轴说明
ax.set_zlabel('Z')#z 轴说明
ax.set_title('F3_space')
plt.show()

F3Plot()
```

### 11.2.4　函数 F4

函数 F4 的基本信息如下：

| 名称 | 函数表达式（function） | 维度（dim） | 变量范围值（Range） | 全局最优值（fmin） |
|---|---|---|---|---|
| F4 | $f_4(x)=\max_i\{\mid x_i\mid,1\le i\le n\}$ | 30 | $[-10,10]$ | 0 |

当维度为二维时，函数 F4 搜索曲面如图 11.4 所示。

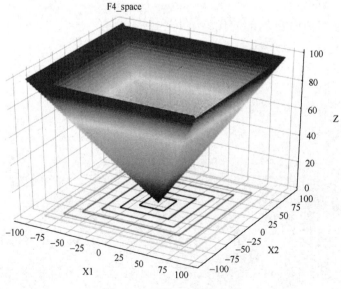

图 11.4　函数 F4 搜索曲面

函数 F4 的 Python 代码如下：

```
def F4(X):
    Results=np.max(np.abs(X))
    return Results
```

绘制函数 F4 搜索曲面的 Python 代码如下：

```
'''F4绘图函数'''
import numpy as np
from matplotlib import pyplot as plt
from mpl_toolkits.mplot3d import Axes3D

def F4(X):
    Results=np.max(np.abs(X))

    return Results


def F4Plot():
    fig=plt.figure(1)              #定义figure
    ax=Axes3D(fig)                 #将figure变为3D
    x1=np.arange(-100,100,2)       #定义x1，范围为[-100,100]，间隔为2
    x2=np.arange(-100,100,2)       #定义x2，范围为[-100,100]，间隔为2
    X1,X2=np.meshgrid(x1,x2)       #生成网格
    nSize=x1.shape[0]
    Z=np.zeros([nSize,nSize])
    for i in range(nSize):
        for j in range(nSize):
            X=[X1[i,j],X2[i,j]]         #构造F4输入
            X=np.array(X)               #将格式由list转换为array
            Z[i,j]=F4(X)                #计算F4的值
    #绘制3D曲面
    #rstride:行之间的跨度，cstride:列之间的跨度
    #cmap参数可以控制三维曲面的颜色组合
    ax.plot_surface(X1,X2,Z,rstride=1,cstride=1,cmap=plt.get_cmap
('rainbow'))
    ax.contour(X1,X2,Z,zdir='z',offset=0)#绘制等高线
    ax.set_xlabel('X1')#x轴说明
    ax.set_ylabel('X2')#y轴说明
    ax.set_zlabel('Z')#z轴说明
    ax.set_title('F4_space')
    plt.show()

F4Plot()
```

## 11.2.5  函数 F5

函数 F5 的基本信息如下：

| 名称 | 函数表达式 | 维度 | 变量范围值） | 全局最优值 |
|------|-----------|------|-------------|-----------|
| F5 | $f_5(x)=\sum_{i=1}^{n-1}(100(x_{i+1}-x_i^2)^2+(x_i-1)^2)$ | 30 | $[-30,30]$ | 0 |

当维度为二维时，函数 F5 搜索曲面如图 11.5 所示。

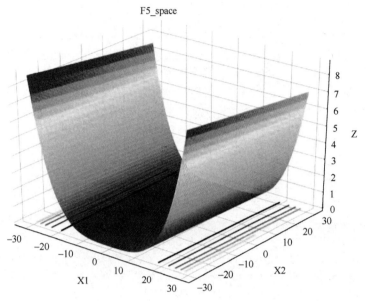

图 11.5　函数 F5 搜索曲面

函数 F5 的 Python 代码如下：

```python
def F5(X):
    dim=X.shape[0]
    Results=np.sum(100*(X[1:dim]-(X[0:dim-1]**2))**2+(X[0:dim-1]-1)**2)
    return Results
```

绘制函数 F5 搜索曲面的 Python 代码如下：

```python
'''F5绘图函数'''
import numpy as np
from matplotlib import pyplot as plt
from mpl_toolkits.mplot3d import Axes3D

def F5(X):
    dim=X.shape[0]
    Results=np.sum(100*(X[1:dim]-(X[0:dim-1]**2))**2+(X[0:dim-1]-1)**2)

    return Results

def F5Plot():
    fig=plt.figure(1)            #定义 figure
    ax=Axes3D(fig)               #将 figure 变为 3D
    x1=np.arange(-30,30,0.5)     #定义 x1，范围为[-30,30]，间隔为 0.5
    x2=np.arange(-30,30,0.5)     #定义 x2，范围为[-30,30]，间隔为 0.5
```

```
        X1,X2=np.meshgrid(x1,x2)          #生成网格
        nSize=x1.shape[0]
        Z=np.zeros([nSize,nSize])
        for i in range(nSize):
            for j in range(nSize):
                X=[X1[i,j],X2[i,j]]       #构造 F5 输入
                X=np.array(X)             #将格式由 list 转换为 array
                Z[i,j]=F5(X)              #计算 F5 的值
    #绘制 3D 曲面
    #rstride:行之间的跨度，cstride:列之间的跨度
    #cmap 参数可以控制三维曲面的颜色组合
    ax.plot_surface(X1,X2,Z,rstride=1,cstride=1,cmap=plt.get_cmap
('rainbow'))
    ax.contour(X1,X2,Z,zdir='z',offset=0)#绘制等高线
    ax.set_xlabel('X1')#x 轴说明
    ax.set_ylabel('X2')#y 轴说明
    ax.set_zlabel('Z')#z 轴说明
    ax.set_title('F5_space')
    plt.show()

F5Plot()
```

## 11.2.6　函数 F6

函数 F6 的基本信息如下：

| 名称 | 函数表达式 | 维度 | 变量范围值 | 全局最优值 |
|------|-----------|------|-----------|-----------|
| F6 | $f_6(x) = \sum\limits_{i=1}^{n}(x_i+0.5)^2$ | 30 | $[-100,100]$ | 0 |

当维度为二维时，函数 F6 搜索曲面如图 11.6 所示。

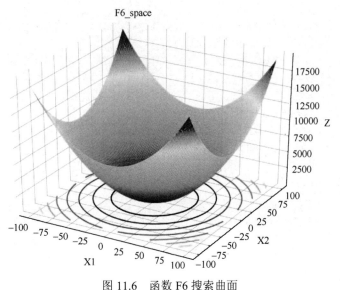

图 11.6　函数 F6 搜索曲面

函数 F6 的 Python 代码如下：

```
def F6(X):
    Results=np.sum(np.abs(X+0.5)**2)
    return Results
```

绘制函数 F6 搜索曲面的 Python 代码如下：

```
'''F6 绘图函数'''
import numpy as np
from matplotlib import pyplot as plt
from mpl_toolkits.mplot3d import Axes3D

def F6(X):
    Results=np.sum(np.abs(X+0.5)**2)

    return Results

def F6Plot():
    fig=plt.figure(1)                #定义 figure
    ax=Axes3D(fig)                   #将 figure 变为 3D
    x1=np.arange(-100,100,2)  #定义 x1，范围为[-100,100]，间隔为 2
    x2=np.arange(-100,100,2)  #定义 x2，范围为[-100,100]，间隔为 2
    X1,X2=np.meshgrid(x1,x2)  #生成网格
    nSize=x1.shape[0]
    Z=np.zeros([nSize,nSize])
    for i in range(nSize):
        for j in range(nSize):
            X=[X1[i,j],X2[i,j]]     #构造 F6 的输入
            X=np.array(X)            #将格式由 list 转换为 array
            Z[i,j]=F6(X)             #计算 F6 的值
    #绘制 3D 曲面
    #rstride:行之间的跨度，cstride:列之间的跨度
    #cmap 参数可以控制三维曲面的颜色组合
    ax.plot_surface(X1,X2,Z,rstride=1,cstride=1,cmap=plt.get_cmap
('rainbow'))
    ax.contour(X1,X2,Z,zdir='z',offset=0)#绘制等高线
    ax.set_xlabel('X1')#x 轴说明
    ax.set_ylabel('X2')#y 轴说明
    ax.set_zlabel('Z')#z 轴说明
    ax.set_title('F6_space')
    plt.show()

F6Plot()
```

## 11.2.7  函数 F7

函数 F7 的基本信息如下：

| 名称 | 函数表达式 | 维度 | 变量范围值 | 全局最优值 |
|------|-----------|------|-----------|-----------|
| F7 | $f_7(x) = \sum\limits_{i=1}^{n} ix_i^4 + random[0,1)$ | 30 | $[-1.28,1.28]$ | 0 |

当维度为二维时，函数 F7 搜索曲面如图 11.7 所示。

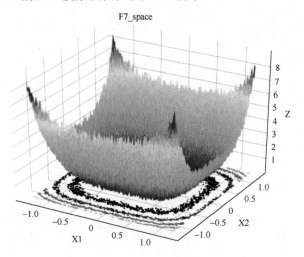

图 11.7  函数 F7 搜索曲面

函数 F7 的 Python 代码如下：

```python
def F7(X):
    dim=X.shape[0]
    Temp=np.arange(1,dim+1,1)
    Results=np.sum(Temp*(X**4))+np.random.random()

    return Results
```

绘制函数 F7 搜索曲面的 Python 代码如下：

```python
'''F7 绘图函数'''
import numpy as np
from matplotlib import pyplot as plt
from mpl_toolkits.mplot3d import Axes3D

def F7(X):
    dim=X.shape[0]
    Temp=np.arange(1,dim+1,1)
    Results=np.sum(Temp*(X**4))+np.random.random()

    return Results

def F7Plot():
    fig=plt.figure(1)        #定义 figure
    ax=Axes3D(fig)           #将 figure 变为 3D
    x1=np.arange(-1.28,1.28,0.02) #定义 x1,范围为[-1.28,1.28]，间隔为 0.02
    x2=np.arange(-1.28,1.28,0.02) #定义 x2,范围为[-1.28,1.28]，间隔为 0.02
```

```
        X1,X2=np.meshgrid(x1,x2)        #生成网格
        nSize=x1.shape[0]
        Z=np.zeros([nSize,nSize])
        for i in range(nSize):
            for j in range(nSize):
                X=[X1[i,j],X2[i,j]]     #构造 F7 的输入
                X=np.array(X)            #将格式由 list 转换为 array
                Z[i,j]=F7(X)            #计算 F7 的值
        #绘制 3D 曲面
        #rstride:行之间的跨度,cstride:列之间的跨度
        #cmap 参数可以控制三维曲面的颜色组合
        ax.plot_surface(X1,X2,Z,rstride=1,cstride=1,cmap=plt.get_cmap
('rainbow'))
        ax.contour(X1,X2,Z,zdir='z',offset=0)#绘制等高线
        ax.set_xlabel('X1')#x 轴说明
        ax.set_ylabel('X2')#y 轴说明
        ax.set_zlabel('Z')#z 轴说明
        ax.set_title('F7_space')
        plt.show()

    F7Plot()
```

## 11.2.8 函数 F8

函数 F8 的基本内容如下：

| 名称 | 函数表达式 | 维度 | 变量范围值 | 全局最优值 |
|------|-----------|------|-----------|-----------|
| F8 | $f_8(x) = \sum_{i=1}^{n} -x_i \sin(\sqrt{\lvert x_i \rvert})$ | 30 | [−500,500] | −418.9829×30 |

当维度为二维时，函数 F8 搜索曲面如图 11.8 所示。

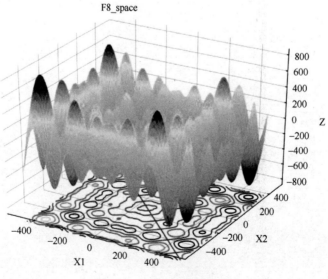

图 11.8　函数 F8 搜索曲面

函数 F8 的 Python 代码如下：

```
def F8(X):
    Results=np.sum(-X*np.sin(np.sqrt(np.abs(X))))
    return Results
```

绘制函数 F8 搜索曲面的 Python 代码如下：

```
'''F8 绘图函数'''
import numpy as np
from matplotlib import pyplot as plt
from mpl_toolkits.mplot3d import Axes3D

def F8(X):

    Results=np.sum(-X*np.sin(np.sqrt(np.abs(X))))

    return Results

def F8Plot():
    fig=plt.figure(1)                 #定义 figure
    ax=Axes3D(fig)                    #将 figure 变为 3D
    x1=np.arange(-500,500,10)         #定义 x1，范围为[-500,500]，间隔为 10
    x2=np.arange(-500,500,10)         #定义 x2，范围为[-500,500]，间隔为 10
    X1,X2=np.meshgrid(x1,x2)          #生成网格
    nSize=x1.shape[0]
    Z=np.zeros([nSize,nSize])
    for i in range(nSize):
        for j in range(nSize):
            X=[X1[i,j],X2[i,j]]       #构造 F8 的输入
            X=np.array(X)             #将格式由 list 转换为 array
            Z[i,j]=F8(X)              #计算 F8 的值
    #绘制 3D 曲面
    #rstride:行之间的跨度，cstride:列之间的跨度
    #cmap 参数可以控制三维曲面的颜色组合
    ax.plot_surface(X1,X2,Z,rstride=1,cstride=1,cmap=plt.get_cmap
('rainbow'))
    ax.contour(X1,X2,Z,zdir='z',offset=-1000)#绘制等高线
    ax.set_xlabel('X1')#x 轴说明
    ax.set_ylabel('X2')#y 轴说明
    ax.set_zlabel('Z')#z 轴说明
    ax.set_title('F8_space')
    plt.show()

F8Plot()
```

### 11.2.9 函数 F9

函数 F9 的具体内容如下：

| 名称 | 函数表达式 | 维度 | 变量范围值 | 全局最优值 |
|------|-----------|------|-----------|-----------|
| F9 | $f_9(x) = \sum_{i=1}^{n} (x_1^2 - 10\cos(2\pi x_i) + 10)$ | 30 | $[-5.12, 5.12]$ | 0 |

当维度为二维时，函数 F9 搜索曲面如图 11.9 所示。

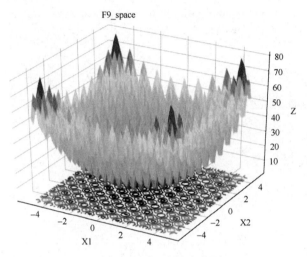

图 11.9 函数 F9 搜索曲面

函数 F9 的 Python 代码如下：

```python
def F9(X):
    dim=X.shape[0]
    Results=np.sum(X**2-10*np.cos(2*np.pi*X))+10*dim

    return Results
```

绘制函数 F9 搜索曲面的 Python 代码如下：

```python
'''F9 绘图函数'''
import numpy as np
from matplotlib import pyplot as plt
from mpl_toolkits.mplot3d import Axes3D

def F9(X):
    dim=X.shape[0]
    Results=np.sum(X**2-10*np.cos(2*np.pi*X))+10*dim

    return Results

def F9Plot():
    fig=plt.figure(1)                #定义 figure
    ax=Axes3D(fig)                   #将 figure 变为 3D
    x1=np.arange(-5.12,5.12,0.2)     #定义 x1，范围为[-5.12,5.12]，间隔为 0.2
```

```
    x2=np.arange(-5.12,5.12,0.2)  #定义 x2，范围为[-5.12,5.12]，间隔为 0.2
    X1,X2=np.meshgrid(x1,x2)       #生成网格
    nSize=x1.shape[0]
    Z=np.zeros([nSize,nSize])
    for i in range(nSize):
        for j in range(nSize):
            X=[X1[i,j],X2[i,j]]   #构造 F9 的输入
            X=np.array(X)          #将格式由 list 转换为 array
            Z[i,j]=F9(X)           #计算 F9 的值
    #绘制 3D 曲面
    #rstride:行之间的跨度，cstride:列之间的跨度
    #cmap 参数可以控制三维曲面的颜色组合
    ax.plot_surface(X1,X2,Z,rstride=1,cstride=1,cmap=plt.get_cmap
('rainbow'))
    ax.contour(X1,X2,Z,zdir='z',offset=0)#绘制等高线
    ax.set_xlabel('X1')#x 轴说明
    ax.set_ylabel('X2')#y 轴说明
    ax.set_zlabel('Z')#z 轴说明
    ax.set_title('F9_space')
    plt.show()

F9Plot()
```

## 11.2.10　函数 F10

函数 F10 的具体内容如下：

| 名称 | 函数表达式 | 维度 | 变量范围值 | 全局最优值 |
|------|-----------|------|-----------|-----------|
| F10 | $f_{10}(x) = -20\exp\left(-0.2\sqrt{\dfrac{1}{n}\sum_{i=1}^{n}x_i^2}\right)$ $-\exp\left(\dfrac{1}{n}\sum_{i=1}^{n}\cos(2\pi x_i)\right) + 20 + \mathrm{e}$ | 30 | $[-32,32]$ | 0 |

当维度为二维时，函数 F10 搜索曲面如图 11.10 所示。

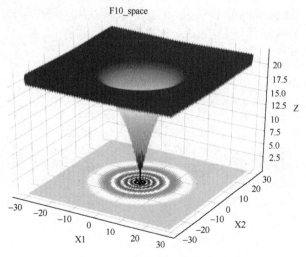

图 11.10　函数 F10 搜索曲面

函数 F10 的 Python 代码如下：

```python
def F10(X):
    dim=X.shape[0]
    Results=-20*np.exp(-0.2*np.sqrt(np.sum(X**2)/dim))-np.exp(np.sum
(np.cos(2*np.pi*X))/dim)+20+np.exp(1)

    return Results
```

绘制函数 F10 搜索曲面的 Python 代码如下：

```python
'''F10绘图函数'''
import numpy as np
from matplotlib import pyplot as plt
from mpl_toolkits.mplot3d import Axes3D

def F10(X):
    dim=X.shape[0]
    Results=-20*np.exp(-0.2*np.sqrt(np.sum(X**2)/dim))-np.exp(np.sum
(np.cos(2*np.pi*X))/dim)+20+np.exp(1)

    return Results

def F10Plot():
    fig=plt.figure(1)              #定义 figure
    ax=Axes3D(fig)                 #将 figure 变为 3D
    x1=np.arange(-30,30,0.5)       #定义 x1，范围为[-30,30]，间隔为 0.5
    x2=np.arange(-30,30,0.5)       #定义 x2，范围为[-30,30]，间隔为 0.5
    X1,X2=np.meshgrid(x1,x2)       #生成网格
    nSize=x1.shape[0]
    Z=np.zeros([nSize,nSize])
    for i in range(nSize):
        for j in range(nSize):
            X=[X1[i,j],X2[i,j]]    #构造 F10 的输入
            X=np.array(X)          #将格式由 list 转换为 array
            Z[i,j]=F10(X)          #计算 F10 的值
    #绘制 3D 曲面
    #rstride:行之间的跨度，cstride:列之间的跨度
    #cmap 参数可以控制三维曲面的颜色组合
    ax.plot_surface(X1,X2,Z,rstride=1,cstride=1,cmap=plt.get_cmap
('rainbow'))
    ax.contour(X1,X2,Z,zdir='z',offset=0)#绘制等高线
    ax.set_xlabel('X1')#x 轴说明
    ax.set_ylabel('X2')#y 轴说明
    ax.set_zlabel('Z')#z 轴说明
    ax.set_title('F10_space')
    plt.show()

F10Plot()
```

## 11.2.11 函数 F11

函数 F11 的基本信息如下：

| 名称 | 函数表达式 | 维度 | 变量范围值 | 全局最优值 |
|------|-----------|------|-----------|-----------|
| F11 | $f_{11}(x) = \dfrac{1}{4000}\displaystyle\sum_{i=1}^{n} x_i^2 - \Pi_{i=1}^{n}\cos\left(\dfrac{x_i}{\sqrt{i}}\right) + 1$ | 30 | $[-600,600]$ | 0 |

当维度为二维时，函数 F11 搜索曲面如图 11.11 所示。

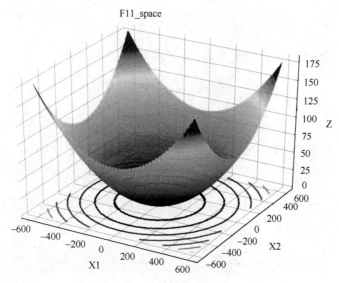

图 11.11　函数 F11 搜索曲面

函数 F11 的 Python 代码如下：

```python
def F11(X):
    dim=X.shape[0]
    Temp=np.arange(1,dim+1,+1)
    Results=np.sum(X**2)/4000-np.prod(np.cos(X/np.sqrt(Temp)))+1
    return Results
```

绘制函数 F11 搜索曲面的 Python 代码如下：

```python
'''F11绘图函数'''
import numpy as np
from matplotlib import pyplot as plt
from mpl_toolkits.mplot3d import Axes3D

def F11(X):
    dim=X.shape[0]
    Temp=np.arange(1,dim,1)
    Results=np.sum(X**2)/4000-np.prod(np.cos(X/np.sqrt(Temp)))+1

    return Results
```

```
def F11Plot():
    fig=plt.figure(1)            #定义 figure
    ax=Axes3D(fig)               #将 figure 变为 3D
    x1=np.arange(-600,600,5)     #定义 x1，范围为 [-600,600]，间隔为 5
    x2=np.arange(-600,600,5)     #定义 x2，范围为 [-600,600]，间隔为 5
    X1,X2=np.meshgrid(x1,x2)     #生成网格
    nSize=x1.shape[0]
    Z=np.zeros([nSize,nSize])
    for i in range(nSize):
        for j in range(nSize):
            X=[X1[i,j],X2[i,j]]      #构造 F11 的输入
            X=np.array(X)            #将格式由 list 转换为 array
            Z[i,j]=F11(X)            #计算 F11 的值
    #绘制 3D 曲面
    #rstride:行之间的跨度，cstride:列之间的跨度
    #cmap 参数可以控制三维曲面的颜色组合
    ax.plot_surface(X1,X2,Z,rstride=1,cstride=1,cmap=plt.get_cmap
('rainbow'))
    ax.contour(X1,X2,Z,zdir='z',offset=0)#绘制等高线
    ax.set_xlabel('X1')#x 轴说明
    ax.set_ylabel('X2')#y 轴说明
    ax.set_zlabel('Z')#z 轴说明
    ax.set_title('F11_space')
    plt.show()

F11Plot()
```

## 11.2.12 函数 F12

函数 F12 的基本信息如下：

| 名称 | 函数表达式 | 维度 | 变量范围值 | 全局最优值 |
|---|---|---|---|---|
| F12 | $f_{12}(x) = \dfrac{\pi}{n}(10\sin(\pi y_1) + \sum_{i=1}^{n-1}(y_i-1)^2(1+10\sin^2(\pi y_{i+1})) +$ $(y_n-1)^2) + \sum_{i=1}^{n}u(x_i,10,100,4)$ $y_i = 1 + \dfrac{x_i+1}{4}$ $u(x_i,a,k,m) = \begin{cases} k(x_i-a)^m & ,x_i > a \\ 0, & -a < x_i < a \\ k(-x_i-a)^m & ,x_i < -a \end{cases}$ | 30 | $[-50,50]$ | 0 |

当维度为二维时，函数 F12 搜索曲面如图 11.12 所示。

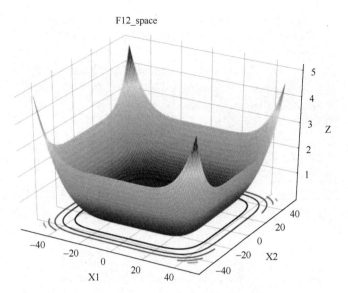

图 11.12　函数 F12 搜索曲面

函数 F12 的 Python 代码如下：

```python
def Ufun(x,a,k,m):
    Results=k*((x-a)**m)*(x>a)+k*((-x-a)**m)*(x<-a)
    return Results



def F12(X):
    dim=X.shape[0]
    Results=(np.pi/dim)*(10*((np.sin(np.pi*(1+(X[0]+1)/4)))**2)+\
            np.sum((((X[0:dim-1]+1)/4)**2)*(1+10*((np.sin(np.pi*(1+
(X[1:dim]+1)/4)))**2))+\
            ((X[dim-1]+1)/4)**2))+np.sum(Ufun(X,10,100,4))

    return Results
```

绘制函数 F12 搜索曲面的 Python 代码如下：

```python
'''F12绘图函数'''
import numpy as np
from matplotlib import pyplot as plt
from mpl_toolkits.mplot3d import Axes3D



def Ufun(x,a,k,m):
    Results=k*((x-a)**m)*(x>a)+k*((-x-a)**m)*(x<-a)
    return Results



def F12(X):
    dim=X.shape[0]
```

```
Results=(np.pi/dim)*(10*((np.sin(np.pi*(1+(X[0]+1)/4)))**2)+\
        np.sum(((X[0:dim-1]+1)/4)**2)*(1+10*((np.sin(np.pi*(1+X[1:
dim]+1)/4))**2))+\
        ((X[dim-1]+1)/4)**2)+np.sum(Ufun(X,10,100,4))

    return Results


def F12Plot():
    fig=plt.figure(1)               #定义 figure
    ax=Axes3D(fig)                  #将 figure 变为 3D
    x1=np.arange(-50,50,1)          #定义 x1，范围为[-50,50]，间隔为 1
    x2=np.arange(-50,50,1)          #定义 x2，范围为[-50,50]，间隔为 1
    X1,X2=np.meshgrid(x1,x2)        #生成网格
    nSize=x1.shape[0]
    Z=np.zeros([nSize,nSize])
    for i in range(nSize):
        for j in range(nSize):
            X=[X1[i,j],X2[i,j]]     #构造 F12 的输入
            X=np.array(X)           #将格式由 list 转换为 array
            Z[i,j]=F12(X)           #计算 F12 的值
    #绘制 3D 曲面
    #rstride:行之间的跨度，cstride:列之间的跨度
    #cmap 参数可以控制三维曲面的颜色组合
    ax.plot_surface(X1,X2,Z,rstride=1,cstride=1,cmap=plt.get_cmap
('rainbow'))
    ax.contour(X1,X2,Z,zdir='z',offset=0)#绘制等高线
    ax.set_xlabel('X1')#x 轴说明
    ax.set_ylabel('X2')#y 轴说明
    ax.set_zlabel('Z')#z 轴说明
    ax.set_title('F12_space')
    plt.show()

F12Plot()
```

### 11.2.13 函数 F13

函数 F13 的基本信息如下：

| 名称 | 函数表达式 | 维度 | 变量范围值 | 全局最优值 |
|------|-----------|------|-----------|-----------|
| F13 | $f_{13}(x)=0.1(\sin^2(3\pi x_1)+\sum_{i=1}^{n}(x_i-1)^2(1+\sin^2(3\pi x_i+1))\cdot$ $(x_n-1)^2[1+\sin^2(2\pi x_n)])+\sum_{i=1}^{n}u(x_i,5,100,4)$ | 30 | [-50,50] | 0 |

当维度为二维时，函数 F13 搜索曲面如图 11.13 所示。

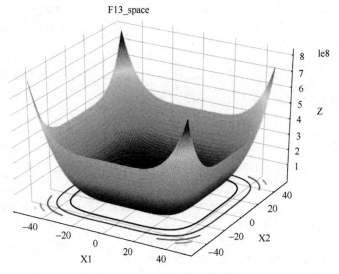

图 11.13　函数 F13 搜索曲面

函数 F13 的 Python 代码如下：

```
def Ufun(x,a,k,m):
    Results=k*((x-a)**m)*(x>a)+k*((-x-a)**m)*(x<-a)
    return Results



def F13(X):
    dim=X.shape[0]
    Results=0.1*((np.sin(3*np.pi*X[0]))**2+np.sum((X[0:dim-1]-1)**2*
(1+(np.sin(3*np.pi*X[1:dim]))**2))+\
               ((X[dim-1]-1)**2)*(1+(np.sin(2*np.pi*X[dim-1]))**2))+np.
sum(Ufun(X,5,100,4))


    return Results
```

绘制函数 F13 搜索曲面的 Python 代码如下：

```
'''F13 绘图函数'''
import numpy as np
from matplotlib import pyplot as plt
from mpl_toolkits.mplot3d import Axes3D



def Ufun(x,a,k,m):
    Results=k*((x-a)**m)*(x>a)+k*((-x-a)**m)*(x<-a)
    return Results



def F13(X):
```

```
        dim=X.shape[0]
        Results=0.1*((np.sin(3*np.pi*X[0]))**2+np.sum((X[0:dim-1]-1)**2*
(1+(np.sin(3*np.pi*X[1:dim]))**2))+\
                ((X[dim-1]-1)**2)*(1+(np.sin(2*np.pi*X[dim-1]))**2))+np.
sum(Ufun(X,5,100,4))

        return Results

    def F13Plot():
        fig=plt.figure(1)              #定义 figure
        ax=Axes3D(fig)                 #将 figure 变为 3D
        x1=np.arange(-50,50,1)         #定义 x1，范围为[-50,50]，间隔为 1
        x2=np.arange(-50,50,1)         #定义 x2，范围为[-50,50]，间隔为 1
        X1,X2=np.meshgrid(x1,x2)  #生成网格
        nSize=x1.shape[0]
        Z=np.zeros([nSize,nSize])
        for i in range(nSize):
            for j in range(nSize):
                X=[X1[i,j],X2[i,j]]        #构造 F13 的输入
                X=np.array(X)             #将格式由 list 转换为 array
                Z[i,j]=F13(X)             #计算 F13 的值
        #绘制 3D 曲面
        #rstride:行之间的跨度，cstride:列之间的跨度
        #cmap 参数可以控制三维曲面的颜色组合
        ax.plot_surface(X1,X2,Z,rstride=1,cstride=1,cmap=plt.get_cmap
('rainbow'))
        ax.contour(X1,X2,Z,zdir='z',offset=0)#绘制等高线
        ax.set_xlabel('X1')#x 轴说明
        ax.set_ylabel('X2')#y 轴说明
        ax.set_zlabel('Z')#z 轴说明
        ax.set_title('F13_space')
        plt.show()

    F13Plot()
```

## 11.2.14　函数 F14

函数 F14 的基本信息如下：

| 名称 | 函数表达式 | 维度 | 变量范围值 | 全局最优值 |
|------|-----------|------|-----------|-----------|
| F14 | $f_{14}(x)=\left(\dfrac{1}{500}+\displaystyle\sum_{j=1}^{25}\dfrac{1}{j+\displaystyle\sum_{i=1}^{2}(x_i-a_{ij})^6}\right)^{-1}$ | 2 | [−65,65] | 1 |

当维度为二维时，函数 F14 搜索曲面如图 11.14 所示。

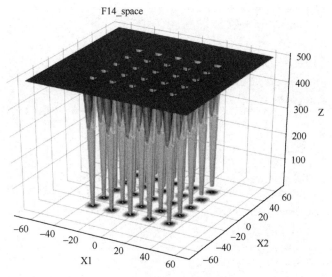

图 11.14 函数 F14 搜索曲面

函数 F14 的 Python 代码如下：

```python
def F14(X):
    aS=np.array([[-32,-16,0,16,32,-32,-16,0,16,32,-32,-16,0,16,32,-32,
-16,0,16,32,-32,-16,0,16,32],\
                [-32,-32,-32,-32,-32,-16,-16,-16,-16,-16,0,0,0,0,0,16,
16,16,16,16,32,32,32,32,32]])
    bS=np.zeros(25)
    for i in range(25):
        bS[i]=np.sum((X-aS[:,i])**6)
    Temp=np.arange(1,26,1)
    Results=(1/500+np.sum(1/(Temp+bS)))**(-1)


    return Results
```

绘制函数 F14 搜索曲面的 Python 代码如下：

```python
'''F14绘图函数'''
import numpy as np
from matplotlib import pyplot as plt
from mpl_toolkits.mplot3d import Axes3D



def F14(X):
    aS=np.array([[-32,-16,0,16,32,-32,-16,0,16,32,-32,-16,0,16,32,-32,
-16,0,16,32,-32,-16,0,16,32],\
                [-32,-32,-32,-32,-32,-16,-16,-16,-16,-16,0,0,0,0,0,16,
16,16,16,16,32,32,32,32,32]])
    bS=np.zeros(25)
```

```
    for i in range(25):
        bS[i]=np.sum((X-aS[:,i])**6)
    Temp=np.arange(1,26,1)
    Results=(1/500+np.sum(1/(Temp+bS)))**(-1)

    return Results

def F14Plot():
    fig=plt.figure(1)               #定义 figure
    ax=Axes3D(fig)                   #将 figure 变为 3D
    x1=np.arange(-65,65,2)           #定义 x1，范围为[-65,65]，间隔为 2
    x2=np.arange(-65,65,2)           #定义 x2，范围为[-65,65]，间隔为 2
    X1,X2=np.meshgrid(x1,x2)         #生成网格
    nSize=x1.shape[0]
    Z=np.zeros([nSize,nSize])
    for i in range(nSize):
        for j in range(nSize):
            X=[X1[i,j],X2[i,j]]        #构造 F14 的输入
            X=np.array(X)              #将格式由 list 转换为 array
            Z[i,j]=F14(X)              #计算 F14 的值
    #绘制 3D 曲面
    #rstride:行之间的跨度，cstride:列之间的跨度
    #cmap 参数可以控制三维曲面的颜色组合
    ax.plot_surface(X1,X2,Z,rstride=1,cstride=1,cmap=plt.get_cmap
('rainbow'))
    ax.contour(X1,X2,Z,zdir='z',offset=0)#绘制等高线
    ax.set_xlabel('X1')#x 轴说明
    ax.set_ylabel('X2')#y 轴说明
    ax.set_zlabel('Z')#z 轴说明
    ax.set_title('F14_space')
    plt.show()

F14Plot()
```

## 11.2.15　函数 F15

函数 F15 的基本信息如下：

| 名称 | 函数表达式 | 维度 | 变量范围值 | 全局最优值 |
|------|-----------|------|-----------|-----------|
| F15 | $f_{15}(x)=\sum\limits_{i=1}^{11}\left(a_i-\dfrac{x_1(b_i^2+b_ix_2)}{b_i^2+b_ix_3+x_4}\right)^2$ | 4 | [−5,5] | 0.0003 |

当维度为二维时，函数 F15 搜索曲面如图 11.15 所示。

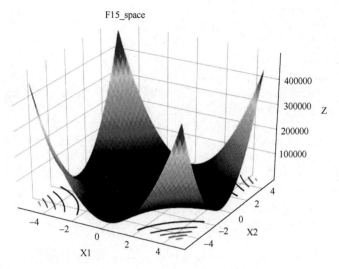

图 11.15　函数 F15 搜索曲面

函数 F15 的 Python 代码如下：

```python
def F15(X):
    aK=np.array([0.1957,0.1947,0.1735,0.16,0.0844,0.0627,0.0456,0.0342,
0.0323,0.0235,0.0246])
    bK=np.array([0.25,0.5,1,2,4,6,8,10,12,14,16])
    bK=1/bK
    Results=np.sum((aK-((X[0]*(bK**2+X[1]*bK))/(bK**2+X[2]*bK+X[3])))
**2)

    return Results
```

绘制函数 F15 搜索曲面的 Python 代码如下：

```python
'''F15 绘图函数'''
import numpy as np
from matplotlib import pyplot as plt
from mpl_toolkits.mplot3d import Axes3D


def F15(X):
    aK=np.array([0.1957,0.1947,0.1735,0.16,0.0844,0.0627,0.0456,0.0342,
0.0323,0.0235,0.0246])
    bK=np.array([0.25,0.5,1,2,4,6,8,10,12,14,16])
    bK=1/bK
    Results=np.sum((aK-((X[0]*(bK**2+X[1]*bK))/(bK**2+X[2]*bK+X[3])))
**2)

    return Results

def F15Plot():
    fig=plt.figure(1)        #定义 figure
    ax=Axes3D(fig)           #将 figure 变为 3D
```

```
x1=np.arange(-5,5,0.2)      #定义 x1，范围为[-5,5]，间隔为 0.2
x2=np.arange(-5,5,0.2)      #定义 x2，范围为[-5,5]，间隔为 0.2
X1,X2=np.meshgrid(x1,x2)  #生成网格
nSize=x1.shape[0]
Z=np.zeros([nSize,nSize])
for i in range(nSize):
    for j in range(nSize):
        X=[X1[i,j],X2[i,j],0,0]      #构造 F15 的输入
        X=np.array(X)                #将格式由 list 转换为 array
        Z[i,j]=F15(X)                #计算 F15 的值
#绘制 3D 曲面
#rstride:行之间的跨度，cstride:列之间的跨度
#cmap 参数可以控制三维曲面的颜色组合
ax.plot_surface(X1,X2,Z,rstride=1,cstride=1,cmap=plt.get_cmap
('rainbow'))
ax.contour(X1,X2,Z,zdir='z',offset=0)#绘制等高线
ax.set_xlabel('X1')#x 轴说明
ax.set_ylabel('X2')#y 轴说明
ax.set_zlabel('Z')#z 轴说明
ax.set_title('F15_space')
plt.show()

F15Plot()
```

## 11.2.16　函数 F16

函数 F16 的基本信息如下：

| 名称 | 函数表达式 | 维度 | 变量范围值 | 全局最优值 |
|------|-----------|------|-----------|-----------|
| F16 | $f_{16}(x) = 4x_1^2 - 2.1x_1^4 + \dfrac{1}{3}x_1^6 + x_1x_2 - 4x_2^2 + 4x_2^4$ | 2 | [−5,5] | −1.0316 |

当维度为二维时，函数 F16 搜索曲面如图 11.16 所示。

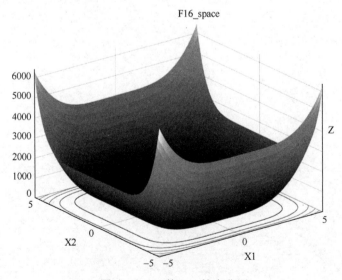

图 11.16　函数 F16 搜索曲面

函数 F16 的 Python 代码如下：

```
def F16(X):
    Results=4*(X[0]**2)-2.1*(X[0]**4)+(X[0]**6)/3+X[0]*X[1]-4*(X[1]**2)
+4*(X[1]**4)
    return Results
```

绘制函数 F16 搜索曲面的 Python 代码如下：

```
'''F16 绘图函数'''
import numpy as np
from matplotlib import pyplot as plt
from mpl_toolkits.mplot3d import Axes3D


def F16(X):
    Results=4*(X[0]**2)-2.1*(X[0]**4)+(X[0]**6)/3+X[0]*X[1]-4*(X[1]
**2)+4*(X[1]**4)
    return Results


def F16Plot():
    fig=plt.figure(1)           #定义 figure
    ax=Axes3D(fig)              #将 figure 变为 3D
    x1=np.arange(-5,5,0.2)      #定义 x1，范围为[-5,5]，间隔为 0.2
    x2=np.arange(-5,5,0.2)      #定义 x2，范围为[-5,5]，间隔为 0.2
    X1,X2=np.meshgrid(x1,x2)    #生成网格
    nSize=x1.shape[0]
    Z=np.zeros([nSize,nSize])
    for i in range(nSize):
        for j in range(nSize):
            X=[X1[i,j],X2[i,j],0,0]     #构造 F16 的输入
            X=np.array(X)               #将格式由 list 转换为 array
            Z[i,j]=F16(X)               #计算 F16 的值
    #绘制 3D 曲面
    #rstride:行之间的跨度，cstride:列之间的跨度
    #cmap 参数可以控制三维曲面的颜色组合
    ax.plot_surface(X1,X2,Z,rstride=1,cstride=1,cmap=plt.get_cmap
('rainbow'))
    ax.contour(X1,X2,Z,zdir='z',offset=0)#绘制等高线
    ax.set_xlabel('X1')#x 轴说明
    ax.set_ylabel('X2')#y 轴说明
    ax.set_zlabel('Z')#z 轴说明
    ax.set_title('F16_space')
    plt.show()


F16Plot()
```

### 11.2.17 函数 F17

函数 F17 的基本信息如下：

| 名称 | 函数表达式 | 维度 | 变量范围值 | 全局最优值 |
|------|-----------|------|-----------|-----------|
| F17 | $f_{17}(x) = (x_2 - \dfrac{5.1}{4\pi^2}x_1^2 + \dfrac{5}{\pi}x_1 - 6)^2 + 10(1 - \dfrac{1}{8\pi})\cos x_1 + 10$ | 2 | [-5,5] | 0.398 |

当维度为二维时，函数 F17 搜索曲面如图 11.17 所示。

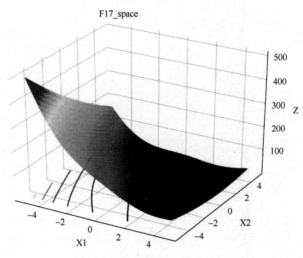

图 11.17 函数 F17 搜索曲面

函数 F17 的 Python 代码如下：

```
def F17(X):
    Results=(X[1]-(X[0]**2)*5.1/(4*(np.pi**2))+(5/np.pi)*X[0]-6)**2+
10*(1-1/(8*np.pi))*np.cos(X[0])+10
    return Results
```

绘制函数 F17 搜索曲面的 Python 代码如下：

```
'''F17绘图函数'''
import numpy as np
from matplotlib import pyplot as plt
from mpl_toolkits.mplot3d import Axes3D


def F17(X):
    Results=(X[1]-(X[0]**2)*5.1/(4*(np.pi**2))+(5/np.pi)*X[0]-6)**2+
10*(1-1/(8*np.pi))*np.cos(X[0])+10
    return Results

def F17Plot():
    fig=plt.figure(1)            #定义figure
    ax=Axes3D(fig)               #将figure变为3D
    x1=np.arange(-5,5,0.2)       #定义x1，范围为[-5,5]，间隔为0.2
```

```
    x2=np.arange(-5,5,0.2)              #定义 x2, 范围为[-5,5], 间隔为 0.2
    X1,X2=np.meshgrid(x1,x2)           #生成网格
    nSize=x1.shape[0]
    Z=np.zeros([nSize,nSize])
    for i in range(nSize):
        for j in range(nSize):
            X=[X1[i,j],X2[i,j]]        #构造 F17 的输入
            X=np.array(X)              #将格式由 list 转换为 array
            Z[i,j]=F17(X)              #计算 F17 的值
#绘制 3D 曲面
#rstride:行之间的跨度, cstride:列之间的跨度
#cmap 参数可以控制三维曲面的颜色组合
ax.plot_surface(X1,X2,Z,rstride=1,cstride=1,cmap=plt.get_cmap
('rainbow'))
    ax.contour(X1,X2,Z,zdir='z',offset=0)#绘制等高线
    ax.set_xlabel('X1')#x 轴说明
    ax.set_ylabel('X2')#y 轴说明
    ax.set_zlabel('Z')#z 轴说明
    ax.set_title('F17_space')
    plt.show()

F17Plot()
```

## 11.2.18 函数 F18

函数 F18 的基本信息如下：

| 名称 | 函数表达式 | 维度 | 变量范围值 | 全局最优值 |
|------|-----------|------|-----------|-----------|
| F18 | $f_{18}(x) = (1 + (x_1 + x_2 + 1)^2 \cdot (19 - 14x_1 + 3x_1^2 - 14x_2 + 6x_1x_2 + 3x_2^2)) \cdot (30 + (2x_1 - 3x_2)^2 \cdot (18 - 32x_1 + 12x_1^2 + 48x_2 - 36x_1x_2 + 27x_2^2))$ | 2 | $[-2,2]$ | 3 |

当维度为二维时，函数 F18 搜索曲面如图 11.18 所示。

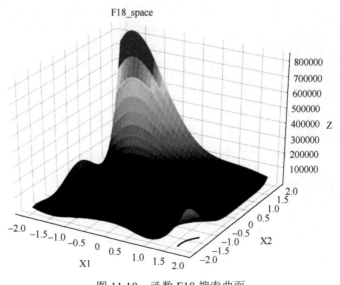

图 11.18 函数 F18 搜索曲面

函数 F18 的 Python 代码如下：

```
def F18(X):
    Results=(1+(X[0]+X[1]+1)**2*(19-14*X[0]+3*(X[0]**2)-14*X[1]+6*X[0]
*X[1]+3*X[1]**2))*\
    (30+(2*X[0]-3*X[1])**2*(18-32*X[0]+12*(X[0]**2)+48*X[1]-36*X[0]*
X[1]+27*(X[1]**2)))
    return Results
```

绘制函数 F18 搜索曲面的 Python 代码如下：

```
'''F18 绘图函数'''
import numpy as np
from matplotlib import pyplot as plt
from mpl_toolkits.mplot3d import Axes3D


def F18(X):
    Results=(1+(X[0]+X[1]+1)**2*(19-14*X[0]+3*(X[0]**2)-14*X[1]+6*X[0]
*X[1]+3*X[1]**2))*\
    (30+(2*X[0]-3*X[1])**2*(18-32*X[0]+12*(X[0]**2)+48*X[1]-36*X[0]*X
[1]+27*(X[1]**2)))
    return Results


def F18Plot():
    fig=plt.figure(1)             #定义 figure
    ax=Axes3D(fig)                #将 figure 变为 3D
    x1=np.arange(-2,2,0.1)        #定义 x1，范围为[-2,2]，间隔为 0.1
    x2=np.arange(-2,2,0.1)        #定义 x2，范围为[-2,2]，间隔为 0.1
    X1,X2=np.meshgrid(x1,x2)      #生成网格
    nSize=x1.shape[0]
    Z=np.zeros([nSize,nSize])
    for i in range(nSize):
        for j in range(nSize):
            X=[X1[i,j],X2[i,j]]     #构造 F18 的输入
            X=np.array(X)           #将格式由 list 转换为 array
            Z[i,j]=F18(X)           #计算 F18 的值
    #绘制 3D 曲面
    #rstride:行之间的跨度，cstride:列之间的跨度
    #cmap 参数可以控制三维曲面的颜色组合
    ax.plot_surface(X1,X2,Z,rstride=1,cstride=1,cmap=plt.get_cmap
('rainbow'))
    ax.contour(X1,X2,Z,zdir='z',offset=0)#绘制等高线
    ax.set_xlabel('X1')#x 轴说明
    ax.set_ylabel('X2')#y 轴说明
    ax.set_zlabel('Z')#z 轴说明
    ax.set_title('F18_space')
    plt.show()
```

```
F18Plot()
```

## 11.2.19 函数 F19

函数 F19 的基本信息如下：

| 名称 | 函数表达式 | 维度 | 变量范围值 | 全局最优值 |
|------|-----------|------|-----------|-----------|
| F19 | $f_{19}(x) = -\sum\limits_{i=1}^{4} c_i \exp\left(-\sum\limits_{j=1}^{3} a_{ij}(x_j - p_{ij})^2\right)$ | 3 | [1,3] | −3.86 |

当维度为二维时，函数 F19 搜索曲面如图 11.19 所示。

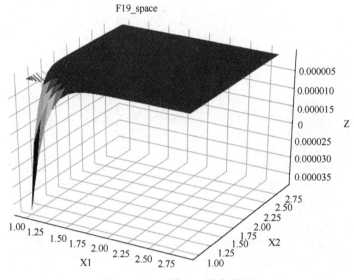

图 11.19　函数 F19 搜索曲面

函数 F19 的 Python 代码如下：

```python
def F19(X):
    aH=np.array([[3,10,30],[0.1,10,35],[3,10,30],[0.1,10,35]])
    cH=np.array([1,1.2,3,3.2])

pH=np.array([[0.3689,0.117,0.2673],[0.4699,0.4387,0.747],[0.1091,0.8732,0
.5547],[0.03815,0.5743,0.8828]])
    Results=0
    for i in range(4):
        Results=Results-cH[i]*np.exp(-(np.sum(aH[i,:]*((X-pH[i,:]))
**2)))
    return Results
```

绘制函数 F19 搜索曲面的 Python 代码如下：

```python
'''F19绘图函数'''
import numpy as np
from matplotlib import pyplot as plt
from mpl_toolkits.mplot3d import Axes3D
```

```
def F19(X):
    aH=np.array([[3,10,30],[0.1,10,35],[3,10,30],[0.1,10,35]])
    cH=np.array([1,1.2,3,3.2])

pH=np.array([[0.3689,0.117,0.2673],[0.4699,0.4387,0.747],[0.1091,0.8732,0
.5547],[0.03815,0.5743,0.8828]])
    Results=0
    for i in range(4):
        Results=Results-cH[i]*np.exp(-(np.sum(aH[i,:]*((X-pH[i,:]))
**2)))
    return Results


def F19Plot():
    fig=plt.figure(1)              #定义 figure
    ax=Axes3D(fig)                 #将 figure 变为 3D
    x1=np.arange(1,3,0.1)          #定义 x1，范围为 [1,3]，间隔为 0.1
    x2=np.arange(1,3,0.1)          #定义 x2，范围为 [1,3]，间隔为 0.1
    X1,X2=np.meshgrid(x1,x2)       #生成网格
    nSize=x1.shape[0]
    Z=np.zeros([nSize,nSize])
    for i in range(nSize):
        for j in range(nSize):
            X=[X1[i,j],X2[i,j],0]      #构造 F19 的输入
            X=np.array(X)              #将格式由 list 转换为 array
            Z[i,j]=F19(X)              #计算 F19 的值
    #绘制 3D 曲面
    #rstride:行之间的跨度，cstride:列之间的跨度
    #cmap 参数可以控制三维曲面的颜色组合
    ax.plot_surface(X1,X2,Z,rstride=1,cstride=1,cmap=plt.get_cmap
('rainbow'))
    ax.contour(X1,X2,Z,zdir='z',offset=0)#绘制等高线
    ax.set_xlabel('X1')  #x 轴说明
    ax.set_ylabel('X2')  #y 轴说明
    ax.set_zlabel('Z')   #z 轴说明
    ax.set_title('F19_space')
    plt.show()

F19Plot()
```

## 11.2.20　函数 F20

函数 F20 的具体内容如下：

| 名称 | 函数表达式 | 维度 | 变量范围值 | 全局最优值） |
|------|-----------|------|-----------|-------------|
| F20 | $f_{20}(x) = -\sum_{i=1}^{4} c_i \exp\left(-\sum_{j=1}^{6} a_{ij}(x_j - p_{ij})^2\right)$ | 6 | [0,1] | −3.32 |

当维度为二维时，函数 F20 搜索曲面如图 11.20 所示。

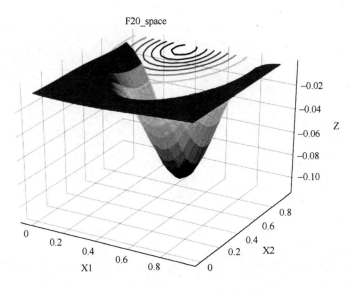

图 11.20　函数 F20 搜索曲面

函数 F20 的 Python 代码如下：

```python
def F20(X):
    aH=np.array([[10,3,17,3.5,1.7,8],[0.05,10,17,0.1,8,14],[3,3.5,
1.7,10,17,8],[17,8,0.05,10,0.1,14]])
    cH=np.array([1,1.2,3,3.2])
    pH=np.array([[0.1312,0.1696,0.5569,0.0124,0.8283,0.5886],[0.2329,
0.4135,0.8307,0.3736,0.1004,0.9991],\
            [0.2348,0.1415,0.3522,0.2883,0.3047,0.6650],[0.4047,
0.8828,0.8732,0.5743,0.1091,0.0381]])
    Results=0
    for i in range(4):
        Results=Results-cH[i]*np.exp(-(np.sum(aH[i,:]*((X-pH[i,:]))
**2)))
    return Results
```

绘制函数 F20 搜索曲面的 Python 代码如下：

```python
'''F20绘图函数'''
import numpy as np
from matplotlib import pyplot as plt
from mpl_toolkits.mplot3d import Axes3D


def F20(X):
    aH=np.array([[10,3,17,3.5,1.7,8],[0.05,10,17,0.1,8,14],[3,3.5,1.7,
10,17,8],[17,8,0.05,10,0.1,14]])
    cH=np.array([1,1.2,3,3.2])
```

```python
    pH=np.array([[0.1312,0.1696,0.5569,0.0124,0.8283,0.5886],[0.2329,
0.4135,0.8307,0.3736,0.1004,0.9991],\
            [0.2348,0.1415,0.3522,0.2883,0.3047,0.6650],[0.4047,
0.8828,0.8732,0.5743,0.1091,0.0381]])
    Results=0
    for i in range(4):
        Results=Results-cH[i]*np.exp(-(np.sum(aH[i,:]*((X-pH[i,:]))**2)))
    return Results


def F20Plot():
    fig=plt.figure(1)           #定义 figure
    ax=Axes3D(fig)              #将 figure 变为 3D
    x1=np.arange(0,1,0.05)      #定义 x1，范围为 [0,1]，间隔为 0.05
    x2=np.arange(0,1,0.05)      #定义 x2，范围为 [0,1]，间隔为 0.05
    X1,X2=np.meshgrid(x1,x2)    #生成网格
    nSize=x1.shape[0]
    Z=np.zeros([nSize,nSize])
    for i in range(nSize):
        for j in range(nSize):
            X=[X1[i,j],X2[i,j],0,0,0,0]    #构造 F20 的输入
            X=np.array(X)                  #将格式由 list 转换为 array
            Z[i,j]=F20(X)                  #计算 F20 的值
    #绘制 3D 曲面
    #rstride:行之间的跨度，cstride:列之间的跨度
    #cmap 参数可以控制三维曲面的颜色组合
    ax.plot_surface(X1,X2,Z,rstride=1,cstride=1,cmap=plt.get_cmap
('rainbow'))
    ax.contour(X1,X2,Z,zdir='z',offset=0)#绘制等高线
    ax.set_xlabel('X1')#x 轴说明
    ax.set_ylabel('X2')#y 轴说明
    ax.set_zlabel('Z')#z 轴说明
    ax.set_title('F20_space')
    plt.show()

F20Plot()
```

## 11.2.21　函数 F21

函数 F21 的基本信息如下：

| 名称 | 函数表达式 | 维度 | 变量范围值 | 全局最优值 |
|------|-----------|------|-----------|-----------|
| F21 | $f_{21}(x) = -\sum\limits_{i=1}^{5}((X-a_i)(X-a_i)^{\mathrm{T}}+c_i)^{-1}$ | 4 | [0,10] | −10.1532 |

当维度为二维时，函数 F21 搜索曲面如图 11.21 所示。

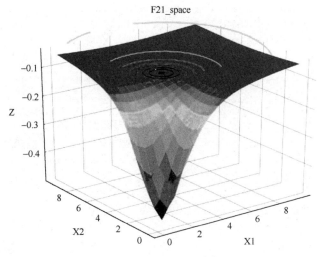

图 11.21  函数 F21 搜索曲面

函数 F21 的 Python 代码如下：

```python
def F21(X):
    aSH=np.array([[4,4,4,4],[1,1,1,1],[8,8,8,8],[6,6,6,6],[3,7,3,7],\
            [2,9,2,9],[5,5,3,3],[8,1,8,1],[6,2,6,2],[7,3.6,7,3.6]])
    cSH=np.array([0.1,0.2,0.2,0.4,0.4,0.6,0.3,0.7,0.5,0.5])
    Results=0
    for i in range(5):
        Results=Results-(np.dot((X-aSH[i,:]),(X-aSH[i,:]).T)+cSH[i])
**(-1)
    return Results
```

绘制函数 F21 搜索曲面的 Python 代码如下：

```python
'''F21绘图函数'''
import numpy as np
from matplotlib import pyplot as plt
from mpl_toolkits.mplot3d import Axes3D


def F21(X):
    aSH=np.array([[4,4,4,4],[1,1,1,1],[8,8,8,8],[6,6,6,6],[3,7,3,7],\
            [2,9,2,9],[5,5,3,3],[8,1,8,1],[6,2,6,2],[7,3.6,7,3.6]])
    cSH=np.array([0.1,0.2,0.2,0.4,0.4,0.6,0.3,0.7,0.5,0.5])
    Results=0
    for i in range(5):
        Results=Results-(np.dot((X-aSH[i,:]),(X-aSH[i,:]).T)+cSH[i])
**(-1)
    return Results

def F21Plot():
    fig=plt.figure(1)          #定义figure
    ax=Axes3D(fig)             #将figure变为3D
```

```
        x1=np.arange(0,10,0.5)      #定义 x1，范围为[0,10]，间隔为 0.5
        x2=np.arange(0,10,0.5)      #定义 x2，范围为[0,10]，间隔为 0.5
        X1,X2=np.meshgrid(x1,x2)    #生成网格
        nSize=x1.shape[0]
        Z=np.zeros([nSize,nSize])
        for i in range(nSize):
            for j in range(nSize):
                X=[X1[i,j],X2[i,j],0,0]     #构造 F21 的输入
                X=np.array(X)               #将格式由 list 转换为 array
                Z[i,j]=F21(X)               #计算 F21 的值
        #绘制 3D 曲面
        #rstride:行之间的跨度，cstride:列之间的跨度
        #cmap 参数可以控制三维曲面的颜色组合
        ax.plot_surface(X1,X2,Z,rstride=1,cstride=1,cmap=plt.get_cmap
('rainbow'))
        ax.contour(X1,X2,Z,zdir='z',offset=0)#绘制等高线
        ax.set_xlabel('X1')#x 轴说明
        ax.set_ylabel('X2')#y 轴说明
        ax.set_zlabel('Z')#z 轴说明
        ax.set_title('F21_space')
        plt.show()

    F21Plot()
```

## 11.2.22  函数 F22

函数 F22 的基本信息如下：

| 名称 | 函数表达式 | 维度 | 变量范围值 | 全局最优值 |
|------|-----------|------|-----------|-----------|
| F22 | $f_{22}(x) = -\sum\limits_{i=1}^{7}((X-a_i)(X-a_i)^T + c_i)^{-1}$ | 4 | [0,10] | −10.4028 |

当维度为二维时，函数 F22 搜索曲面如图 11.22 所示。

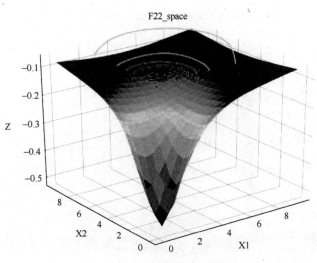

图 11.22  函数 F22 搜索曲面

函数 F22 的 Python 代码如下：

```python
def F22(X):
    aSH=np.array([[4,4,4,4],[1,1,1,1],[8,8,8,8],[6,6,6,6],[3,7,3,7],\
            [2,9,2,9],[5,5,3,3],[8,1,8,1],[6,2,6,2],[7,3.6,7,3.6]])
    cSH=np.array([0.1,0.2,0.2,0.4,0.4,0.6,0.3,0.7,0.5,0.5])
    Results=0
    for i in range(7):
        Results=Results-(np.dot((X-aSH[i,:]),(X-aSH[i,:]).T)+cSH[i])
**(-1)
    return Results
```

绘制函数 F22 搜索曲面的 Python 代码如下：

```python
'''F22 绘图函数'''
import numpy as np
from matplotlib import pyplot as plt
from mpl_toolkits.mplot3d import Axes3D


def F22(X):
    aSH=np.array([[4,4,4,4],[1,1,1,1],[8,8,8,8],[6,6,6,6],[3,7,3,7],\
            [2,9,2,9],[5,5,3,3],[8,1,8,1],[6,2,6,2],[7,3.6,7,3.6]])
    cSH=np.array([0.1,0.2,0.2,0.4,0.4,0.6,0.3,0.7,0.5,0.5])
    Results=0
    for i in range(7):
        Results=Results-(np.dot((X-aSH[i,:]),(X-aSH[i,:]).T)+cSH[i])
**(-1)
    return Results


def F22Plot():
    fig=plt.figure(1)                  #定义 figure
    ax=Axes3D(fig)                     #将 figure 变为 3D
    x1=np.arange(0,10,0.5)             #定义 x1，范围为 [0,10]，间隔为 0.5
    x2=np.arange(0,10,0.5)             #定义 x2，范围为 [0,10]，间隔为 0.5
    X1,X2=np.meshgrid(x1,x2)           #生成网格
    nSize=x1.shape[0]
    Z=np.zeros([nSize,nSize])
    for i in range(nSize):
        for j in range(nSize):
            X=[X1[i,j],X2[i,j],0,0]    #构造 F22 的输入
            X=np.array(X)              #将格式由 list 转换为 array
            Z[i,j]=F22(X)              #计算 F22 的值
    #绘制 3D 曲面
    #rstride:行之间的跨度，cstride:列之间的跨度
    #cmap 参数可以控制三维曲面的颜色组合
```

```
        ax.plot_surface(X1,X2,Z,rstride=1,cstride=1,cmap=plt.get_cmap
('rainbow'))
        ax.contour(X1,X2,Z,zdir='z',offset=0)#绘制等高线
        ax.set_xlabel('X1')#x 轴说明
        ax.set_ylabel('X2')#y 轴说明
        ax.set_zlabel('Z')#z 轴说明
        ax.set_title('F22_space')
        plt.show()

    F22Plot()
```

## 11.2.23　函数 F23

函数 F23 的基本信息如下：

| 名称 | 函数表达式 | 维度 | 变量范围值 | 全局最优值 |
|------|-----------|------|-----------|-----------|
| F23 | $f_{23}(x) = -\sum_{i=1}^{10}((X-a_i)(X-a_i)^{\mathrm{T}}+c_i)^{-1}$ | 4 | [0,10] | −10.5363 |

当维度为二维时，函数 F23 搜索曲面如图 11.23 所示。

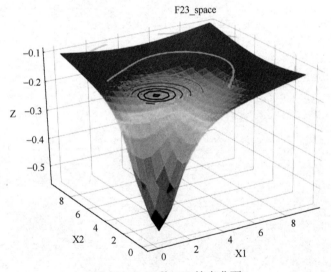

图 11.23　函数 F23 搜索曲面

函数 F23 的 Python 代码如下：

```
    def F23(X):
    aSH=np.array([[4,4,4,4],[1,1,1,1],[8,8,8,8],[6,6,6,6],[3,7,3,7],\
            [2,9,2,9],[5,5,3,3],[8,1,8,1],[6,2,6,2],[7,3.6,7,3.6]])
    cSH=np.array([0.1,0.2,0.2,0.4,0.4,0.6,0.3,0.7,0.5,0.5])
    Results=0
    for i in range(10):
        Results=Results-(np.dot((X-aSH[i,:]),(X-aSH[i,:]).T)+cSH[i])
**(-1)
    return Results
```

绘制函数 F23 搜索曲面 Python 代码如下：

```python
'''F23 绘图函数'''
import numpy as np
from matplotlib import pyplot as plt
from mpl_toolkits.mplot3d import Axes3D


def F23(X):
    aSH=np.array([[4,4,4,4],[1,1,1,1],[8,8,8,8],[6,6,6,6],[3,7,3,7],\
                  [2,9,2,9],[5,5,3,3],[8,1,8,1],[6,2,6,2],[7,3.6,7,3.6]])
    cSH=np.array([0.1,0.2,0.2,0.4,0.4,0.6,0.3,0.7,0.5,0.5])
    Results=0
    for i in range(10):
        Results=Results-(np.dot((X-aSH[i,:]),(X-aSH[i,:]).T)+cSH[i])
**(-1)
    return Results


def F23Plot():
    fig=plt.figure(1)                #定义 figure
    ax=Axes3D(fig)                   #将 figure 变为 3D
    x1=np.arange(0,10,0.5)           #定义 x1，范围为[0,10]，间隔为 0.5
    x2=np.arange(0,10,0.5)           #定义 x2，范围为[0,10]，间隔为 0.5
    X1,X2=np.meshgrid(x1,x2)         #生成网格
    nSize=x1.shape[0]
    Z=np.zeros([nSize,nSize])
    for i in range(nSize):
        for j in range(nSize):
            X=[X1[i,j],X2[i,j],0,0]  #构造 F23 的输入
            X=np.array(X)            #将格式由 list 转换为 array
            Z[i,j]=F23(X)            #计算 F23 的值
    #绘制 3D 曲面
    #rstride:行之间的跨度，cstride:列之间的跨度
    #cmap 参数可以控制三维曲面的颜色组合
    ax.plot_surface(X1,X2,Z,rstride=1,cstride=1,cmap=plt.get_cmap
('rainbow'))
    ax.contour(X1,X2,Z,zdir='z',offset=-0.1)#绘制等高线
    ax.set_xlabel('X1')#x 轴说明
    ax.set_ylabel('X2')#y 轴说明
    ax.set_zlabel('Z')#z 轴说明
    ax.set_title('F23_space')
    plt.show()


F23Plot()
```

# 第 12 章 智能优化算法性能测试

## 12.1 智能优化算法性能测试方法

由于智能优化算法涉及随机数，因此利用相同的算法对同一个问题优化几次的结果也会略有不同，因此一般在评价智能优化算法的结果时，并不是只取一次优化结果作为评价，通常是取多次优化结果来综合评价算法的性能。一般而言，对于算法定量的评价，通常采用多次结果的平均值、标准差、最优值、最差值来进行评价。同时，为了直观地观察不同算法对同一问题的寻优过程，也可以通过绘制收敛曲线的方法来对优化结果进行对比分析。

### 12.1.1 平均值

平均值是表示一组数据集中趋势的数，是指在一组数据中所有数据之和再除以这组数据的个数，它是反映数据集中趋势的一项指标，其数学表达式为

$$\text{mean}X = \frac{\sum\limits_{n=1}^{N} x_n}{N} \tag{12.1}$$

其中，$N$ 表示数据的个数；$\text{mean}X$ 表示数据的平均值。例如，对于某个优化目标函数，该目标的最优解为 0，假设利用算法一和算法二两种算法对该目标函数进行寻优，在进行多次寻优后，算法一最优解的平均值为 0.1，算法二最优解的平均值为 0.2。该结果说明算法一整体结果更接近最优解 0，因此说明算法一的寻优精确度更高。

### 12.1.2 标准差

标准差（Standard Deviation）是指离均差平方和的算术平均数的平方根。标准差也称标准偏差或者实验标准差。在概率统计中，最常将标准差作为统计分布程度上的测量依据。标准差能反映一个数据集的离散程度。对于平均数相同的两组数据，其标准差未必相同。标准差的数学表达式为

$$\sigma = \sqrt{\frac{\sum\limits_{i=1}^{n} (x_i - \bar{x})^2}{n}} \tag{12.2}$$

其中，$n$ 表示数据的个数；$\bar{x}$ 表示数据的平均值。标准差越小，表明数据越聚集，重复性越高；标准差越大，表明数据越分散，重复性越低。如图 12.1 所示，两组数据 A 与 B 的平均值均为 0。

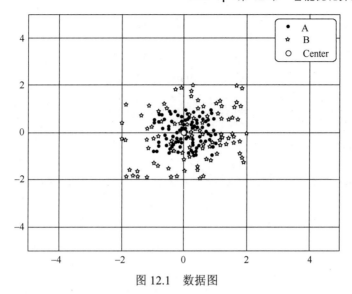

图 12.1　数据图

从图 12.1 可以看出，虽然 A 与 B 两组数据的平均值均靠近(0,0)，但是 B 组数据明显比 A 组数据发散。A 与 B 两组数据的标准差分别为 0.5655 与 1.0621。从标准差数据上来看，B 组数据的标准差明显更大。因此通过标准差能够反映数据的聚集程度，通过计算多次优化结果的标准差，就可以看出最优结果的聚集程度。

绘制图 12.1 和计算标准差的 Python 示例程序如下：

```
%产生两组数据 A 与 B
A=2.*rand([100,2])-1;
B=2.*(2.*rand([100,2])-1);
%绘图
figure
plot(A(:,1),A(:,2),'g*');
hold on
plot(B(:,1),B(:,2),'b*');
plot(0,0,'ro','linewidth',1.5)
legend('A','B','center')
axis([-5 5,-5,5])
grid on
%计算标准差
std(A(:))
std(B(:))
```

### 12.1.3　最优值和最差值

最优值和最差值反映了算法的极限最优性能和极限最差性能，若两种算法运行相同的次数，并且某种算法的最优值相比另外一种算法更优，则表明在相同条件下，该算法能够找到更优解。

（1）在寻找极小值的问题中，最优值和最差值的定义分别为

$$\text{BestValue}=\min\{x_1, x_2, \cdots, x_n\} \tag{12.3}$$

$$\text{WorstValue} = \max\{x_1, x_2, \cdots, x_n\} \tag{12.4}$$

（2）在寻找极大值的问题中，最优值和最差值的定义分别为

$$\text{BestValue} = \max\{x_1, x_2, \cdots, x_n\} \tag{12.5}$$

$$\text{WorstValue} = \min\{x_1, x_2, \cdots, x_n\} \tag{12.6}$$

### 12.1.4 收敛曲线

绘制收敛曲线是一种对比智能优化算法寻优能力非常直观的方法。算法 A 和算法 B 的收敛曲线如图 12.2 所示。

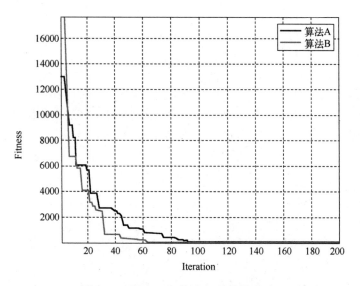

图 12.2 算法 A 和算法 B 的收敛曲线

在本例中，最优适应度值为 0。从图 12.2 中可以看到，算法 B 下降得更快，相比算法 A，算法 B 更快达到最优值 0。表明在本例中算法 B 的收敛速度更快，寻优能力更强。

# 12.2 测 试 案 例

本节将选择本书的 5 种算法对第 11 章描述的部分基准测试函数进行对比测试，帮助读者理解和学会智能优化算法的测试方法。

### 12.2.1 测试函数信息

本测试选取基准测试函数 F1～F8 作为测试函数，如表 12.1 所示。

表 12.1 测试函数 F1～F8

| 名称 | 函数表达式 | 维度 | 变量范围值 | 全局最优值 |
|---|---|---|---|---|
| F1 | $f_1(x) = \sum_{i=1}^{n} x_i^2$ | 30 | $[-100,100]$ | 0 |

续表

| 名称 | 函数表达式 | 维度 | 变量范围值 | 全局最优值 |
|------|-----------|------|-----------|-----------|
| F2 | $f_2(x) = \sum_{i=1}^{n} \lvert x_i \rvert + \prod_{i=1}^{n} \lvert x_i \rvert$ | 30 | [−10,10] | 0 |
| F3 | $f_3(x) = \sum_{i=1}^{n} \left( \sum_{j-1}^{i} x_j \right)^2$ | 30 | [−100,100] | 0 |
| F4 | $f_4(x) = \max_i \{ \lvert x_i \rvert, 1 \le i \le n \}$ | 30 | [−10,10] | 0 |
| F5 | $f_5(x) = \sum_{i=1}^{n-1} (100(x_{i+1} - x_i^2)^2 + (x_i - 1)^2)$ | 30 | [−30,30] | 0 |
| F6 | $f_6(x) = \sum_{i=1}^{n} (x_i + 0.5)^2$ | 30 | [−100,100] | 0 |
| F7 | $f_7(x) = \sum_{i=1}^{n} i x_i^4 + \text{random}[0,1)$ | 30 | [−1.28,1.28] | 0 |
| F8 | $f_8(x) = \sum_{i=1}^{n} -x_i \sin(\sqrt{\lvert x_i \rvert})$ | 30 | [−500,500] | −418.9829×30 |

## 12.2.2 测试方法及参数设置

分别选取黏菌算法（SMA）、蝴蝶优化算法（BOA）、海鸥优化算法（SOA）、麻雀搜索算法（SSA）、鲸鱼优化算法（WOA）进行测试。每个测试函数均运行 30 次，然后统计结果，对比 5 种算法的性能。5 种算法的参数设置如表 12.2 所示。

表 12.2 5 种算法的参数设置

| 算法 | 参数设置 |
|------|---------|
| SMA | 种群数量 pop=30，最大迭代次数为 200 |
| BOA | 种群数量 pop=30，最大迭代次数为 200 |
| SOA | 种群数量 pop=30，最大迭代次数为 200 |
| SSA | 种群数量 pop=30，最大迭代次数为 200 |
| WOA | 种群数量 pop=30，最大迭代次数为 200 |

从表 12.2 可以看出，为了保证 5 种算法的相对公平，各算法设置的种群数量和最大迭代次数均相同。

## 12.2.3 测试结果

采用 5 种算法分别对函数 F1～F8 进行测试，具体测试结果如表 12.3 所示。

表 12.3 测试结果

| 名称 | 算法名称 | 平均适应度值 | 标准差 | 最优值 | 最差值 |
|------|---------|-------------|--------|--------|--------|
| F1 | SMA | 7.38E-84 | 3.92E-83 | 3.41E-120 | 2.18E-82 |
| | BOA | 9.78E-04 | 3.87E-04 | 2.54E-04 | 1.94E-03 |
| | SOA | 7.27E-47 | 2.57E-46 | 8.12E-56 | 1.39E-45 |
| | SSA | 1.02E-04 | 3.00E-04 | 4.39E-57 | 1.37E-03 |
| | WOA | 5.74E-05 | 6.30E-05 | 4.18E-06 | 3.26E-04 |

续表

| 名称 | 算法名称 | 平均适应度值 | 标准差 | 最优值 | 最差值 |
|------|----------|--------------|--------|--------|--------|
| F2 | SMA | 2.34E-80 | 1.26E-79 | 2.98E-241 | 7.03E-79 |
|    | BOA | 2.26E-06 | 2.61E-07 | 1.72E-06 | 2.69E-06 |
|    | SOA | 7.75E+04 | 3.88E+04 | 2.11E+04 | 1.87E+05 |
|    | SSA | 1.08E-06 | 4.36E-06 | 5.93E-200 | 2.27E-05 |
|    | WOA | 3.68E+02 | 8.20E+02 | 1.02E+01 | 4.53E+03 |
| F3 | SMA | 1.79E-61 | 7.03E-61 | 5.03E-118 | 3.51E-60 |
|    | BOA | 2.68E-04 | 1.91E-05 | 2.33E-04 | 3.00E-04 |
|    | SOA | 1.17E-08 | 5.32E-08 | 2.63E-22 | 2.95E-07 |
|    | SSA | 3.44E-06 | 1.55E-05 | 5.55E-134 | 8.55E-05 |
|    | WOA | 5.49E-01 | 3.56E-01 | 4.86E-02 | 1.71E+00 |
| F4 | SMA | 2.87E+01 | 2.10E-01 | 2.78E+01 | 2.89E+01 |
|    | BOA | 2.89E+01 | 2.57E-02 | 2.89E+01 | 2.90E+01 |
|    | SOA | 1.29E+01 | 1.38E+01 | 1.34E-02 | 2.87E+01 |
|    | SSA | 3.91E-04 | 5.81E-04 | 1.89E-07 | 2.52E-03 |
|    | WOA | 2.82E+01 | 4.96E-01 | 2.72E+01 | 2.88E+01 |
| F5 | SMA | 1.03E+00 | 4.13E-01 | 5.67E-01 | 2.37E+00 |
|    | BOA | 6.16E+00 | 5.61E-01 | 4.97E+00 | 7.04E+00 |
|    | SOA | 2.39E-01 | 2.11E-01 | 1.20E-03 | 8.35E-01 |
|    | SSA | 1.11E-06 | 1.80E-06 | 9.75E-09 | 8.34E-06 |
|    | WOA | 1.68E+00 | 5.15E-01 | 5.50E-01 | 2.55E+00 |
| F6 | SMA | 5.82E-04 | 4.47E-04 | 1.85E-05 | 1.86E-03 |
|    | BOA | 2.64E-04 | 2.64E-04 | 2.35E-06 | 9.95E-04 |
|    | SOA | 6.48E-04 | 5.78E-04 | 1.26E-05 | 2.59E-03 |
|    | SSA | 9.23E-04 | 8.16E-04 | 6.63E-05 | 4.12E-03 |
|    | WOA | 7.05E-03 | 9.24E-03 | 1.08E-03 | 5.24E-02 |
| F7 | SMA | -8.34E+03 | 6.39E+02 | -9.59E+03 | -7.37E+03 |
|    | BOA | -2.34E+03 | 5.56E+02 | -3.62E+03 | -1.43E+03 |
|    | SOA | -1.25E+04 | 1.09E+02 | -1.26E+04 | -1.22E+04 |
|    | SSA | -6.61E+03 | 1.95E+03 | -1.26E+04 | -4.87E+03 |
|    | WOA | -6.93E+03 | 4.82E+02 | -8.26E+03 | -6.09E+03 |
| F8 | SMA | 2.34E-80 | 1.26E-79 | 2.98E-241 | 7.03E-79 |
|    | BOA | 2.26E-06 | 2.61E-07 | 1.72E-06 | 2.69E-06 |
|    | SOA | 7.75E+04 | 3.88E+04 | 2.11E+04 | 1.87E+05 |
|    | SSA | 1.08E-06 | 4.36E-06 | 5.93E-200 | 2.27E-05 |
|    | WOA | 3.68E+02 | 8.20E+02 | 1.02E+01 | 4.53E+03 |

5 种算法的平均收敛曲线，如图 12.3 所示。

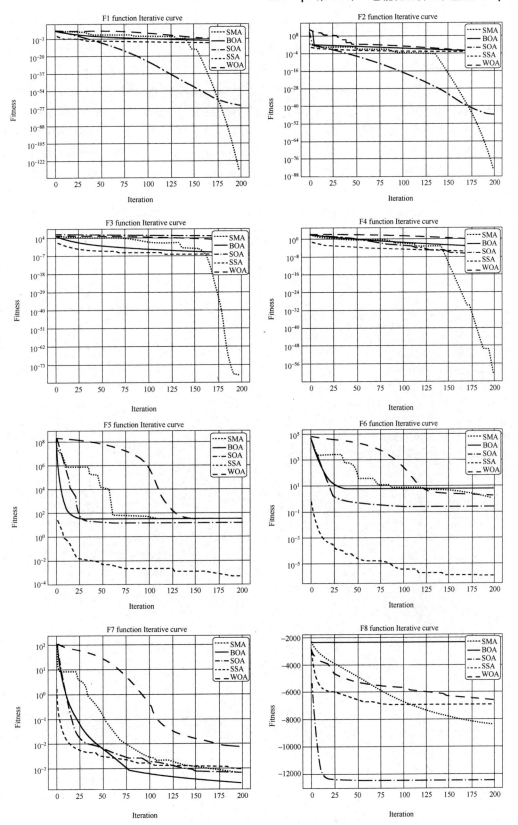

图 12.3　5 种算法的平均收敛曲线

从收敛曲线和最终的数据表格可以看出，对于 F1 函数，SMA 收敛速度最快，即同一时刻 SMA 获得的适应度值最小。从最终结果来看，使用 SMA 寻优得到的平均适应度值为 7.38E-84，更加接近理论最优值 0；SOA 次之，为 7.27E-47；其中，BOA 过早停止收敛，性能最差，平均适应度值为 9.78E-04。从最优结果和最差结果来看，SMA 的 30 次实验结果的值均在区间[3.41E-120，2.18E-82]内，同时标准差值最小为 3.92E-83，表明 SMA 对 F1 函数的寻优能力非常稳定，重复精度相比其他算法更高。对于函数 F2~F4，结果与函数 F1 结果接近，SMA 性能仍然最佳。对于函数 F5 和 F6，SSA 结果相比其他算法而言性能更佳，其次是 SOA。对于函数 F7，BOA 结果最佳，其次是 SOA。对于函数 F8，SOA 结果最佳，其次是 SMA。

从不同的测试结果来看，需要针对不同的优化应用对算法性能进行分析。因为每种算法都有其各自的特点，所以在不同的应用上各有优劣。

具体测试的 Python 代码如下：

```python
%%测试函数 F1～F8，算法对比
import numpy as np
from matplotlib import pyplot as plt
import BOA
import SMA
import SOA
import SSA
import WOA
import TestFun

'''5 种算法对比程序'''

'''主函数 '''
#设置参数
pop=30 #种群数量
maxIter=200 #最大迭代次数
dim=30 #维度
lb=-100*np.ones([dim,1]) #下边界
ub=100*np.ones([dim,1])  #上边界
#选择适应度函数,F1~F8
fobj=TestFun.F1

Iter=30 #运行次数

#用于存放每次实验的最优适应度值
GbestScoreSMA=np.zeros([Iter])
GbestScoreBOA=np.zeros([Iter])
GbestScoreSOA=np.zeros([Iter])
GbestScoreSSA=np.zeros([Iter])
GbestScoreWOA=np.zeros([Iter])
#用于存放每次实验的最优解
GbestPositonSMA=np.zeros([Iter,dim])
GbestPositonBOA=np.zeros([Iter,dim])
```

```
GbestPositonSOA=np.zeros([Iter,dim])
GbestPositonSSA=np.zeros([Iter,dim])
GbestPositonWOA=np.zeros([Iter,dim])

#用于存放每次迭代结果和迭代曲线
CurveSMA=np.zeros([Iter,maxIter])
CurveBOA=np.zeros([Iter,maxIter])
CurveSOA=np.zeros([Iter,maxIter])
CurveSSA=np.zeros([Iter,maxIter])
CurveWOA=np.zeros([Iter,maxIter])
for i in range(Iter):
    print('第'+str(i),'次实验')
    #SMA
    GbestScoreSMA[i],GbestPositonSMA[i,:],CurveSMAT=SMA.SMA(pop,dim,lb,
ub,maxIter,fobj)
    CurveSMA[i,:]=CurveSMAT.T
    #BOA
    GbestScoreBOA[i],GbestPositonBOA[i,:],CurveBOAT=BOA.BOA(pop,dim,lb,
ub,maxIter,fobj)
    CurveBOA[i,:]=CurveBOAT.T
    #SOA
    GbestScoreSOA[i],GbestPositonSOA[i,:],CurveSOAT=SOA.SOA(pop,dim,lb,
ub,maxIter,fobj)
    CurveSOA[i,:]=CurveSOAT.T
    #SSA
    GbestScoreSSA[i],GbestPositonSSA[i,:],CurveSSAT=SSA.SSA(pop,dim,lb,
ub,maxIter,fobj)
    CurveSSA[i,:]=CurveSSAT.T
    #WOA
    GbestScoreWOA[i],GbestPositonWOA[i,:],CurveWOAT=WOA.WOA(pop,dim,lb,
ub,maxIter,fobj)
    CurveWOA[i,:]=CurveWOAT.T

'''统计结果'''
SMAMean=np.mean(GbestScoreSMA)       #计算平均适应度值
SMAStd=np.std(GbestScoreSMA)         #计算标准差
SMABest=np.min(GbestScoreSMA)        #计算最优值
SMAWorst=np.max(GbestScoreSMA)       #计算最差值
SMAMeanCurve=CurveSMA.mean(axis=0)   #绘制平均适应度函数曲线

BOAMean=np.mean(GbestScoreBOA)       #计算平均适应度值
BOAStd=np.std(GbestScoreBOA)         #计算标准差
BOABest=np.min(GbestScoreBOA)        #计算最优值
BOAWorst=np.max(GbestScoreBOA)       #计算最差值
BOAMeanCurve=CurveBOA.mean(axis=0)   #绘制平均适应度函数曲线

SOAMean=np.mean(GbestScoreSOA)       #计算平均适应度值
```

```python
        SOAStd=np.std(GbestScoreSOA)            #计算标准差
        SOABest=np.min(GbestScoreSOA)           #计算最优值
        SOAWorst=np.max(GbestScoreSOA)          #计算最差值
        SOAMeanCurve=CurveSOA.mean(axis=0)      #绘制平均适应度函数曲线

        SSAMean=np.mean(GbestScoreSSA)          #计算平均适应度值
        SSAStd=np.std(GbestScoreSSA)            #计算标准差
        SSABest=np.min(GbestScoreSSA)           #计算最优值
        SSAWorst=np.max(GbestScoreSSA)          #计算最差值
        SSAMeanCurve=CurveSSA.mean(axis=0)      #绘制平均适应度函数曲线

        WOAMean=np.mean(GbestScoreWOA)          #计算平均适应度值
        WOAStd=np.std(GbestScoreWOA)            #计算标准差
        WOABest=np.min(GbestScoreWOA)           #计算最优值
        WOAWorst=np.max(GbestScoreWOA)          #计算最差值
        WOAMeanCurve=CurveWOA.mean(axis=0)      #绘制平均适应度函数曲线


        '''打印结果'''
        print('SMA'+str(Iter)+'次实验结果：')
        print('平均适应度值:',SMAMean)
        print('标准差:',SMAStd)
        print('最优值:',SMABest)
        print('最差值:',SMAWorst)

        print('BOA'+str(Iter)+'次实验结果：')
        print('平均适应度值:',BOAMean)
        print('标准差:',BOAStd)
        print('最优值:',BOABest)
        print('最差值:',BOAWorst)

        print('SOA'+str(Iter)+'次实验结果：')
        print('平均适应度值:',SOAMean)
        print('标准差:',SOAStd)
        print('最优值:',SOABest)
        print('最差值:',SOAWorst)

        print('SSA'+str(Iter)+'次实验结果：')
        print('平均适应度值:',SSAMean)
        print('标准差:',SSAStd)
        print('最优值:',SSABest)
        print('最差值:',SSAWorst)

        print('WOA'+str(Iter)+'次实验结果：')
        print('平均适应度值:',WOAMean)
        print('标准差:',WOAStd)
        print('最优值:',WOABest)
```

```
print('最差值:',WOAWorst)


#绘制适应度函数曲线
plt.figure(1)
plt.semilogy(SMAMeanCurve,linewidth=2,linestyle=':')
plt.semilogy(BOAMeanCurve,linewidth=2,linestyle='-')
plt.semilogy(SOAMeanCurve,linewidth=2,linestyle='-.')
plt.semilogy(SSAMeanCurve,linewidth=2,linestyle='--')
plt.semilogy(WOAMeanCurve,linewidth=2,linestyle='--')
plt.xlabel('Iteration',fontsize='medium')
plt.ylabel("Fitness",fontsize='medium')
plt.grid()
plt.title('F1 function Iterative curve',fontsize='large')
plt.legend(['SMA','BOA','SOA','SSA','WOA'],loc='upper right')
plt.show()
```

# 反侵权盗版声明

电子工业出版社依法对本作品享有专有出版权。任何未经权利人书面许可，复制、销售或通过信息网络传播本作品的行为；歪曲、篡改、剽窃本作品的行为，均违反《中华人民共和国著作权法》，其行为人应承担相应的民事责任和行政责任，构成犯罪的，将被依法追究刑事责任。

为了维护市场秩序，保护权利人的合法权益，我社将依法查处和打击侵权盗版的单位和个人。欢迎社会各界人士积极举报侵权盗版行为，本社将奖励举报有功人员，并保证举报人的信息不被泄露。

举报电话：（010）88254396；（010）88258888
传　　真：（010）88254397
E-mail：　dbqq@phei.com.cn
通信地址：北京市海淀区万寿路 173 信箱
　　　　　电子工业出版社总编办公室
邮　　编：100036